AI時代的 Python 高效學習書

ChatGPT 程式助理新思維
★★★★

在資訊科技深入到各行各業、AI 快速起飛的現代，程式設計已經不再是資訊專業人員的限定技能，有更多人想要學習程式設計，例如行銷人員可以撰寫程式統計商品銷售數字、辦公室人員可以撰寫程式自動化處理重複性工作、金融人員可以撰寫程式分析股價變動趨勢。

在眾多程式語言當中，**又以 Python 為初學者的首選，因為其語法簡潔、易學易用、功能強大，適合各種應用場景**。雖然如此，還是有不少人半途而廢，因為許多書籍往往著重在鉅細靡遺的語法教學，忽略了初學者無法消化這麼多，最終的結果就是受挫放棄。

隨著 ChatGPT、Google Gemini、Microsoft Copilot 等 AI 助理的出現，程式設計這項技能開始有了轉變，**傳統的學習方式是以語法為導向，而 AI 時代的學習方式是以解決問題為核心**，當人們面對問題時，首先要思考的是如何解決問題，接著才是撰寫程式碼，然後測試程式碼。

因此，**程式設計除了要懂得語法，還要培養解決問題的邏輯思維**，才能有效率地跟 AI 助理溝通，生成符合需求的程式碼，然後進一步閱讀並測試程式碼，確保程式碼是經過完整測試、正確無誤且有效率的。

在本書中，我們會在每章的開頭講解重要的語法與主題，然後在結尾的地方透過「 ChatGPT 程式助理」專欄，示範如何有效率地和 AI 助理合作，讓初學者不再苦苦糾纏於繁瑣的語法，能夠快速寫出正確、有用的程式！當然這些提示工程技巧並不限定於 ChatGPT，你也可以舉一反三、靈活運用在 Gemini、Copilot 等 AI 助理。

本書內容

首先，在第 1 章中，我們會介紹如何使用 Anaconda 和 Colab 撰寫 Python 程式，其中 **Anaconda** 是安裝在本機電腦的開發環境，功能齊全，適合開發者；**Colab** 是在雲端運行的開發環境，透過瀏覽器就能運行，適合初學者。

接著，在第 2～9 章中，我們會以範例為導向，講解 Python 的語法，包括變數、型別與運算子、數值與字串處理、容器型別、流程控制、函式、模組與套件、檔案存取、例外處理、類別與物件等。

最後，在第 10～13 章中，我們會介紹幾個實用的 Python 套件，包括：

- **pillow**：圖像處理，例如轉換色彩模式、調整大小、裁剪圖片、旋轉與翻轉、濾鏡、繪製文字、繪製圖形等。
- **matplotlib**：繪製圖表，例如折線圖、散布圖、長條圖、直方圖、圓餅圖等。
- **tkinter**：建立圖形使用者介面，例如視窗、標籤、按鈕、輸入方塊、對話方塊、核取按鈕、選項按鈕、功能表、圖形等。
- **Requests、Beautiful Soup**：網路爬蟲，例如抓取臺灣銀行牌告匯率資料、從「yahoo! 股市」抓取即時股價等。

「ChatGPT 程式助理」專欄則有和 AI 助理合作解決問題、撰寫程式的技巧，例如查詢語法和範例；撰寫、修正與優化程式；閱讀並測試程式碼；除錯；幫程式加上註解或 try...except 語法；解決流程錯誤與無窮迴圈；撰寫邏輯複雜的程式；透過設計與撰寫函式來解決問題；查看與解決程式錯誤所造成的例外；根據資料判斷要使用哪種圖表並撰寫程式；根據附圖與文字敘述撰寫 GUI 程式；解決網路爬蟲程式失敗等。

線上下載

本書範例程式請至 http://books.gotop.com.tw/download/ACL072100 下載，僅供練習使用，請勿販售或散布。

聯絡方式

碁峰資訊網站 https://www.gotop.com.tw/；國內學校業務處電話－台北 (02)2788-2408、台中 (04)2452-7051、高雄 (07)384-7699。

目錄

CHAPTER 1 撰寫第一個 Python 程式

- **1-1** 認識 Python 1-2
- **1-2** Anaconda 開發環境 1-5
  - 1-2-1 下載與安裝 Anaconda 1-5
  - 1-2-2 使用 Spyder 撰寫與執行 Python 程式 1-8
- **1-3** Colab 雲端開發環境 1-13
  - 1-3-1 使用 Colab 撰寫與執行 Python 程式 1-13
  - 1-3-2 使用 Colab AI (Gemini) 生成程式碼 1-15
- **1-4** 程式碼風格指南 1-16
- 註冊與使用 ChatGPT 1-20
- 請 ChatGPT 扮演 Python 程式設計專家 1-21
- 查詢 Python 的語法和使用範例 1-22
- 找出 Python 程式的錯誤 1-23
- 解讀 Python 程式的意義 1-24

CHAPTER 2 變數、型別與運算子

- **2-1** 變數 2-2
  - 2-1-1 變數的命名規則 2-2
  - 2-1-2 設定變數的值 2-4
- **2-2** 常數 2-6
- **2-3** 型別 2-7
  - 2-3-1 int 型別 (整數) 2-8
  - 2-3-2 float 型別 (浮點數) 2-9

	2-3-3	bool 型別 (布林)	2-10
	2-3-4	str 型別 (字串)	2-10
2-4	運算子		2-14
	2-4-1	算術運算子	2-16
	2-4-2	比較運算子	2-19
	2-4-3	邏輯運算子	2-20
	2-4-4	指派運算子	2-22
	2-4-5	運算子的優先順序	2-23
2-5	輸出— print() 函式		2-25
2-6	輸入— input() 函式		2-26
✦ 撰寫、修正與優化 Python 程式	2-28
✦ 幫 Python 程式加上註解	2-30

CHAPTER 3 數值與字串處理

3-1	數值處理函式	3-2
3-2	字串處理函式	3-6
3-3	字串運算子	3-8
	3-3-1 索引運算子 ([])	3-8
	3-3-2 切片運算子 ([:])	3-8
	3-3-3 in 與 not in 運算子	3-9
3-4	字串處理方法	3-11
	3-4-1 字串轉換	3-12
	3-4-2 字串測試	3-13
	3-4-3 字串搜尋與取代	3-15
	3-4-4 字串格式化	3-16
3-5	f-string 格式化字串	3-19
✦ 查詢內建函式	3-22

CHAPTER 4 容器型別

- **4-1** list (串列) 4-2
  - 4-1-1　建立 list 4-2
  - 4-1-2　取得串列的長度、最大元素、最小元素與總和 4-4
  - 4-1-3　適用於串列的運算子 4-5
  - 4-1-4　新增、插入、刪除、排序與反轉串列中的元素 4-7
  - 4-1-5　二維串列 4-11
- **4-2** tuple (元組) 4-14
  - 4-2-1　建立 tuple 4-14
  - 4-2-2　tuple 的運算 4-15
- **4-3** set (集合) 4-18
  - 4-3-1　建立 set 4-18
  - 4-3-2　set 的運算 4-19
  - 4-3-3　集合處理方法 4-20
- **4-4** dict (字典) 4-26
  - 4-4-1　建立 dict 4-26
  - 4-4-2　新增、變更或刪除鍵值對 4-27
  - 4-4-3　dict 的運算 4-28
  - 4-4-4　字典處理方法 4-29
- 　查詢 list、tuple、set、dict 的更多應用 4-33
- 　查詢 list()、tuple()、set()、dict() 的用途 4-34

CHAPTER 5 流程控制

- **5-1** 認識流程控制 5-2
- **5-2** if 5-3

	5-2-1	if (若...就...) 5-3
	5-2-2	if...else (若...就...否則...) 5-5
	5-2-3	if...elif...else (若...就...否則 若...) 5-7
5-3	for 5-10
	5-3-1	使用 range() 函式控制 for 迴圈的執行次數 5-11
	5-3-2	使用字串作為 for 迴圈的可迭代物件 5-14
	5-3-3	使用容器型別作為 for 迴圈的可迭代物件 ... 5-15
	5-3-4	巢狀 for 迴圈 5-17
5-4	while 5-20
5-5	break 與 continue 敘述 5-25
✦	解決流程錯誤或無窮迴圈 5-29
✦	撰寫邏輯複雜的程式 (計算綜所稅) 5-30

CHAPTER 6 函式

6-1	認識函式 6-2
6-2	定義函式 6-4
6-3	函式的參數 6-10
	6-3-1	預設參數值 6-12
	6-3-2	關鍵字參數 6-13
	6-3-3	任意參數串列 6-14
6-4	return 敘述 6-17
6-5	lambda 運算式 6-19
6-6	變數的範圍 6-20
✦	查詢好函式的特色 6-22
✦	透過設計與撰寫函式來解決問題 6-24

vii

CHAPTER 7 模組與套件

- 7-1 標準函式庫 7-2
- 7-2 模組 7-3
  - 7-2-1 匯入模組 7-3
  - 7-2-2 從模組中匯入指定的項目 7-4
  - 7-2-3 設定模組或函式的別名 7-6
- 7-3 套件 7-8
- 7-4 第三方套件 7-9
  - 7-4-1 使用 pip 程式安裝第三方套件 7-10
  - 7-4-2 透過 PyPI 網站安裝第三方套件 7-12
- 7-5 math 模組 7-13
- 7-6 random 模組 7-17
- 7-7 datetime 模組 7-20
- 7-8 calendar 模組 7-23
- 查詢應該使用哪個模組?例如三角函數 7-26
- 查詢應該使用哪個套件?例如機器學習 7-27

CHAPTER 8 檔案存取與例外處理

- 8-1 認識檔案、資料夾與路徑 8-2
- 8-2 讀寫檔案 8-4
  - 8-2-1 開啟檔案 8-4
  - 8-2-2 將資料寫入檔案 8-6
  - 8-2-3 讀取檔案的資料 8-8
- 8-3 with 敘述 8-12
- 8-4 語法錯誤與例外 8-13
  - 8-4-1 語法錯誤 8-13

viii

	8-4-2　例外	8-14
8-5	try...except	8-16
	查看與解決程式錯誤所造成的例外	8-21
	幫程式加上 try...except 語法	8-22

CHAPTER 9　類別與物件

9-1	認識類別與物件	9-2
9-2	使用類別與物件	9-5
	9-2-1　定義類別	9-5
	9-2-2　建立物件	9-7
	9-2-3　匿名物件	9-10
	9-2-4　私有屬性與私有方法	9-11
9-3	繼承	9-14
	9-3-1　定義子類別	9-15
	9-3-2　覆蓋繼承自父類別的方法	9-19
	查詢物件導向、類別與物件相關問題	9-23
	繼承的時機？如何設計繼承階層？	9-24

CHAPTER 10　圖像處理－ pillow

10-1	認識 pillow 套件	10-2
10-2	開啟、顯示與另存圖片	10-3
10-3	轉換色彩模式	10-5
10-4	調整大小與裁剪圖片	10-6
10-5	旋轉與翻轉圖片	10-8
10-6	濾鏡	10-10
10-7	繪製文字	10-12
	pillow 套件可以用來繪製圖形嗎？	10-16

CHAPTER 11 繪製圖表－matplotlib

11-1 認識 matplotlib 套件 11-2
11-2 繪製折線圖 11-3
　　11-2-1 透過格式化字串設定標記、線條樣式與色彩 . 11-5
　　11-2-2 透過選擇性參數設定更多繪圖細節 11-8
11-3 設定圖表的元件 11-12
　　11-3-1 設定標題與圖例 11-12
　　11-3-2 設定座標軸的標籤、範圍、刻度與顯示格線 11-14
　　11-3-3 多張子圖表與儲存圖表 11-18
11-4 繪製散布圖 11-22
11-5 繪製長條圖 11-24
11-6 繪製直方圖 11-26
11-7 繪製圓餅圖 11-28
　　根據資料判斷要使用哪種類型的圖表並撰寫程式 11-30

CHAPTER 12 圖形使用者介面－tkinter

12-1 認識 tkinter 套件 12-2
12-2 GUI 元件 12-5
　　12-2-1 Label（標籤）... 12-6
　　12-2-2 Button（按鈕）... 12-9
　　12-2-3 Entry（輸入方塊）... 12-11
　　12-2-4 messagebox（對話方塊）.............................. 12-14
　　12-2-5 Checkbutton（核取按鈕）............................. 12-18
　　12-2-6 Radiobutton（選項按鈕）.............................. 12-20
　　12-2-7 Menu（功能表）... 12-22
　　12-2-8 PhotoImage（圖形）...................................... 12-25
　　根據附圖與文字敘述撰寫 GUI 程式 12-27

CHAPTER 13 網路爬蟲—Requests、Beautiful Soup

13-1 認識網路爬蟲 13-2
13-2 使用 Requests 抓取網頁資料 13-4
  13-2-1 【實例操作】發送 GET Request 抓取網頁資料 . 13-5
  13-2-2 【實例操作】抓取臺灣銀行牌告匯率資料 13-7
13-3 使用 Beautiful Soup 解析網頁資料 13-9
  13-3-1 認識網頁結構 13-9
  13-3-2 透過標籤名稱取得 HTML 元素 13-12
  13-3-3 尋找符合條件的 HTML 元素 13-16
  13-3-4 根據 CSS 選擇器取得 HTML 元素 13-17
  13-3-5 【實例操作】抓取即時股價 13-18
   撰寫網路爬蟲程式失敗，怎麼辦？ 13-21

版權聲明

本書封面、內文排版或範例程式所使用之圖像,大多是由 Midjourney、DALL‧E 等 AI 繪圖工具所生成,純為介紹相關技術所需,絕無任何侵權意圖或行為,特此聲明。此外,未經授權請勿將本書全部或局部內容以其它形式散布、轉載、複製或改作。

CHAPTER 01 撰寫第一個 Python 程式

- **1-1** 認識 Python
- **1-2** Anaconda 開發環境
- **1-3** Colab 雲端開發環境
- **1-4** 程式碼風格指南
- ⓢ 註冊與使用 ChatGPT
- ⓢ 請 ChatGPT 扮演 Python 程式設計專家
- ⓢ 查詢 Python 的語法和使用範例
- ⓢ 找出 Python 程式的錯誤
- ⓢ 解讀 Python 程式的意義

1-1 認識 Python

Python（唸作 /ˈpaɪθən/）是一個高階的通用型程式語言，由荷蘭程式設計師 **Guido van Rossum**（吉多‧范羅蘇姆）於 1991 年首次發布。

Python 的語法簡潔、功能強大、易學易用，適合各種應用場景，包括 Web 開發、資料科學、大數據分析、人工智慧、機器學習、深度學習、自然語言處理、影像處理、電腦視覺、遊戲開發、網路程式開發、網路爬蟲、財務金融、統計分析、科學計算、嵌入式系統、物聯網等。

比方說，我們可以使用 Python 串接 OpenAI API，打造個人專屬的 AI 聊天機器人，例如烹飪專家、健身教練、數據分析師、英文家教、智慧客服、模擬名人對話等。

從 Python 官方網站 (https://www.python.org/) 可以看到，其標誌是由兩條交織的蛇形所構成，源自 Python 的英文原意—「蟒蛇」。不過，Guido 之所以取名 Python，與蟒蛇無關，而是因為他喜歡英國電視喜劇 Monty Python's Flying Circus（蒙提‧派森的飛行馬戲團）。

Python 官方網站提供了安裝程式下載、說明文件、教學、社群等資源

學習 Python 的理由

誠如大家所知道的，程式語言的種類很多，為什麼要學 Python 呢？主要的理由如下：

- Python 是大學最常使用的入門程式語言。

- 在 IEEE Spectrum (https://spectrum.ieee.org/) 公布的最佳程式語言中，Python 高居第一名，贏過了 Java、C++、C、JavaScript、TypeScript、C#、HTML、R、Ruby、Go、Swift、PHP、Rust、SQL 等程式語言。

- 包括 Google、OpenAI、Meta、NASA 等企業或機構都在其內部的專案或網路服務廣泛使用 Python。

- 在職場上，許多公司在招聘人員時會要求具備 Python 技能，而且相關職位的薪資通常較高，尤其是在 AI 產業。

Python 的特點

Python 具有下列特點：

- **易學易用**

  Python 秉持著優美 (beautiful)、明確 (explicit)、簡單 (simple)、扁平 (flat) 的設計哲學，語法直覺且接近自然語言，程式結構清晰且可讀性高，使得 Python 比其它程式語言更容易學習，初學者可以快速上手。

- **開源且免費**

  Python 屬於開放原始碼軟體，可以免費下載、使用、修改與散布。

- **跨平台**

  Python 可以在 Windows、macOS 和各種 Linux 發行版上運行，撰寫一次程式就能移植到多個平台。

- **直譯式語言**

    Python 是一種**直譯式** (interpreted) 語言，程式在執行時是由**直譯器** (interpreter) 逐行解譯和執行，不用事先編譯成機器碼。

- **與其它程式語言合作無間**

    原先使用 C、C++、Fortran、Java、MATLAB、R 等語言撰寫的程式可以容易地整合在 Python 程式。

- **完整的生態系統**

    Python 內建強大的**標準函式庫**，同時還有豐富的**第三方套件**，能夠涵蓋大多數的應用場景。

Python 的版本

Python 的版本有 2.x 和 3.x 系列，其中 Python 2.x 已經於 2020 年停止更新與維護，因此，**本書的內容是以 Python 3.x 為主**。截至 2025 年 1 月，Python 的版本為 3.13，之後還會持續更新，最新的版本資訊和說明文件可以到 Python 官方網站查看。

Python 說明文件
(https://www.python.org/doc/)

1-2 Anaconda 開發環境

在開始撰寫 Python 程式之前，我們要先有開發環境，常見的有 **Anaconda** 和 **Colab** (Colaboratory)，前者是安裝在本機電腦的開發環境，而後者是在雲端運行的開發環境。

原則上，Anaconda 必須進行下載與安裝，功能齊全，適合開發者；而 Colab 無須進行任何設定，透過瀏覽器就能運行，適合初學者。如果你想馬上撰寫 Python 程式，可以直接跳到第 1-3 節，等日後有需要的時候，再回來本節安裝 Anaconda。

1-2-1 下載與安裝 Anaconda

Anaconda 是一個跨平台的開放原始碼軟體，可以免費使用，請依照如下步驟進行下載與安裝：

① 連線到 Anaconda 下載網站 (https://www.anaconda.com/download)，接著輸入電子郵件地址，然後按 **[Submit]**，以取得發行版下載連結。

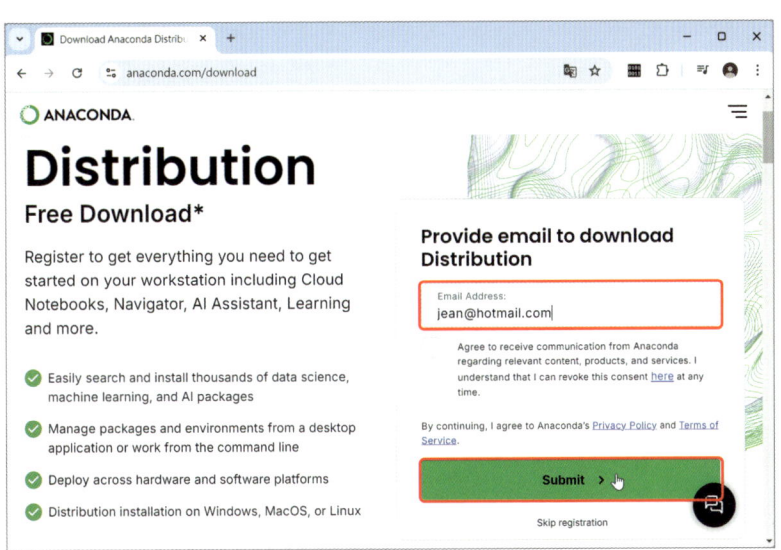

❷ 開啟 Anaconda 寄送的電子郵件，點取下載連結 **[Download Now]**。

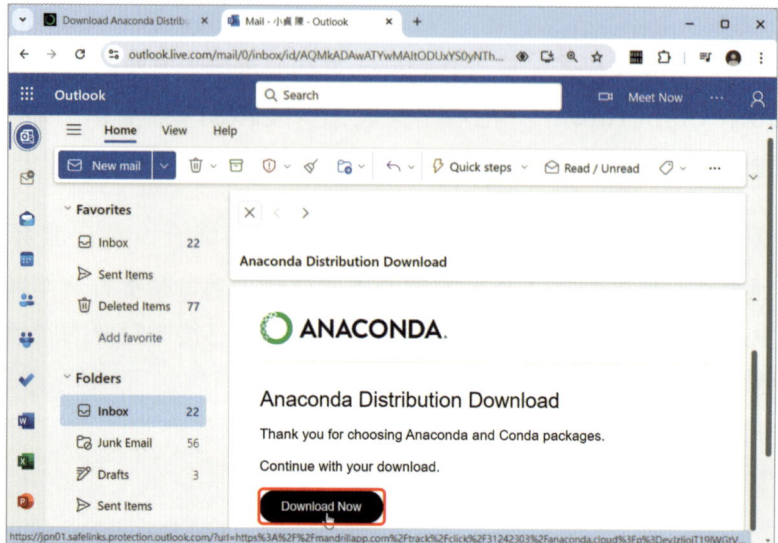

❸ 根據作業系統的種類點取對應的圖示，下載 Anaconda 安裝程式，此例是點取 Windows 版本，另外還有 Mac 或 Linux 版本可供選擇。

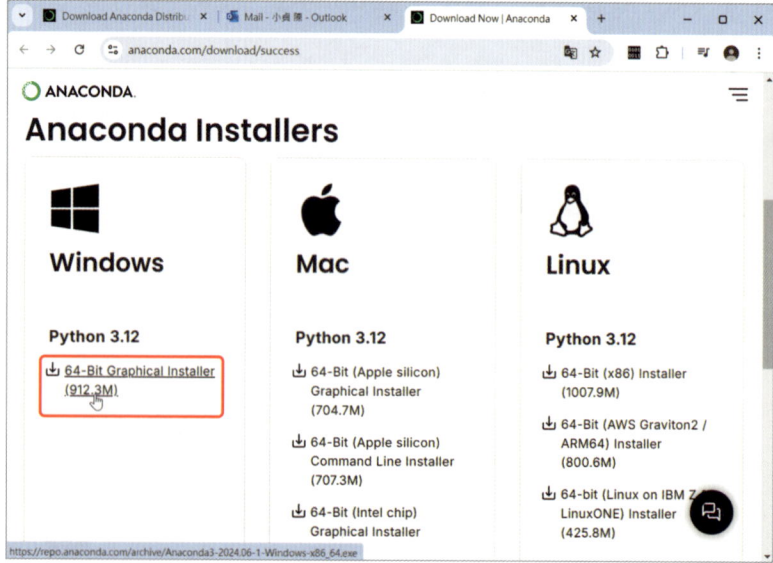

④ 利用檔案總管找到下載回來的 Anaconda 安裝程式 (此例為 Anaconda3-2024.06-1-Windows-x86_64.exe)，然後按兩下加以執行。

⑤ 出現安裝程式歡迎畫面，請按 **[Next]**。

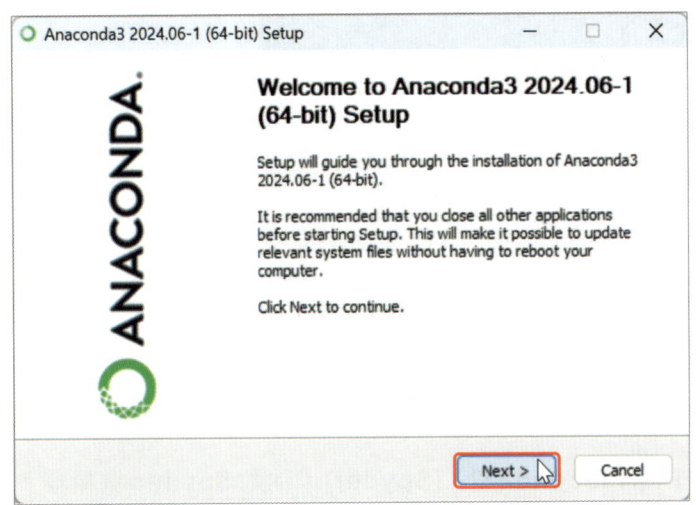

⑥ 接下來請依照精靈的提示點取 **[I Agree]**（我同意）、**[Next]**（下一步）等按鈕，直到安裝完畢，出現如下畫面，然後按 **[Finish]**（完成）。

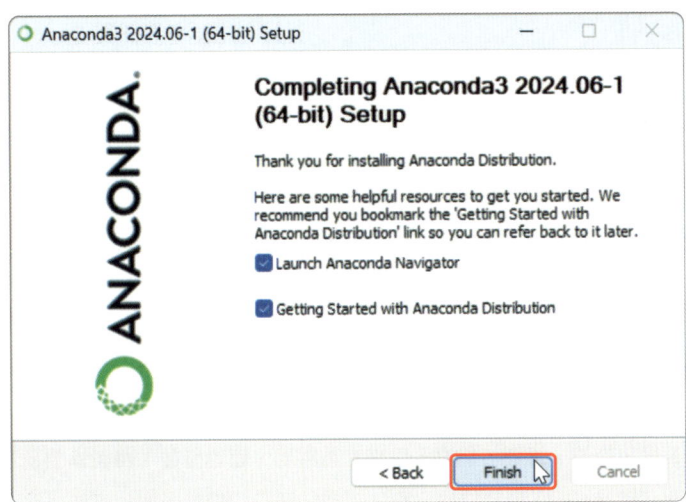

1-2-2 使用 Spyder 撰寫與執行 Python 程式

在 Anaconda 安裝完畢後，**[開始]** 功能表會出現一個 **[Anaconda3]** 資料夾，裡面有數個選項，如下圖。

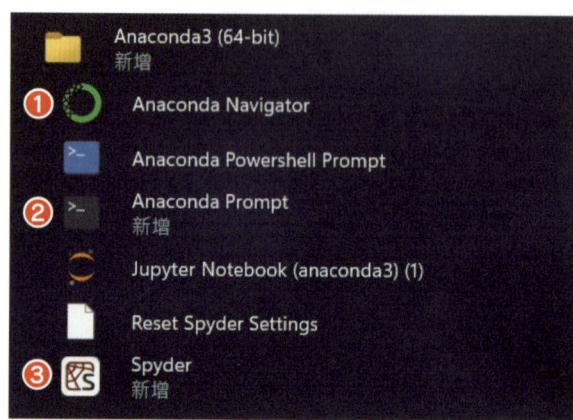

❶ Anaconda 總管 (用來管理程式、套件及多個執行環境)

❷ Anaconda 命令提示字元視窗 (用來安裝、更新、移除套件或執行 Python 程式)

❸ Spyder 編輯器 (用來撰寫與執行 Python 程式)

請按 **[開始] \ [Anaconda3] \ [Spyder]**，啟動 Spyder 編輯器，如下圖。

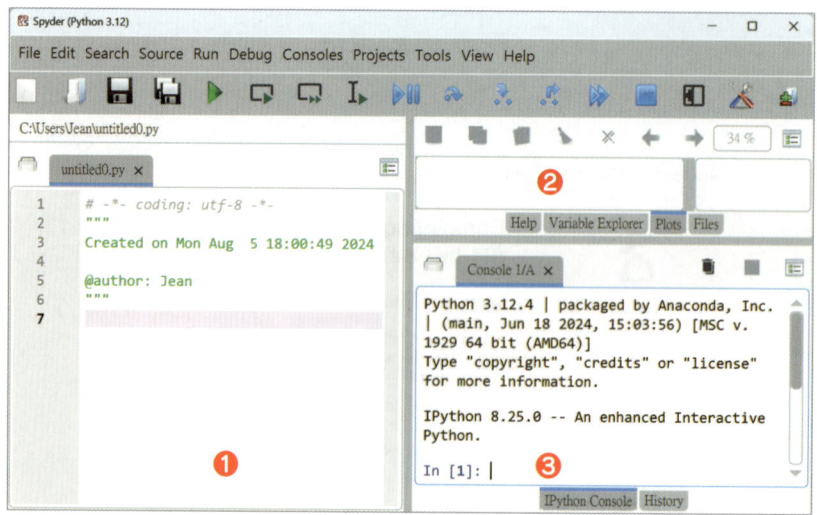

❶ 程式編輯區 (用來撰寫、儲存與執行程式)

❷ 說明、變數總管、繪圖、檔案 (用來查看說明、管理變數、檢視繪圖及管理檔案)

❸ IPython 窗格 (用來撰寫與執行程式，或顯示程式編輯區的執行結果)

1-8

Spyder 提供了兩種執行 Python 程式的方法，其一是在 **IPython 窗格**輸入程式，每寫好一行，就可以按 **[Enter]** 鍵執行；其二是在**程式編輯區**輸入程式，然後按 **[F5]** 鍵執行，而且可以將程式儲存成獨立的 ***.py** 檔案，以下有進一步的說明。

方法一：IPython 窗格

IPython 窗格是一個互動式的 Python 開發環境，如下圖，其中 **In [1]** 是提示符號，1 為編號，表示在等待使用者輸入程式或指令，本書一些簡單的範例就是在 IPython 窗格做測試的。

馬上來小試身手，請輸入 **print('Hello, world!')**，然後按 **[Enter]** 鍵，直譯器就會執行程式，呼叫 **print() 函式**將小括號裡面的內容顯示在標準輸出。為了方便閱讀，Spyder 會以不同顏色標示程式碼。

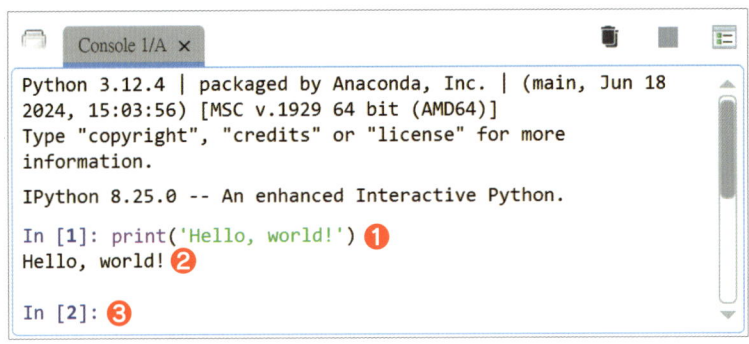

❶ 在提示符號後面輸入程式，然後按 [Enter] 鍵
❷ 執行結果會顯示在程式的下一行
❸ 這是下一個提示符號，可以繼續輸入程式或指令

在本書中，我們統一以下面的淺藍底方框來排版 IPython 窗格的程式碼和執行結果，你可以在本書範例程式找到這些程式碼來做練習。

```
In [1]: print('Hello, world!')  Enter
Hello, world!
```

我們再輸入一些程式看看，其中 +、-、*、/ 可以用來進行加、減、乘、除等算術運算，簡單又直覺，就像計算機一樣。

```
In [2]: 7 + 2  Enter
Out[2]: 9

In [3]: 7 - 2  Enter
Out[3]: 5

In [4]: 7 * 2  Enter
Out[4]: 14

In [5]: 7 / 2  Enter
Out[5]: 3.5
```

什麼是函式？

函式 (function) 是一段可以被重複使用、用來執行特定任務的程式碼，每個函式都有一個**名稱** (name) 供使用者進行呼叫，小括號裡面是**參數** (parameter)，若參數不只一個，中間以逗號 (,) 分隔，而且函式還可以傳回結果，稱為**傳回值** (return value)。

函式名稱 (參數 1, 參數 2, ...)

Python 提供許多**內建函式** (built-in function)，以前面呼叫的 **print('Hello, world!')** 為例，函式名稱是 print，參數是 'Hello, world!' (兩個單引號之間的內容為字串)，傳回值是 None (沒有值)，表示沒有傳回任何結果。

我們可以在 IPython 窗格查看函式的語法，只要輸入函式名稱和問號 (?)，例如輸入 **print?**，然後按 [Enter] 鍵，就會出現 print() 函式的說明。

方法二：程式編輯區

程式編輯區可以用來撰寫、儲存與執行程式，請依照如下步驟操作：

1. 點取 ☐ (New file) 按鈕開新檔案，程式編輯區會自動出現 6 行程式碼，其中第 1 行是註解，說明編碼方式為 **UTF-8**，而第 2 ～ 6 行是一個多行字串，說明建立時間與作者，保留、修改或刪除皆可，請在最後面輸入 **print('Hello, world!')**。

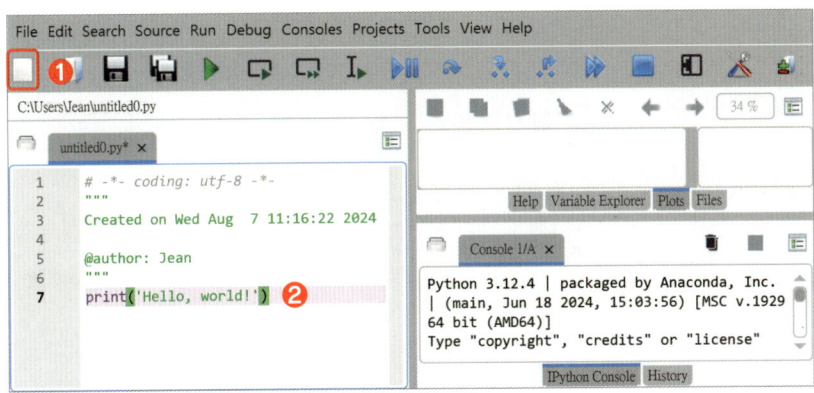

❶ 點取此鈕開新檔案　　❷ 輸入程式

2. 點取 💾 (Save file) 按鈕，將程式儲存為 hello.py，注意副檔名為 **.py**。

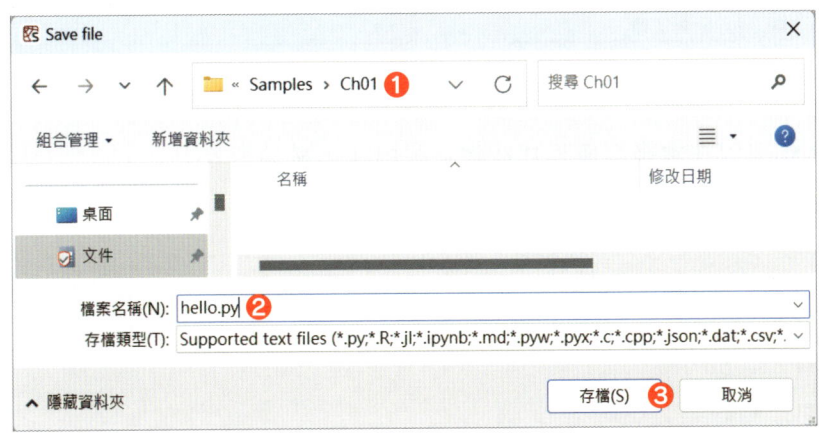

❶ 選擇存檔路徑　　❷ 輸入檔案名稱　　❸ 按 [存檔]

❸ 點取 ▶ (Run file) 按鈕或 **[F5]** 鍵執行程式，呼叫 print() 函式印出「Hello, world!」，執行結果會顯示在 IPython 窗格。

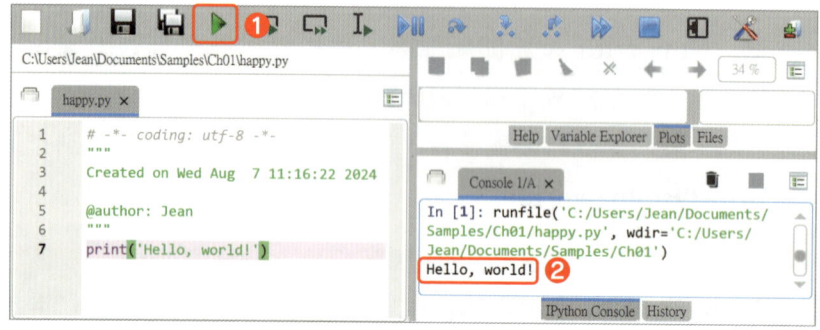

❶ 點取此鈕　　❷ 執行結果

❹ 我們再輸入一些程式看看，然後點取 ▶ (Run file) 按鈕。

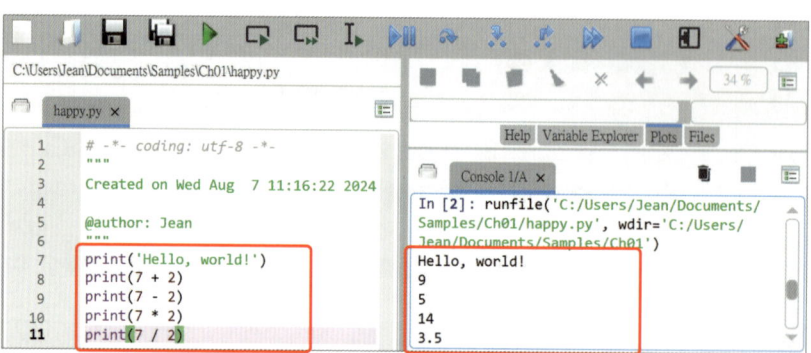

在本書中，我們統一以下面的淺紫底方框來排版 *.py 檔案，左上角有標示檔名，你可以在本書範例程式找到這些檔案來做練習。

⭐ **\Ch01\hello.py**

```
print('Hello, world!')
print(7 + 2)
print(7 - 2)
print(7 * 2)
print(7 / 2)
```

1-3 Colab 雲端開發環境

Colab (Colaboratory) 是一個在雲端運行的開發環境，由 Google 提供虛擬機器，支援 Python 程式與資料科學、機器學習等套件，只要透過瀏覽器，就可以撰寫與執行 Python 程式。

1-3-1 使用 Colab 撰寫與執行 Python 程式

首先，開啟瀏覽器；接著，登入 Google 帳號，然後連線到 https://colab.research.google.com/，再依照下圖操作，新增一個**筆記本** (notebook)，這是 Colab 用來儲存程式碼或文字的檔案格式，副檔名為 **.ipynb**。

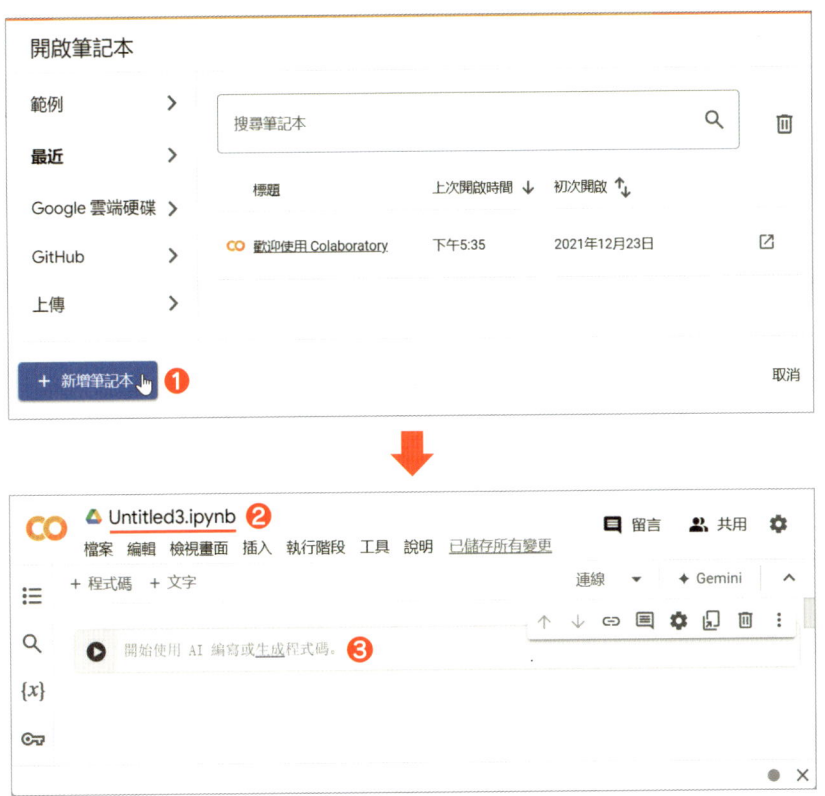

❶ 按 [新增筆記本]　　❷ 出現筆記本，可在此變更名稱　　❸ 此為程式碼儲存格

筆記本裡面有一個標示著 ▶ 圖示的方框,稱為**程式碼儲存格** (code cell),我們可以在此輸入程式,例如 print('Hello, world!'),然後點取 ▶ 圖示執行程式,執行結果會顯示在儲存格下面,如下圖。

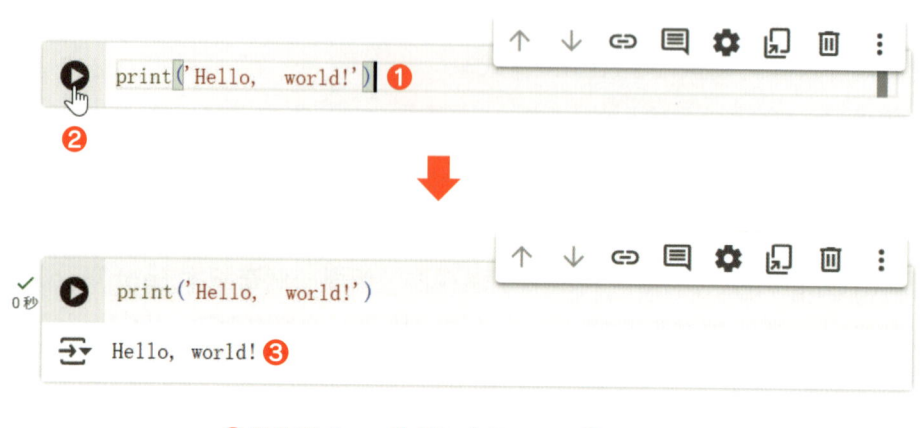

❶ 輸入程式　❷ 點取此圖示　❸ 執行結果

Colab 的基本操作技巧

★ 若要複製或刪除儲存格,可以在儲存格按一下滑鼠右鍵,然後從快顯功能表中選取 **[複製儲存格]** 或 **[刪除儲存格]**。

★ 若要在目前的儲存格下面新增程式碼儲存格,可以在功能表列選取 **[插入] \ [程式碼儲存格]**。

★ 若要儲存筆記本,可以在功能表列選取 **[檔案] \ [儲存]**,預設會儲存在 Google 雲端硬碟的 Colab Notebooks 資料夾。

★ 若要開啟雲端硬碟中的筆記本,可以在功能表列選取 **[檔案] \ [開啟筆記本]**,然後選擇要開啟的筆記本。

★ 若要下載筆記本,可以在功能表列選取 **[檔案] \ [下載]**,然後選擇要下載 .ipynb 或 .py 格式。

1-14

1-3-2 使用 Colab AI (Gemini) 生成程式碼

Colab 導入了 **Gemini AI** 功能可以生成程式碼，操作步驟如下：

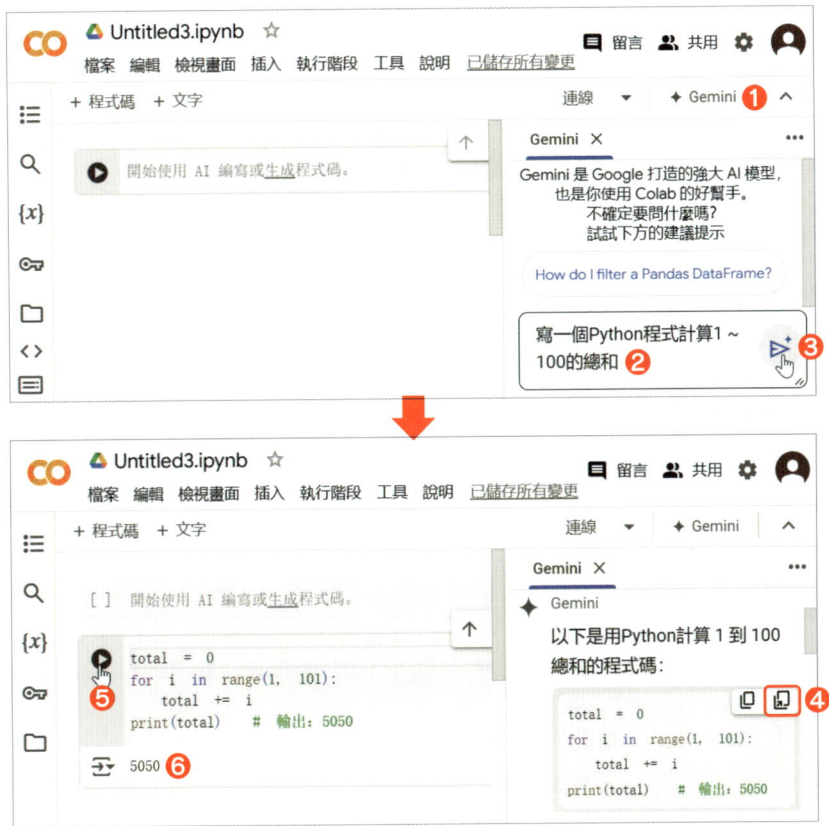

❶ 按 [Gemini]
❷ 輸入提示詞，例如「寫一個 Python 程式計算 1～100 的總和」
❸ 按 [提交]
❹ 生成程式碼，請按 [新增程式碼儲存格]
❺ 程式碼出現在程式碼儲存格，請按執行鈕
❻ 執行結果為 5050

如果覺得提示詞太長，想要寫成「1～100 的總和」，也沒問題，Gemini 一樣會生成正確的程式碼。不過，建議你詳細描述問題，尤其是在問題變得複雜時。由於 Gemini 的使用技巧和 ChatGPT 類似，此處就不贅述，你可以參考本書的「 ChatGPT 程式助理」專欄，舉一反三、靈活運用！

1-4 程式碼風格指南

Python 官方網站提供了一份程式碼風格指南叫做 **PEP 8** (https://peps.python.org/pep-0008/)，裡面有關於程式碼布局、縮排、空白、註解、命名規則等建議讓開發者參考，以撰寫一致且容易閱讀的程式。

在介紹 PEP 8 的建議之前，我們先來解釋幾個常見的名詞：

- **程式** (program) 是由一行一行的**敘述** (statement) 所組成，而敘述可能包含「關鍵字」、「特殊字元」或「識別字」。敘述是程式中最小的可執行單元，例如 print(7 + 2) 是一個敘述，而多個敘述可以構成**流程控制** (flow control)、**函式** (function) 等較大的可執行單元。

- **關鍵字** (keyword) 是由 Python 所定義，包含特定的意義，又稱為**保留字** (reserved word)。開發者必須遵守語法來使用關鍵字，例如 def 是 Python 用來定義函式的關鍵字，不能用來定義類別或其它變數。

- Python 有數個**特殊字元** (special character)，例如井字符號 (#) 用來標示註解、單引號 (') 與雙引號 (") 用來標示字串等。

- 開發者可以定義**識別字** (identifier)，做為變數、函式或類別的名稱，例如 user_name 等，識別字必須遵守命名規則（詳閱第 2-1-1 節）。

英文字母大小寫

Python 會區分英文字母大小寫，以 print('Hello, world!') 為例，print 是內建函式的名稱，若誤寫成 **Print('Hello, world!')**，會出現如 ❶ 的錯誤訊息 — NameError: name 'Print' is not defined（名稱錯誤：名稱 'Print' 尚未定義）；若遺漏字串結尾的單引號，例如 **print('Hello, world!)**，會出現如 ❷ 的錯誤訊息 — SyntaxError: unterminated string literal (detected at line 1)（語法錯誤：第 1 行偵測到未終止的字串常值），還有一個如 ❸ 的 ^ 符號會指向錯誤的地方。

```
Console 1/A
In [1]: Print('Hello, world!')
Traceback (most recent call last):

  Cell In[1], line 1
    Print('Hello, world!')
❶ NameError: name 'Print' is not defined

In [2]: print('Hello, world!)
  Cell In[2], line 1
    print('Hello, world!)
                        ^ ❸
❷ SyntaxError: unterminated string literal (detected at line 1)
```

❶ 名稱錯誤　　❷ 語法錯誤　　❸ 此符號會指向錯誤的地方

第一次看到錯誤訊息或許會不知所措，其實打錯字、拼錯字、誤用全半形或遺漏符號的情形屢見不鮮，多練習幾次就好，建議初學者盡量自己輸入程式，不要只用複製貼上，這樣會更有體悟。

若光看字面意義還是不知道錯在哪，可以問 ChatGPT（詳閱第 1-23 頁）。有了 ChatGPT 幫忙除錯，就好像有個厲害的助教在身邊，隨時可以找出問題、修正程式，事半功倍！

每行最大長度

為了方便閱讀，**建議每行最多 79 個字元**。Python 允許在 ()、[]、{} 等括號內換行，除此之外，若要將同一個敘述分行，可以加上**行接續符號 **，注意反斜線的後面不要有空白或其它字元，例如：

```
x = 1 + 2 + 3 + 4 + 5 + 6 + 7 + \   ← 行接續符號
    8 + 9 + 10
```

這個敘述就相當於如下：

```
x = 1 + 2 + 3 + 4 + 5 + 6 + 7 + 8 + 9 + 10
```

縮排

Python 使用縮排來劃分程式的執行區塊，在本書中，我們統一使用 4 個空白標示每個縮排層級，不建議使用 [Tab] 鍵，同時縮排要對齊。縮排通常出現在流程控制或函式裡面，例如下面的敘述是一個 for 迴圈，第 2 行比第 1 行縮排 4 個空白。Python 程式不能隨意縮排，以免發生錯誤。

```
for i in range(1, 11):
    print(i)   ← 縮排 4 個空白
```

空白

✓ 下列情況避免多餘的空白：

- 在函式呼叫的左括號之前，如 ❶。
- 在逗號、分號或冒號之前，如 ❷。
- 緊連在小括號、中括號或大括號之內，如 ❸。
- 在逗號和隨後的右括號之間，如 ❹。

✓ 建議在二元運算子的前後加上一個空白，增加可讀性，如 ❺。

✓ 建議一行一個敘述，避免一行多個敘述，如 ❻。

不建議的寫法	建議的寫法
❶ print (x, y)	print(x, y)
❷ print(x , y)	print(x, y)
❸ print(x, y)	print(x, y)
❹ foo = (0,)	foo = (0,)
❺ a=b*2+1	a = b * 2 + 1
❻ do_one(); do_two()	do_one() do_two()

 **註解**

註解 (comment) 可以用來記錄程式的用途與結構，Python 提供的註解符號為 **#**，可以自成一行，也可以放在一行敘述的最後，當直譯器遇到 # 符號時，會忽略從該 # 符號到該行結尾的敘述，不會加以執行，例如：

```
# 呼叫 print() 函式印出字串
print('Hello, world!')
```

亦可寫成如下，一般建議是採取上面的寫法：

```
print('Hello, world!')       # 呼叫 print() 函式印出字串
```

若要輸入多行註解，可以在每一行的前面加上 # 符號，或使用**多行字串**代替。舉例來說，每次在 Spyder 開新檔案，就會自動出現如下程式碼，其中第 2～6 行是一個多行字串，前後以**三個雙引號 (""")** 標示起來。

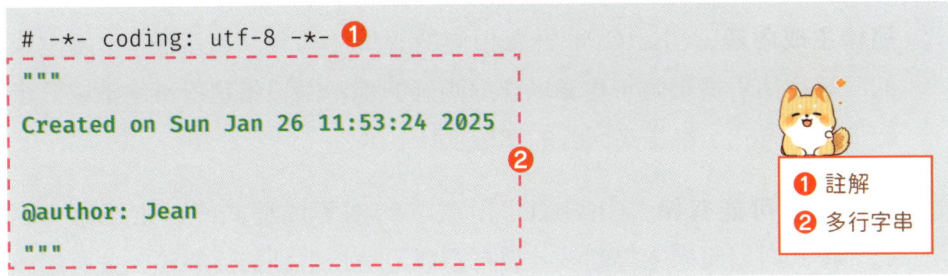

❶ 註解
❷ 多行字串

至於我們應該在程式的哪些地方加上註解呢？建議如下：

- 在程式區塊的開頭以註解說明其用途。
- 在重要變數、函式或步驟的前面以註解說明其功能或演算法。
- 在修正錯誤或優化的地方以註解說明修改原因。
- 在臨時修補或有待改進的地方以註解寫下提醒，方便日後修正。

 **註冊與使用 ChatGPT**

使用 ChatGPT 的方式很簡單，請連線到 ChatGPT 官方網站 (https://chatgpt.com/auth/login)，尚未註冊的人可以按 **[註冊]**，然後依照畫面上的提示進行註冊，已經註冊的人可以按 **[登入]**，然後輸入帳號與密碼進行登入。

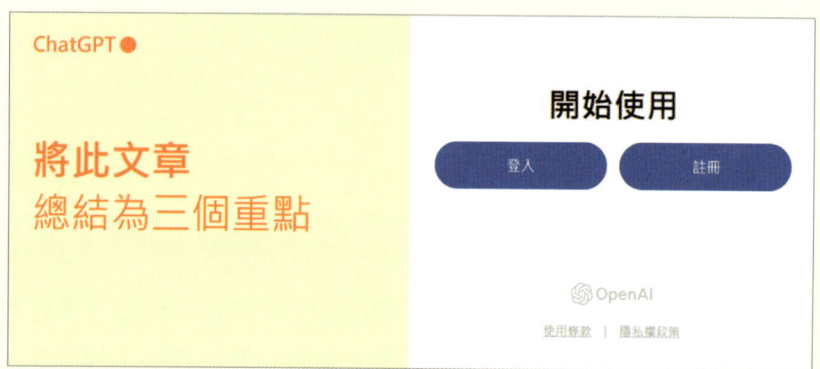

在使用 ChatGPT 時，請注意下列事項：

- ✅ **隨機生成內容**：ChatGPT 針對相同的提問（稱為「提示詞」）所生成的回答往往不盡相同，建議以詳細明確的提示詞、指定段落字數或分步驟提問的方式，來提高回答的準確度。

- ✅ **生成內容可能有錯**：ChatGPT 所生成的回答或程式不一定正確，因此，程式必須經過完整測試，若有錯誤，可以詳細描述問題，並將錯誤訊息提供給 ChatGPT，讓它做修正，同時也可以要求它進行優化。

- ✅ **資料時效性**：ChatGPT 對於一些有時效性的資料可能無法即時更新，例如統一發票兌獎規則、中獎號碼、天氣預報資料等，在這種情況下可能會拒絕回答或產生 AI 幻覺，編造看似正確卻錯誤的資料。

本書所介紹的提問技巧大多不限定於 ChatGPT，也可以運用在 Microsoft Copilot、Google Gemini 等 AI 助理。有些 AI 助理會蒐集提示詞與生成的程式碼，用來改善產品，因此，**請勿在提示詞中加入機敏資料或個人資料**。

 ## 請 ChatGPT 扮演 Python 程式設計專家

在登入 ChatGPT 後,請輸入「**你是 Python 程式設計專家,熟悉 Python 語法,你的任務就是幫助我學習並撰寫 Python 程式。**」,然後按 ⬆,將 ChatGPT 所要扮演的角色告訴它。

ChatGPT 的回答如下,由於它每次生成的對話不一定相同,所以你看到的畫面應該會跟書上略有不同。側邊欄有目前對話的名稱,你可以按 ✎ 輸入新名稱,也可以按 🗑 刪除對話,或按 ✎ 開啟新對話。若要關閉或顯示側邊欄,可以按 ⊞。

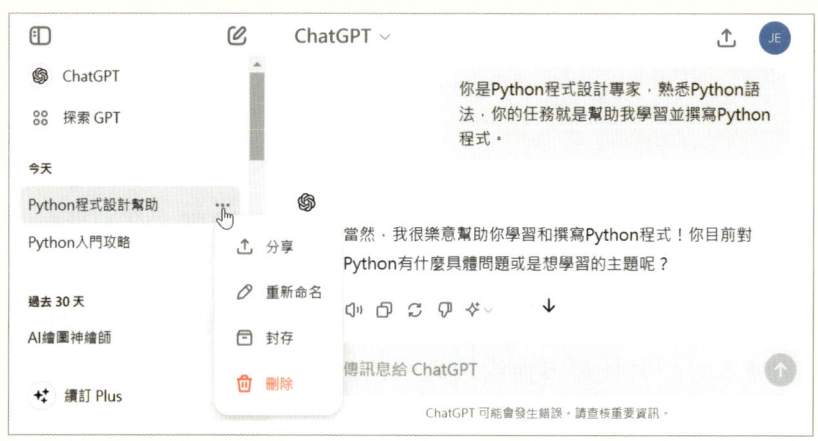

ChatGPT 程式助理

查詢 Python 的語法和使用範例

我們可以在 ChatGPT 查詢 Python 的相關問題，舉例來說，假設要知道前面出現過好幾次的 print() 語法為何？如何使用？可以輸入**「print() 的語法和使用範例」**，得到如下回答，裡面有詳細的語法和使用範例。不過，你不用急著去查，因為我們會在第 2-5、2-6 節介紹輸出和輸入函式。

我們還可以提出更多問題，例如「什麼是直譯器？」、「什麼是標準函式庫？」、「什麼是第三方套件？」、「Python 有哪些關鍵字？」、「什麼是字串？」、「什麼是流程控制？」、「什麼是 UTF-8 和 Unicode？」、「Python 有哪些二元運算子？」、「if 的語法與使用範例」、「變數的命名規則」等。如果你在閱讀本書時有什麼不懂的地方，也可以問 ChatGPT，輔助學習，這樣效果會更好。

 ## 找出 Python 程式的錯誤

無論是初學者還是有經驗的開發者，難免都會碰到程式錯誤，此時，ChatGPT 就可以派上用場。以前面看過的 Print('Hello, world!') 為例，執行時會出現 name 'Print' is not defined 錯誤訊息，那麼我們可以在 ChatGPT 輸入「**Print('Hello, world!') 出現 name 'Print' is not defined 錯誤，應該如何修正？**」，得到如下回答，裡面有錯誤的原因和修正的程式。

對於一些簡單的錯誤，直接把原始程式提供給 ChatGPT，就可以找出來，例如「**Print('Hello, world!') 哪裡錯誤？**」。不過，隨著你所撰寫的程式愈來愈複雜，碰到錯誤的情況也會變多，建議把原始程式連同錯誤訊息一起提供給 ChatGPT，以便更精確地解決問題。

解讀 Python 程式的意義

ChatGPT 也可以解讀 Python 程式的意義，舉例來說，我們在 ChatGPT 輸入「**這段程式碼有何用途？**」，並附上第 1-18 頁所出現的一段程式碼，得到如下回答，裡面有詳細的解說和執行結果。

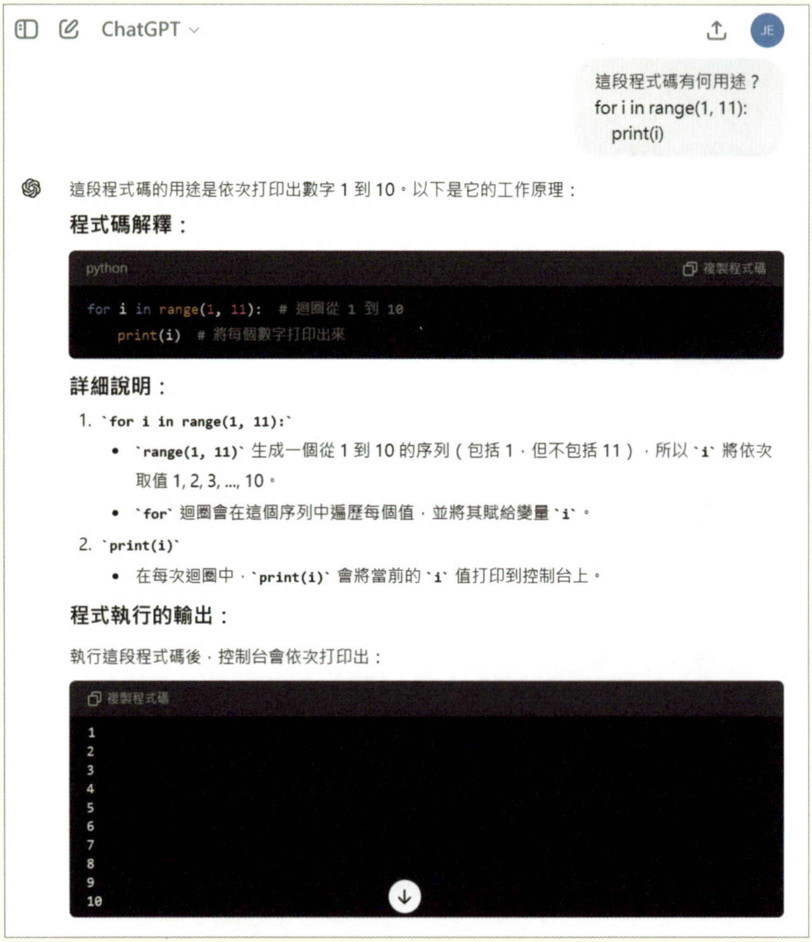
ChatGPT

這段程式碼有何用途？
for i in range(1, 11):
  print(i)

這段程式碼的用途是依次打印出數字 1 到 10。以下是它的工作原理：

程式碼解釋：

```python
for i in range(1, 11):  # 迴圈從 1 到 10
    print(i)  # 將每個數字打印出來
```

詳細說明：

1. `for i in range(1, 11):`
   - `range(1, 11)` 生成一個從 1 到 10 的序列（包括 1，但不包括 11），所以 `i` 將依次取值 1, 2, 3, ..., 10。
   - `for` 迴圈會在這個序列中遍歷每個值，並將其賦給變量 `i`。
2. `print(i)`
   - 在每次迴圈中，`print(i)` 會將當前的 `i` 值打印到控制台上。

程式執行的輸出：

執行這段程式碼後，控制台會依次打印出：

```
1
2
3
4
5
6
7
8
9
10
```

為了方便截圖做示範，我們附上的程式碼相當簡短，你不妨試著提問更複雜的程式碼，看看 ChatGPT 能否正確解讀。至於如何請 ChatGPT 幫忙撰寫程式，可以參考第 2 章的「ChatGPT 程式助理」專欄。

CHAPTER 02

變數、型別與運算子

2-1　變數

2-2　常數

2-3　型別

2-4　運算子

2-5　輸出 － print() 函式

2-6　輸入 － input() 函式

　　撰寫、修正與優化 Python 程式

　　幫 Python 程式加上註解

2-1 變數

我們可以透過**變數** (variable) 存取某個資料，而這個資料可能是整數、浮點數、字串或其它。每個變數都有一個**名稱** (name) 和一個**值** (value)，舉例來說，假設有一個變數，其名稱為 user、值為 '小美'，那麼只要透過 user 這個名稱，就可以存取 '小美' 這個值，例如 print(user) 會印出「小美」，若將 '小美' 換成 '大明'，那麼 print(user) 會印出「大明」。

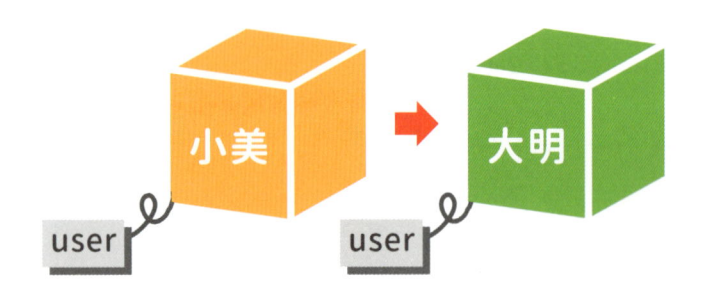

2-1-1 變數的命名規則

為了保持程式的一致性與可讀性，Python 針對變數名稱提供了一些命名規則，比較重要的如下：

- 必須以英文字母 (a ~ z、A ~ Z) 或底線 (_) 開頭，其它字元可以是英文字母 (a ~ z、A ~ Z)、底線 (_) 或數字 (0 ~ 9)。雖然可以使用中文，但不建議使用。

- 英文字母有大小寫之分，例如 age 和 Age 是不同的變數名稱。

- 不能使用關鍵字，例如 if、while、for、True、False 等。

- 不要使用內建常數、內建函式或內建類別的名稱，例如 print、input、type 等。

- 選擇有意義、具描述性的變數名稱，建議全部小寫英文字母、單字之間以底線 (_) 分隔，例如 user_age、last_login_date 等。

正確的變數名稱	錯誤的變數名稱
✓ counter	✗ 2user　　#不能以數字開頭
✓ _counter	✗ user 2　　#不能包含空白
✓ user2	✗ user@2　#不能包含特殊符號
✓ total_amount	✗ for　　　#不能使用關鍵字
✓ height_in_cm	✗ input　　#不要使用內建函式的名稱

Python 有哪些關鍵字？

Python 的關鍵字被保留做特定用途，不能當作一般的識別字來使用，下面是一些關鍵字 (參考自 Python 說明文件 https://www.python.org/doc/)。

False	await	else	import	pass
None	break	except	in	raise
True	class	finally	is	return
and	continue	for	lambda	try
as	def	from	nonlocal	while
assert	del	global	not	with
async	elif	if	or	yield

若將關鍵字當作變數名稱，就會發生錯誤，例如 **if = 100** 是將關鍵字 if 當作變數名稱，導致發生 SyntaxError: invalid syntax (語法錯誤：無效語法)。

```
In [1]: if = 100
  Cell In[1], line 1
    if = 100
     ^
SyntaxError: invalid syntax

In [2]:
```

Spyder 會以藍色標示關鍵字，而變數名稱是黑色，了解這個規則可以避免誤用。

2-3

2-1-2 設定變數的值

我們可以使用**指派運算子 (=)**(assignment operator) 設定變數的值,其它常見的說法還有「將一個值指派給變數」、「將一個值儲存在變數」或「使用變數儲存一個值」等。例如下面的敘述是將變數 radius 的值設定為 10,也就是令變數 radius 參照到記憶體裡面的整數 10:

```
        radius = 10
        變數的名稱  指派運算子  變數的值
```

我們也可以在一行敘述中設定多個變數的值,例如下面的敘述是將變數 age1 與變數 age2 的值分別設定為 8 和 5:

```
    age1, age2 = 8, 5      相當於     age1 = 8
                                     age2 = 5
```

至於下面的敘述則是將 x、y、z 三個變數的值皆設定為 2:

```
                                      x = 2
    x = y = z = 2          相當於     y = 2
                                      z = 2
```

請注意,指派運算子 (=) 的用途是將 = 右邊的值指派給 = 左邊的變數,也就是設定或更新變數的值,**請勿和數學的等於符號 (=) 混為一談。**

★ 使用變數的好處是賦予資料有意義的名稱，提高程式的可讀性。下面是一個例子，其中 list_price 代表牌價，discount 代表折扣，而 selling_price 代表售價為牌價乘以折扣，透過這些有意義的名稱，就能了解程式的用途，否則光是看到 100 * 0.7 實在不知意欲何為。

```
In [1]: list_price = 100
In [2]: discount = 0.7
In [3]: selling_price = list_price * discount
In [4]: selling_price
Out[4]: 70.0
```

★ 變數的名稱通常是放在 = 的左邊，但有時也可能放在 = 的右邊。以下面的敘述為例，In [1] 將變數 a 的值設定為 5，In [2] 將變數 a 的值設定為變數 a 原來的值加 10，因此，In [3] 會顯示變數 a 的值為 15。

```
In [1]: a = 5
In [2]: a = a + 10
In [3]: a
Out[3]: 15
```

★ 不要使用尚未設定值的變數，以免發生錯誤。以下面的敘述為例，由於尚未設定變數 b 的值就進行加法運算，導致發生 NameError: name 'b' is not defined（名稱錯誤：名稱 'b' 尚未定義）。

```
In [1]: b + 1
Traceback (most recent call last):
  Cell In[1], line 1
    b + 1
NameError: name 'b' is not defined
```

2-2 常數

常數 (constant) 和變數一樣可以用來存取資料,差別在於**常數的值在程式執行期間保持不變**,換句話說,常數的值一經設定,就不應該被變更,因此,我們可以使用常數表示一些不會隨著程式的執行而改變的資料。

舉例來說,假設要撰寫一個程式根據半徑計算圓面積,已知公式為圓周率 ×(半徑)^2,那麼可以使用一個常數 PI 來表示圓周率 3.14159,這樣就能以常數代替一長串的數字,減少重複輸入或打錯字的困擾。日後若要將圓周率變更為 3.1415926,也只要修改設定常數 PI 的那行敘述即可。

Python 內建的常數不多,常見的如下:

- **True**:bool(布林)型別的 True(真)值。
- **False**:bool(布林)型別的 False(假)值。
- **None**:空值(沒有值)。

雖然 Python 沒有提供定義常數的語法,但我們可以透過命名慣例來將一個變數當作常數看待,也就是**全部大寫英文字母、單字之間以底線 (_) 分隔**,例如 PI = 3.14159、DEFAULT_TIMEOUT = 60。

下面是一個例子,它會印出半徑為 10 的圓面積。

⭐ \Ch02\area.py

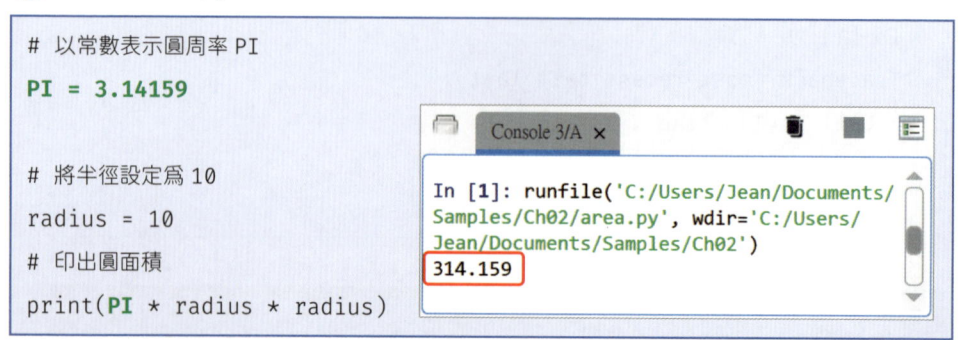

```
# 以常數表示圓周率 PI
PI = 3.14159

# 將半徑設定為 10
radius = 10
# 印出圓面積
print(PI * radius * radius)
```

```
In [1]: runfile('C:/Users/Jean/Documents/Samples/Ch02/area.py', wdir='C:/Users/Jean/Documents/Samples/Ch02')
314.159
```

2-3 型別

型別 (type) 指的是資料的種類,決定了資料的表示方式,以及相關的操作方式。Python 內建許多型別,常見的如下,我們將這些型別分成**基本型別** (primitive type) 與**容器型別** (container type),前者是單純的值,例如數值、布林、字串等;後者就像容器,能夠包含多個資料,當程式要處理大量資料時,就可以使用容器型別 (詳閱第 4 章)。

類型		型別	
基本型別	數值	int	例如 12345、-987 等整數。
		float	例如 1.23、-5.8 等浮點數。
	布林	bool	包括 True 和 False 兩個布林值。
	字串	str	例如 'happy' " 生日 " 等字串。
容器型別		例如 list (串列)、tuple (元組)、set (集合) 與 dict (字典) 等。	

Python 屬於**動態型別** (dynamically typed) 程式語言,開發者在使用變數之前,無須宣告型別,而且可以在程式執行期間將不同型別的值指派給變數。

下面是一個例子,一開始變數 x 的值為 100 ❶,接著呼叫 Python 內建的 **type()** 函式取得變數 x 的型別 ❷,結果為 int ❸;繼續,將變數 x 的值設定為 'hi' ❹,然後呼叫 type() 函式取得變數 x 的型別 ❺,結果為 str ❻。由此可見,變數的型別並不是固定的,而是取決於當下的值。

```
In [1]: x = 100        ❶
In [2]: type(x)        ❷
Out[2]: int            ❸

In [3]: x = 'hi'       ❹
In [4]: type(x)        ❺
Out[4]: str            ❻
```

> type(*x*) 函式可以用來取得參數 *x* 的型別,例如 type(0.5) 會傳回 float,type(True) 會傳回 bool。

此外，Python 亦屬於**強型別** (strongly typed) 程式語言，對於型別的使用規定較為嚴格，只能接受有明確定義的操作。下面是一個例子，直譯器將 170 和 250 視為整數 ❶，於是顯示相加的結果為 420 ❷；相對的，直譯器將 170 和 '250' 視為整數與字串 ❸，由於沒有明確定義其相加方式，導致發生 TypeError (型別錯誤) ❹。

```
In [1]: 170 + 250          ❶
Out[1]: 420                ❷

In [2]: 170 + '250'        ❸
Traceback (most recent call last):
  Cell In[2], line 1
    170 + '250'
TypeError: unsupported operand type(s) for +: 'int' and 'str'   ❹
```

2-3-1 int 型別 (整數)

int 型別用來表示與操作整數，也就是沒有小數部分的數字，例如 10000、0、-18 等。注意不能加上千分位符號，例如 10,000 不是合法的整數。

Python 預設為十進位，若要表示二、八、十六進位，可以加上前綴詞 **0b (或 0B)**、**0o (或 0O)**、**0x (或 0X)**，例如：

```
In [1]: 0b101010     ●── 以二進位表示 42
Out[1]: 42

In [2]: 0o52         ●── 以八進位表示 42
Out[2]: 42

In [3]: 0x2A         ●── 以十六進位表示 42
Out[3]: 42
```

2-3-2 float 型別 (浮點數)

float 型別用來表示與操作浮點數,也就是有小數部分的數字,例如 3.14159、-1.578、0.3333333333333333 等。Python 亦接受科學記法,以 **E** 或 **e** 表示指數,例如:

```
In [1]: num1 = -1.23e5    ❶
In [2]: num1
Out[2]: -123000.0

In [3]: num2 = 1.234E2    ❷
In [4]: num2
Out[4]: 123.4

In [5]: 1.25 ** 100000    ❸
Traceback (most recent call last):
  Cell In[5], line 1
    1.25 ** 100000
OverflowError: (34, 'Result too large')
```

❶ -1.23e5 表示 -123000.0
❷ 1.234E2 表示 123.4
❸ ** 是指數運算子,由於 1.25 的 100000 次方超過浮點數範圍,導致發生溢位錯誤

float 型別的浮點數範圍與精確度取決於作業系統平台,我們可以透過 **sys** 模組的 **sys.float_info** 屬性取得相關資訊如下,其中最大浮點數為 1.8e+308、最小浮點數為 2.2e-308、最大二進位指數為 1024、最小二進位指數為 -1021、有效位數為 15 位、指數運算的基底為 2。

```
In [1]: import sys    ❶

In [2]: sys.float_info    ❷
Out[2]: sys.float_info(max=1.7976931348623157e+308, max_exp=1024, max_10_exp=308, min=2.2250738585072014e-308, min_exp=-1021, min_10_exp=-307, dig=15, mant_dig=53, epsilon=2.220446049250313e-16, radix=2, rounds=1)
```

❶ 匯入內建的 sys (系統) 模組
❷ 透過此屬性取得浮點數資訊

2-3-3 bool 型別 (布林)

bool 型別包括 **True** 和 **False** 兩個布林值，**注意 T 和 F 為大寫**。當資料只有對或錯、是或否、有或沒有等兩種選擇時，就可以使用 bool 型別。bool 型別經常用來表示運算式成立與否或情況滿足與否，例如 1 < 2 會得到 True，表示 1 小於 2 是真的；而 1 > 2 會得到 False，表示 1 大於 2 是假的。

```
In [1]: 1 < 2
Out[1]: True
In [2]: 1 > 2
Out[2]: False
```

2-3-4 str 型別 (字串)

str 型別用來表示與操作字串，所謂**字串** (string) 是由一連串有順序的字元所組成，包括文字、數字、符號等。我們可以使用**單引號 (')** 或**雙引號 (")** 表示字串，例如 ' 魔戒 '、"Xmas" 等，**注意單引號和雙引號不能混用**。

若要表示多行字串，可以使用**三個單引號 (''')** 或**三個雙引號 (""")**，例如下面的敘述是輸入一個三行字串，其中 \n 為跳脫字元，表示換行。

```
In [1]: ''' 你的名字
   ...: 天氣之子
   ...: 鈴芽之旅 '''
Out[1]: ' 你的名字 \n 天氣之子 \n 鈴芽之旅 '
```

正確的字串	錯誤的字串
✓ 'birthday'	✗ 'birthday" # ' 和 " 不能混用
✓ "I'm Yu."	✗ 'I'm Yu.' # ' 不能在 '' 裡面
✓ 'I am "Yu".'	✗ "I am "Yu"." # " 不能在 "" 裡面
✓ 'Gone with the wind.'	✗ 'Gone with the wind.' # 字串要寫成一行

對於一些特殊符號或無法顯示在螢幕上的符號，例如換行、[Tab] 鍵等，我們可以使用如下的**跳脫字元** (escaping character) 來表示。

跳脫字元	意義	跳脫字元	意義
\'	單引號 (')	\b	倒退鍵 (Backspace)
\"	雙引號 (")	\f	換頁 (Formfeed)
\\	反斜線 (\)	\r	歸位 (Carriage Return)
\n	換行 (Linefeed)	\t	[Tab] 鍵 (Horizontal Tab)
\u*xxxx*	16-bit Unicode 字元 (*xxxx* 為十六進位整數，例如 \u0041 表示 A)		
\U*xxxxxxxx*	32-bit Unicode 字元 (*xxxxxxxx* 為十六進位整數，例如 \U0001F600 表示 😀)		
\N{*name*}	Unicode 字元 (*name* 為字元名稱，例如 '\N{CROWN}' 表示 👑)		

下面是一些例子：

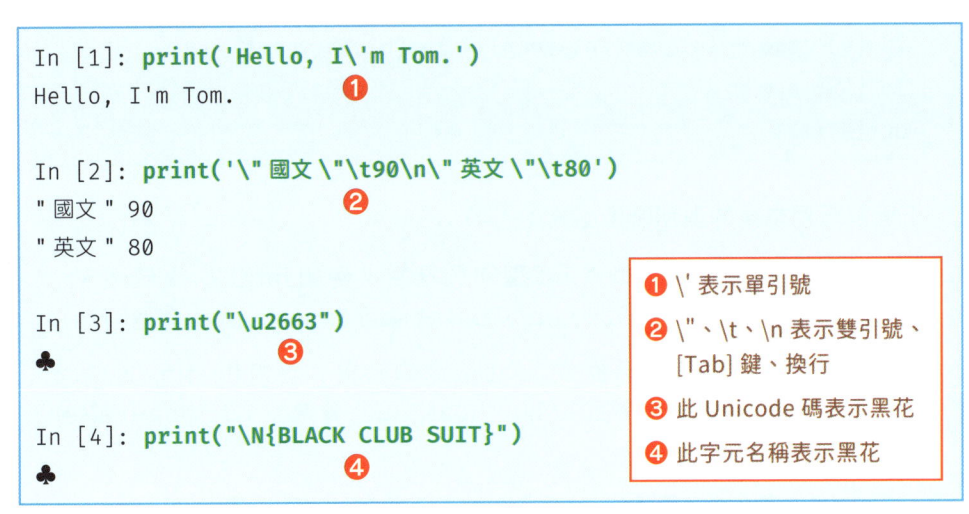

```
In [1]: print('Hello, I\'m Tom.')
Hello, I'm Tom.                ❶

In [2]: print('\" 國文 \"\t90\n\" 英文 \"\t80')
" 國文 " 90                      ❷
" 英文 " 80

In [3]: print("\u2663")
♣                               ❸

In [4]: print("\N{BLACK CLUB SUIT}")
♣                               ❹
```

❶ \' 表示單引號
❷ \"、\t、\n 表示雙引號、[Tab] 鍵、換行
❸ 此 Unicode 碼表示黑花
❹ 此字元名稱表示黑花

原則上，若字串包含雙引號，可以使用單引號來表示字串；相反的，若字串包含單引號，可以使用雙引號來表示字串；或者，乾脆使用跳脫字元來表示雙引號和單引號，這樣就不會發生錯誤。至於**空字串** (null string) 指的是沒有包含任何字元的字串，可以寫成 '' 或 ""。

2-11

型別轉換

我們在前面提過 Python 只能接受有明確定義的操作，假設有兩個變數 current_year、birth_year 代表目前年份 '2025' 和出生年份 '2002'，想當然爾年齡就是兩者相減的結果，但在 Python 卻不能直接寫成 current_year - birth_year，因為沒有明確定義字串的相減方式，此時，必須先使用 **int()** 函式將之轉換成 int 型別，才能進行減法運算，如下：

```
In [1]: current_year = '2025'
In [2]: birth_year = '2002'
In [3]: age = current_year - birth_year    ❶
Traceback (most recent call last):
  Cell In[3], line 1
    age = current_year - birth_year
TypeError: unsupported operand type(s) for -: 'str' and 'str'

In [4]: age = int(current_year) - int(birth_year)    ❷
In [5]: age
Out[5]: 23
```

❶ 兩個字串相減會發生型別錯誤
❷ 必須將字串轉換成整數再相減

下面是幾個常見的型別轉換函式：

★ **int(x)**：傳回將 x 轉換成 int 型別的結果，例如 int(5.8) 會傳回 5、int('2025') 會傳回 2025、int(True) 會傳回 1、int(False) 會傳回 0。

★ **float(x)**：傳回將 x 轉換成 float 型別的結果，例如 float(5) 會傳回 5.0、float('123') 會傳回 123.0、float(True) 會傳回 1.0、float(False) 會傳回 0.0。

★ **str(x)**：傳回將 x 轉換成 str 型別的結果，例如 str(5) 會傳回 '5'、str(3.4) 會傳回 '3.4'、str(True) 會傳回 'True'、str(False) 會傳回 'False'。

★ **bool(x)**：傳回將 x 轉換成 bool 型別的結果，例如 bool(5) 會傳回 True、bool('hi') 會傳回 True、bool(0) 會傳回 False。

馬上練習

1. 下列哪些是合法的變數名稱？

   (1) finally　　　　(2) @customerID　　(3) _customerID
   (4) list_price　　 (5) str!int　　　　(6) 2numbers
   (7) first/name　　 (8) number1　　　　(9) userAge

2. 下面的程式為何會執行錯誤？應該如何修正？

```
01  x, y = 3, 6, 9
02  print('X軸座標為 ', x, ', Y軸座標為 ', y)
```

3. 下面的程式為何會執行錯誤？應該如何修正？

```
01  year = '2026'
02  minguo = year - 1911
03  print(minguo)
```

【解答】

為了達到學習效果，建議你先根據前幾節的內容來作答。如果有不懂的地方，可以將題目提供給 ChatGPT，就會有進一步的解說。

1. (3)、(4)、(8)、(9)。

2. 第 01 行在設定 x、y 的值時多寫了一個值，應該改寫成如下：

```
x, y = 3, 6
```

3. 第 02 行的 year 為 str 型別，無法和整數 1911 進行減法運算，應該先使用 int() 函式將 year 轉換成 int 型別，也就是改寫成如下：

```
minguo = int(year) - 1911
```

2-4 運算子

運算子 (operator) 是一種用來進行運算的符號，而**運算元** (operand) 是運算子進行運算的對象，我們將運算子與運算元所組成的敘述稱為**運算式** (expression)，例如：

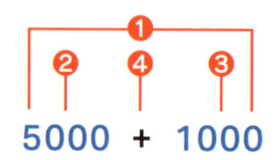

```
    ①
  ②  ④  ③
5000 + 1000
```

❶ 運算式　❷ 運算元 1　❸ 運算元 2　❹ 運算子

❶ 運算式會產生一個值，稱為「結果」，此例的結果為 6000。
❷ 此例的運算元 1 為 5000，放在運算子的左邊。
❸ 此例的運算元 2 為 1000，放在運算子的右邊。
❹ 此例的運算子為加法運算子，放在兩個運算元的中間，用來將運算元 1 和運算元 2 進行加法運算。

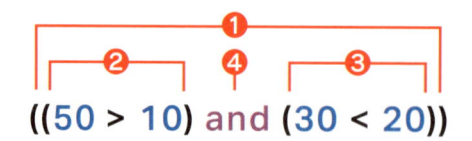

```
        ①
   ②    ④    ③
((50 > 10) and (30 < 20))
```

❶ 運算式　❷ 運算元 1 (運算式 1)　❸ 運算元 2 (運算式 2)　❹ 運算子

❶ 運算式的前後以小括號括起來，此例的結果為 False。
❷ 運算式的運算元 1 是運算式 1，裡面有一個 > 運算子，以及 50 和 10 兩個運算元，運算式 1 的結果為 True，表示 50 大於 10 是真的。
❸ 運算式的運算元 2 是運算式 2，裡面有一個 < 運算子，以及 30 和 20 兩個運算元，運算式 2 的結果為 False，表示 30 小於 20 是假的。
❹ 此例的運算子是 and 運算子，放在兩個運算元的中間，用來將運算元 1 和運算元 2 進行邏輯 AND 運算。

我們可以依照功能將 Python 的運算子分成下列幾種類型，其中移位運算子與位元運算子涉及位元運算，必須對二進位有一定程度的認識才能完全理解，初學者稍微知道一下就好，等有需要的時候再問 ChatGPT，例如「什麼是移位運算子？」、「什麼是位元運算子？」。

類型	運算子
算術運算子	+(加法)、-(減法)、*(乘法)、/(浮點數除法)、//(整數除法)、%(餘數)、**(指數)
比較運算子	>(大於)、<(小於)、>=(大於等於)、<=(小於等於)、==(等於)、!=(不等於)
移位運算子	<<(左移)、>>(右移)
位元運算子	~(位元 NOT)、&(位元 AND)、|(位元 OR)、^(位元 XOR)
邏輯運算子	not(邏輯 NOT)、and(邏輯 AND)、or(邏輯 OR)
指派運算子	=、+=、-=、*=、/=、//=、%=、**=
註：其它特殊符號有 ( )、[ ]、{ }、,、:、.、; 等，留待相關章節做介紹。

此外，我們也可以依照運算元的個數將 Python 的運算子分成下列兩種類型：

- **單元運算子** (unary operator)：只有一個運算元，採取**前置記法** (prefix notation)，運算子要放在運算元的前面。~(位元 NOT) 和 not(邏輯 NOT) 屬於單元運算子，例如 not True 會得到 False，而 not False 會得到 True。

- **二元運算子** (binary operator)：有兩個運算元，採取**中置記法** (infix notation)，運算子要放在兩個運算元的中間。~(位元 NOT) 和 not (邏輯 NOT) 以外的運算子屬於二元運算子，例如 5 * 3 會得到 15。

  比較特別的是 + 和 - 可以是二元或單元運算子，當它們是二元運算子時，可以用來進行加法和減法運算，例如 5 + 2、5 - 2；當它們是單元運算子時，可以用來表示正數值和負數值，例如 +100、-6.4。

2-4-1 算術運算子

初學者最先開始練習的通常是加、減、乘、除、餘數、指數等算術運算，Python 提供了如下的**算術運算子** (arithmetic operator)。

● + (加法)

+ 運算子可以用來進行加法運算或表示正數值，例如：

```
In [1]: 250 + 300          ── 整數和整數相加的結果為整數
Out[1]: 550
In [2]: 250 + 300.0        ── 整數和浮點數相加的結果為浮點數
Out[2]: 550.0
In [3]: +10000             ── +10000 表示正的 10000
Out[3]: 10000
```

此外，+ 運算子也可以用來連接字串，例如：

```
In [1]: 'Hi,' + '你好！'    ── 將兩個字串連接在一起
Out[1]: 'Hi,你好！'
In [2]: 'x' + 'y' + '3'    ── 將三個字串連接在一起
Out[2]: 'xy3'
```

● - (減法)

- 運算子可以用來進行減法運算或表示負數值，例如：

```
In [1]: 2 - 3
Out[1]: -1
In [2]: 1.5 - 0.5
Out[2]: 1.0
In [3]: -10000
Out[3]: -10000
```

*（乘法）

* 運算子可以用來進行乘法運算，例如：

```
In [1]: 100 * 25
Out[1]: 2500
In [2]: 100 * 25.0
Out[2]: 2500.0
```

此外，* 運算子也可以用來重複字串，例如：

```
In [1]: 'abc' * 3       ← 將 'abc' 字串重複 3 次
Out[1]: 'abcabcabc'
In [2]: 5 * 'ha'        ← 將 'ha' 字串重複 5 次
Out[2]: 'hahahahaha'
```

/（浮點數除法）

/ 運算子可以用來進行浮點數除法，結果為 float 型別，例如：

```
In [1]: 7 / 2
Out[1]: 3.5
In [2]: -7 / 2
Out[2]: -3.5
```

//（整數除法）

// 運算子可以用來進行整數除法，取得比結果小的最大整數，例如：

```
In [1]: 7 // 2
Out[1]: 3
In [2]: -7 // 2
Out[2]: -4
```

% (餘數)

% 運算子可以用來取得兩數相除的餘數,例如:

```
In [1]: 10 % 3        ❶
Out[1]: 1
In [2]: 10.5 % 3      ❷
Out[2]: 1.5
In [3]: -10 % 3       ❸
Out[3]: 2
```

❶ 10 除以 3 得到 3 餘 1
❷ 10.5 除以 3 得到 3 餘 1.5
❸ -10 除以 3 得到 -4 餘 2

我們可以利用餘數運算子來做什麼呢?常見的用途是判斷一個整數是偶數或奇數,若整數除以 2 的餘數為 0,表示偶數;若整數除以 2 的餘數為 1,表示奇數。

另一個用途是進行分組,舉例來說,假設有 1 ~ 10 共十個數字要分成三組,那麼可以把這些數字除以 3 取餘數,第一組是餘數為 0 的 3、6、9,第二組是餘數為 1 的 1、4、7、10,第三組是餘數為 2 的 2、5、8。

** (指數)

** 運算子可以用來進行指數運算,例如:

```
In [1]: 16 ** 2        ❶
Out[1]: 256
In [2]: 10 ** -1       ❷
Out[2]: 0.1
In [3]: 16 ** 0.5      ❸
Out[3]: 4.0
In [4]: 27 ** (1/3)    ❹
Out[4]: 3.0
```

❶ 16 的 2 次方
❷ 10 的 -1 次方
❸ 16 的平方根
❹ 27 的立方根

2-4-2 比較運算子

有時我們需要比較兩個值的大小或相等與否,以做進一步處理,例如比較年齡有沒有大於等於 20 歲,有的話,表示成年可以投票,沒有的話,表示未成年不能投票,Python 提供了如下的**比較運算子** (comparison operator)。

運算子	語法	說明
>	x > y	若 x 大於 y,結果為 True,否則為 False,例如 10 + 15 > 25 會得到 False。
<	x < y	若 x 小於 y,結果為 True,否則為 False,例如 10 + 15 < 25 會得到 False。
>=	x >= y	若 x 大於等於 y,結果為 True,否則為 False,例如 10 + 15 >= 25 會得到 True。
<=	x <= y	若 x 小於等於 y,結果為 True,否則為 False,例如 10 + 15 <= 25 會得到 True。
==	x == y	若 x 等於 y,結果為 True,否則為 False,例如 10 + 15 == 25 會得到 True。
!=	x != y	若 x 不等於 y,結果為 True,否則為 False,例如 10 + 15 != 25 會得到 False。

比較運算子也可以用來比較兩個字串的大小或相等與否,比較方式是由左向右逐一比較字串裡面的字元,根據 Unicode 碼比大小。若想知道某個字元的 Unicode 碼,可以問 ChatGPT,例如「'A' 的 Unicode 碼?」,原則上,**'0' < '1' < '2' < … < '9' < 'A' < 'B' < 'C' < … < 'Z' < 'a' < 'b' < 'c' … < 'z'**,例如:

```
In [1]: 'CAT' == 'cat'      ❶
Out[1]: False
In [2]: 'A' > '1'           ❷
Out[2]: True
In [3]: 'ABC' < 'Abc'       ❸
Out[3]: True
```

❶ 英文字母的大小寫不同
❷ A 的 Unicode 碼大於 1
❸ B 的 Unicode 碼小於 b

2-4-3 邏輯運算子

Python 提供了如下的**邏輯運算子** (logical operator) 用來進行邏輯運算，這些運算子經常出現在流程控制中，幫助我們針對多個條件進行複合判斷，例如不是未成年就能投票、晴天且氣溫超過 38 度就放高溫假、未滿 20 歲或學生就有優惠票價。

not

not 運算子的語法為 **not** x，表示將 x 進行邏輯否定，若 x 的值為 True，結果為 False；若 x 的值為 False，結果為 True。

x	not x
True	False
False	True

例如：

```
In [1]: not 1 > 2    ❶
Out[1]: True
In [2]: not 1 < 2    ❷
Out[2]: False
```

❶ 1 > 2 為 False，not False 會得到 True
❷ 1 < 2 為 True，not True 會得到 False

and

and 運算子的語法為 x **and** y，表示將 x 和 y 進行邏輯交集，若兩者的值均為 True，結果為 True，否則為 False。

x	y	x and y
True	True	True
True	False	False
False	True	False
False	False	False

例如：

```
In [1]: 1 > 2 and 7 > 3   ❶
Out[1]: False

In [2]: 1 > 2 and 7 < 3   ❷
Out[2]: False

In [3]: 1 < 2 and 7 > 3   ❸
Out[3]: True
```

❶ 1 > 2 為 False，7 > 3 為 True，False and True 會得到 False
❷ 1 > 2 為 False，7 < 3 為 False，False and False 會得到 False
❸ 1 < 2 為 True，7 > 3 為 True，True and True 會得到 True

or

or 運算子的語法為 **x or y**，表示將 x 和 y 進行邏輯聯集，若兩者的值均為 False，結果為 False，否則為 True。

x	y	x or y
True	True	True
True	False	True
False	True	True
False	False	False

例如：

```
In [1]: 1 > 2 or 7 > 3   ❶
Out[1]: True

In [2]: 1 > 2 or 7 < 3   ❷
Out[2]: False

In [3]: 1 < 2 or 7 > 3   ❸
Out[3]: True
```

❶ 1 > 2 為 False，7 > 3 為 True，False or True 會得到 True
❷ 1 > 2 為 False，7 < 3 為 False，False or False 會得到 False
❸ 1 < 2 為 True，7 > 3 為 True，True or True 會得到 True

2-4-4 指派運算子

除了第 2-1-2 節所介紹的 = 運算子，Python 還有其它**指派運算子** (assignment operator)，以下面的 **+=** 為例，其作用是將 x 的值設定為 x 原來的值加 y 的值，+= 就是提供一個更簡潔的方式來進行指派運算。

$$x \mathrel{+}= y \quad \text{相當於} \quad x = x + y$$

運算子	語法	說明
=	x = y	將 x 的值設定為 y 的值。
+=	x += y	相當於 x = x + y，+ 為加法運算子。
-=	x -= y	相當於 x = x - y，- 為減法運算子。
*=	x *= y	相當於 x = x * y，* 為乘法運算子。
/=	x /= y	相當於 x = x / y，/ 為浮點數除法運算子。
//=	x //= y	相當於 x = x // y，// 為整數除法運算子。
%=	x %= y	相當於 x = x % y，% 為餘數運算子。
**=	x **= y	相當於 x = x ** y，** 為指數運算子。

下面是一些例子：

```
In [1]: s = 'Hey'
In [2]: s += ' Joy'      ← 相當於 s = s + ' Joy'
In [3]: s
Out[3]: 'Hey Joy'

In [4]: num = 10
In [5]: num *= 500       ← 相當於 num = num * 500
In [6]: num
Out[6]: 5000
```

2-4-5 運算子的優先順序

當運算式裡面有多個運算子時，Python 會依照如下的優先順序高者先執行，其中以括號最高，指派運算最低。

高 ↓ 低

運算子	說明
(...)、[...]、{...}	括號
x ** y	指數
+x、-x	正號、負號
x * y、x / y、x // y、x % y	乘法、除法、整數除法、餘數
x + y、x - y	加法、減法
>、<、>=、<=、==、!=	比較運算
not x	邏輯 NOT
x and y	邏輯 AND
x or y	邏輯 OR
=、+=、-=、*=、/=、//=、%=、**=	指派運算

舉例來說，在第一個運算式中，首先執行乘法，3 * 6 會得到 18，接著執行加法，5 + 18 會得到 23，最後執行比較運算，23 > 25 會得到 False；而在第二個運算式中，首先執行小括號裡面的運算式，5 + 3 會得到 8，接著執行乘法，8 * 6 會得到 48，最後執行比較運算，48 > 25 會得到 True。

```
5 + 3 * 6 > 25    ➡  False
    └18┘
└──23──┘

(5 + 3) * 6 > 25  ➡  True
 └─8─┘
 └──48──┘
```

馬上練習

(1) print(10 * (3 + 5) // 3)

(2) print(3 + ' 隻小豬 ')

(3) print((7 + 3) * 2 ** 2)

(4) print(' 哈 ' * 3 + ' ！真厲害！')

(5) print((4 == 2 * 2) or (6 < 5))

(6) print(not (8 % 5) and (3 ** 2 == 9))

(7) print((10 > 5) and (3 < 7))

(8) print(not (5 + 2 == 7) or (9 != 3 * 3))

(9) print('\' 芙莉蓮 \'\n\' 欣梅爾 \'\n\' 海塔 \"')

(10) print(("xyz" != "XYZ") or (3 > 5))

【解答】

(1) 26

(2) TypeError (型別錯誤)

(3) 40

(4) 哈哈哈！真厲害！

(5) True

(6) False

(7) True

(8) False

(9) ' 芙莉蓮 '
    ' 欣梅爾 '
    ' 海塔 '

(10) True

2-5 輸出－ print() 函式

截至目前，我們已經使用過好幾次 print()，但尚未做過正式介紹，這是 Python 的內建函式，已經定義在標準函式庫，直接使用即可，無須匯入任何模組或做任何設定。

print() 函式用來將參數的值顯示在標準輸出，其語法如下，第一種形式會印出參數 1 的值；第二種形式會印出參數 1, ..., 參數 n 的值，中間以空白分隔；若要指定分隔字串，可以加上 **sep** 參數，如第三種形式；若要指定印出結束後添加的字串，可以加上 **end** 參數，如第四種形式，預設值為換行。

> print(參數 1)
> print(參數 1, ..., 參數 n)
> print(參數 1, ..., 參數 n, sep=' 分隔字串 ')
> print(參數 1, ..., 參數 n, end=' 結束字串 ')

例如：

```
In [1]: print('May', 'Joy', 'Leo')    ❶
May Joy Leo

In [2]: print('May', 'Joy', 'Leo', sep=', ')    ❷
May, Joy, Leo

In [3]: print('Hello,', end=' ')    ❸
   ...: print('Python')
Hello, Python
```

❶ 在印出多個值時，預設會以空白分隔這些值

❷ 在印出多個值時，改以 ',' 分隔這些值

❸ 將結束字串換成空白，而不是預設的換行

2-25

2-6 輸入－ input() 函式

輸入也是程式常用的功能，我們可以使用 Python 內建的 **input()** 函式取得使用者所輸入的資料，其語法如下：

> input(參數)　　或　　input()

在直譯器執行到 input() 函式時，會顯示參數所設定的提示文字，然後等待輸入，待輸入資料並按 [Enter] 鍵後，再將資料以字串的形式傳回。參數可以省略，預設值為空字串，也就是沒有提示文字，下面是一個例子。

⭐ \Ch02\age.py

```
01  current_year = input('請輸入目前西元年份：')
02  birth_year = input('請輸入出生西元年份：')
03  age = int(current_year) - int(birth_year)     若沒有先轉換成整數
04  print('年齡為', age)                          就相減，將會發生型
                                                  別錯誤
```

- 01：顯示「請輸入目前西元年份：」，然後等待輸入，待輸入資料並按 [Enter] 鍵後，再將傳回的資料指派給變數 current_year。

- 03：先使用 int() 函式將兩個變數轉換成整數，然後相減算出年齡。

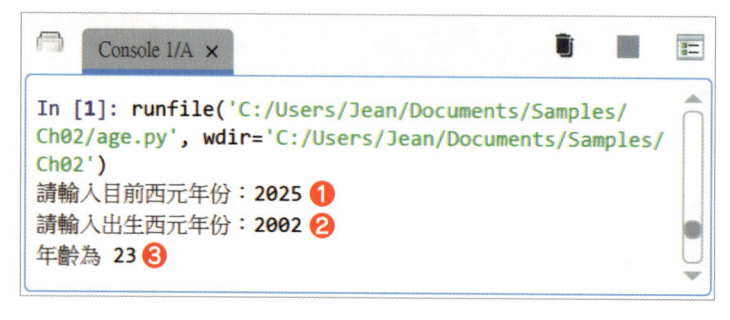

```
In [1]: runfile('C:/Users/Jean/Documents/Samples/
Ch02/age.py', wdir='C:/Users/Jean/Documents/Samples/
Ch02')
請輸入目前西元年份：2025 ❶
請輸入出生西元年份：2002 ❷
年齡為 23 ❸
```

❶ 輸入目前西元年份並按 [Enter] 鍵　　❸ 印出年齡
❷ 輸入出生西元年份並按 [Enter] 鍵

馬上練習

[計算 BMI] 撰寫一個 Python 程式,令它要求輸入身高與體重,然後計算 BMI 並印出結果。BMI (Body Mass Index,身體質量指數) 是以身高為基礎來測量體重是否符合標準,計算公式如下,理想體重範圍為 18.5 ~ 24。

BMI = 體重(公斤)/ 身高^2(公尺^2)

【解答】

⭐ \Ch02\BMI.py

```python
# 要求輸入身高 (以公分為單位)
height = float(input('請輸入身高 (cm): '))

# 要求輸入體重 (以公斤為單位)
weight = float(input('請輸入體重 (kg): '))

# 計算 BMI
BMI = weight / ((height / 100) ** 2)

# 印出 BMI
print('BMI為 ', round(BMI, 2))
```

使用 round() 函式將 BMI 四捨五入到小數點後面兩位 (詳閱第 3-1 節)

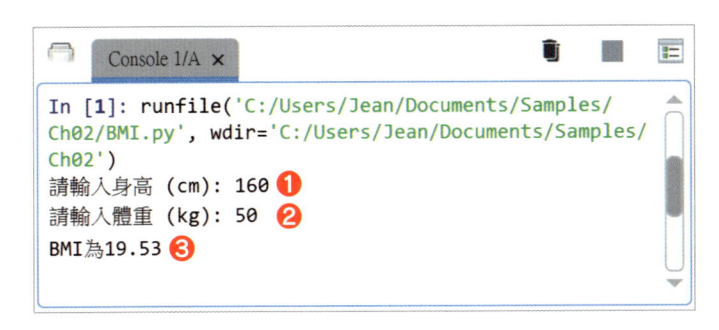

```
Console 1/A ×

In [1]: runfile('C:/Users/Jean/Documents/Samples/
Ch02/BMI.py', wdir='C:/Users/Jean/Documents/Samples/
Ch02')
請輸入身高 (cm): 160  ❶
請輸入體重 (kg): 50   ❷
BMI為19.53  ❸
```

❶ 輸入身高,例如 160
❷ 輸入體重,例如 50
❸ 顯示 BMI (四捨五入到小數點後面兩位)

ChatGPT 程式助理

撰寫、修正與優化 Python 程式

當你要請 ChatGPT 撰寫程式時，請詳細描述程式的用途，這樣它所撰寫的程式會更符合要求，例如「**撰寫一個 Python 程式，判斷使用者輸入的年份是否為閏年**」、「**撰寫一個 Python 程式，令它從 1 ~ 49 之間任選 6 個不重複的數字，作為大樂透玩家圈選號碼參考**」等。

下面是一個例子，我們在 ChatGPT 輸入「**撰寫一個 Python 程式，計算整數 1 加到 100 的總和**」，得到如下回答，裡面有程式與說明，我們可以進一步將程式複製到 Spyder 或 Colab 做測試。

```
ChatGPT ∨

                                  撰寫一個Python程式，計算整數1加到100的總和

你可以用一個簡單的 `for` 迴圈來計算從1到100的總和。以下是Python程式碼範例：

python                                                              複製程式碼

# 計算從1到100的總和
total_sum = 0

for i in range(1, 101):
    total_sum += i

print("1加到100的總和是:", total_sum)
```

當你執行這個程式時，它將輸出 `1加到100的總和是：5050`。

這段程式碼的工作方式如下：

1. `total_sum` 變數初始化為0，用於儲存累加的結果。
2. `for` 迴圈從1到100遍歷每個數字。
3. 每次迴圈時，當前數字 `i` 加到 `total_sum` 中。
4. 最後，使用 `print` 函數輸出總和。

傳訊息給 ChatGPT

在這個例子中，ChatGPT 所提供的程式是使用 for 迴圈，重複執行 100 次來計算整數 1 加到 100 的總和。哇！for 迴圈還沒教耶，怎麼辦？沒關係，那就在 ChatGPT 輸入「**有沒有不要使用 for 迴圈的寫法？**」，得到如下回答，這次改用總和公式，簡單又明瞭。

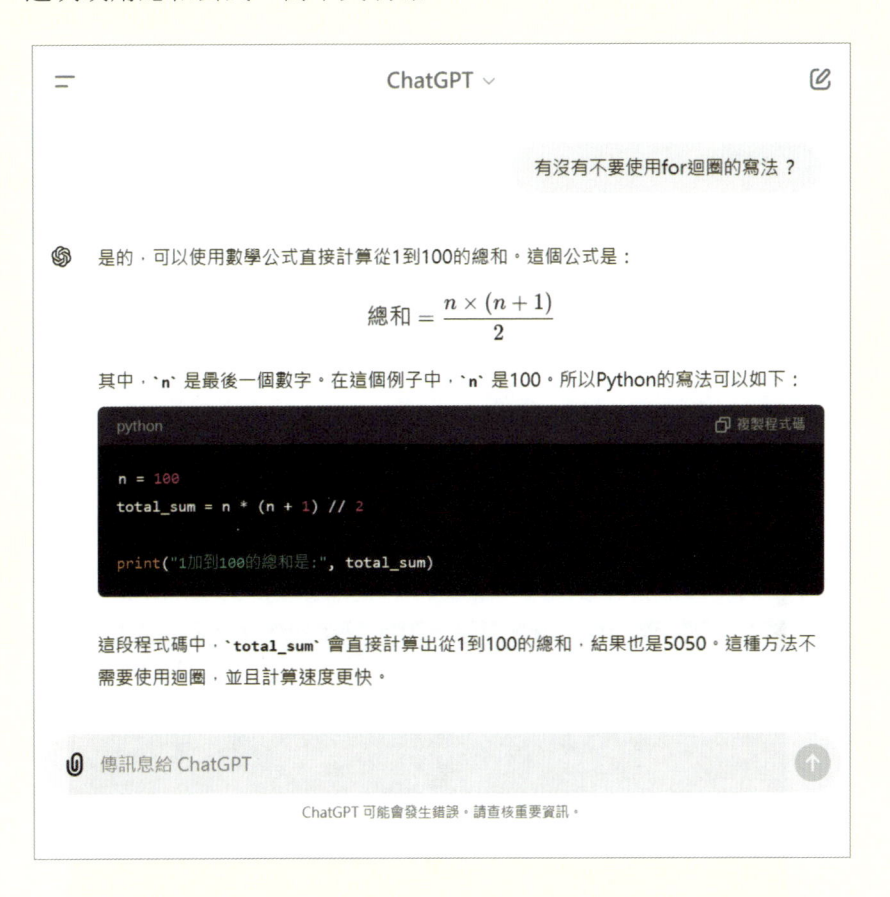

ChatGPT

有沒有不要使用for迴圈的寫法？

是的，可以使用數學公式直接計算從1到100的總和。這個公式是：

$$總和 = \frac{n \times (n+1)}{2}$$

其中，`n` 是最後一個數字。在這個例子中，`n` 是100。所以Python的寫法可以如下：

```python
n = 100
total_sum = n * (n + 1) // 2

print("1加到100的總和是：", total_sum)
```

這段程式碼中，`total_sum` 會直接計算出從1到100的總和，結果也是5050。這種方法不需要使用迴圈，並且計算速度更快。

傳訊息給 ChatGPT

ChatGPT 可能會發生錯誤。請查核重要資訊。

請注意，ChatGPT 所生成的程式不一定都是對的，必須詳加測試，若遇到錯誤，可以把執行時出現的錯誤訊息提供給它，請它進行修正，或乾脆跟它說「**程式不對，請重寫**」。

另一種情況是程式雖然正確，但可能沒效率或太冗長，此時，可以輸入類似「**這個程式效率不佳，請優化**」、「**這個程式太冗長，請精簡**」、「**請提供其它更快、更好的寫法**」等提示詞，請它進行優化。

ChatGPT 程式助理

幫 Python 程式加上註解

適當的註解可以增加程式的可讀性，有助於其它共同開發者或未來的自己了解程式。下面是一個例子，我們在 ChatGPT 輸入「**幫這段程式碼加上註解**」，並附上第 2-27 頁的一段程式碼，得到如下回答，裡面不僅有詳細的註解，還有相關說明，如果出現跟平常習慣不同的用語或簡體字，建議稍做修改，讓它更順暢。

為了方便截圖做示範，我們附上的程式碼相當簡短，你不妨試著提問更複雜的程式碼，看看 ChatGPT 能否正確加上註解。

幫這段程式碼加上註解
```
height = float(input('請輸入身高 (cm): '))
weight = float(input('請輸入體重 (kg): '))
BMI = weight / ((height / 100) ** 2)
print('BMI為', BMI)
```

以下是加上註解的程式碼範例：

```python
# 要求使用者輸入身高（單位為公分），並將輸入的數值轉換為浮點數
height = float(input('請輸入身高 (cm): '))

# 要求使用者輸入體重（單位為公斤），並將輸入的數值轉換為浮點數
weight = float(input('請輸入體重 (kg): '))

# 計算 BMI，公式為體重除以身高的平方
# 由於身高是以公分為單位，需要先將其除以 100 轉換為公尺
BMI = weight / ((height / 100) ** 2)

# 印出 BMI 結果
print('BMI為', BMI)
```

註解說明

1. `height = float(input('請輸入身高 (cm): '))`：用於要求使用者輸入身高，並將其從字串轉換為浮點數。

2-30

CHAPTER 03 數值與字串處理

3-1 數值處理函式

3-2 字串處理函式

3-3 字串運算子

3-4 字串處理方法

3-5 f-string 格式化字串

　　 查詢內建函式

3-1 數值處理函式

在本節中,我們要介紹一些 Python 內建的數值處理函式,讓程式可以針對數值進行更多操作,例如數學運算、型別轉換、數值轉換等。你無須探究其原理,只要學會使用就可以了,至於如何定義自己的函式,第 6 章有進一步的說明。

✓ abs(*x*)

傳回數值 x 的絕對值 (即 x 與 0 之間的距離),例如:

```
In [1]: abs(-8.2)
Out[1]: 8.2
```

✓ pow(*x*, *y*)

傳回 x 的 y 次方 (即 $x ** y$),例如:

```
In [1]: pow(10, 3)      ← 10 的 3 次方 ( 即立方 )
Out[1]: 1000
In [2]: pow(16, 0.5)    ← 16 的 0.5 次方 ( 即平方根 )
Out[2]: 4.0
```

✓ int(*x*)

傳回將 x 轉換成整數的結果,小數部分直接捨去,x 可以是數值或字串 (若字串表示一個整數),例如:

```
In [1]: int(3.14)
Out[1]: 3
In [2]: int('2026')
Out[2]: 2026
```

float(x)

傳回將 x 轉換成浮點數的結果，x 可以是數值或字串（若字串表示一個數值），例如：

```
In [1]: float(3)
Out[1]: 3.0
In [2]: float('3.14')
Out[2]: 3.14
```

min(x1, x2…)

傳回參數中的最小值，可以接受任意個參數，例如：

```
In [1]: min(0, -9, 6, -2, 3)
Out[1]: -9
```

max(x1, x2…)

傳回參數中的最大值，可以接受任意個參數，例如：

```
In [1]: max(0, -9, 6, -2, 3)
Out[1]: 6
```

round(x, n)、round(x)

傳回將 x 四捨五入到小數點後面 n 位，n 可以省略，預設值為 0，例如：

```
In [1]: round(2.628, 2)      ← 四捨五入到小數點後面兩位
Out[1]: 2.63
In [2]: round(2.628, 1)      ← 四捨五入到小數點後面一位
Out[2]: 2.6
In [3]: round(2.628)         ← 省略參數 n 會四捨五入到整數
Out[3]: 3
```

bin(x)

傳回將整數 x 由十進位轉換成二進位的字串，前面會加上 '0b'，例如：

```
In [1]: bin(33)
Out[1]: '0b100001'
In [2]: bin(-33)
Out[2]: '-0b100001'
```

oct(x)

傳回將整數 x 由十進位轉換成八進位的字串，前面會加上 '0o'，例如：

```
In [1]: oct(33)
Out[1]: '0o41'
```

hex(x)

傳回將整數 x 由十進位轉換成十六進位的字串，前面會加上 '0x'，例如：

```
In [1]: hex(33)
Out[1]: '0x21'
```

---

math、random、datetime 與 calendar 模組

除了內建函式之外，Python 還內建許多模組，所謂**模組** (module) 是一個 Python 檔案，裡面定義了一些資料、函式或類別。舉例來說，**math** 模組提供了一些數學常數和數學函式，可以用來進行絕對值、階乘、對數、指數、平方根、最大公因數、三角函數等數學運算；**random** 模組提供了一些函式可以用來產生亂數；**datetime** 與 **calendar** 模組提供了一些函式可以用來處理日期時間和日曆，我們會在第 7 章介紹這幾個模組。

馬上練習

撰寫一個 Python 程式，令它要求輸入一個浮點數，然後：

(1) 印出該浮點數的絕對值。

(2) 印出該浮點數四捨五入到小數點後面兩位的結果。

(3) 印出該浮點數轉換成整數的結果。

【解答】

⭐ \Ch03\prac3-1.py

```python
# 取得使用者輸入的浮點數
num = float(input('請輸入一個浮點數：'))

# 印出該浮點數的絕對值
print('絕對值為 ', abs(num))

# 印出該浮點數四捨五入的結果
print('四捨五入到小數點後面兩位為 ', round(num, 2))

# 印出該浮點數轉換成整數的結果
print('整數部分為 ', int(num))
```

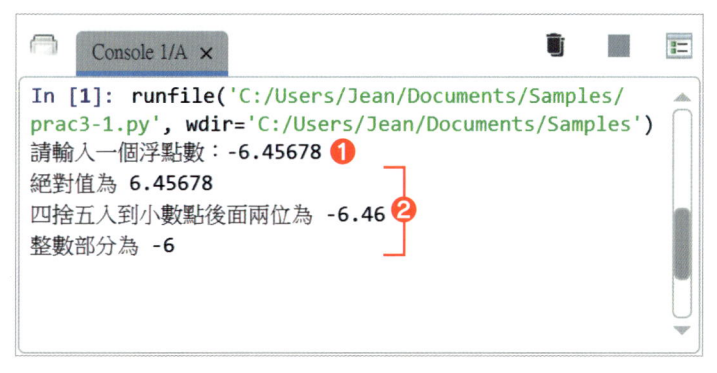

```
In [1]: runfile('C:/Users/Jean/Documents/Samples/
prac3-1.py', wdir='C:/Users/Jean/Documents/Samples')
請輸入一個浮點數：-6.45678  ❶
絕對值為 6.45678
四捨五入到小數點後面兩位為 -6.46   ❷
整數部分為 -6
```

❶ 輸入一個浮點數　　❷ 顯示執行結果

3-2 字串處理函式

在本節中,我們要介紹一些 Python 內建的字串處理函式,讓程式可以針對字串進行更多操作,例如取得長度、取得 Unicode 碼、型別轉換等。

✓ **len(s)**

傳回字串 s 的長度,也就是字串包含幾個字元,空白亦計算在內,例如:

```
In [1]: len('Python 程式設計 ')
Out[1]: 10
In [2]: len('Hello, world!')
Out[2]: 13
```

✓ **ord(c)**

傳回字元 c 的 Unicode 碼,例如字元 a 和 ♥ 的 Unicode 碼為 97、10084:

```
In [1]: ord('a')
Out[1]: 97
In [2]: ord('♥')
Out[2]: 10084
```

✓ **chr(i)**

傳回 Unicode 碼為整數 i 的字元,例如 Unicode 碼為 97、10084 的字元是 a 和 ♥:

```
In [1]: chr(97)
Out[1]: 'a'
In [2]: chr(10084)
Out[2]: '♥'
```

- **str(*n*)**

  傳回將參數 *n* 轉換成字串的結果,例如將 3.5 轉換成字串會得到 '3.5':

  ```
  In [1]: str(3.5)
  Out[1]: '3.5'
  ```

- **min(*s*)**

  傳回字串 *s* 中 Unicode 碼最小的字元,例如:

  ```
  In [1]: min('happy')
  Out[1]: 'a'
  ```

- **max(*s*)**

  傳回字串 *s* 中 Unicode 碼最大的字元,例如:

  ```
  In [1]: max('happy')
  Out[1]: 'y'
  ```

NOTE

UTF-8 與 Unicode

Python 3 預設的編碼方式為 **UTF-8**,這是一種可變長度的編碼方式,使用 8 ~ 32 位元來表示一個 Unicode 字元。早期不同的電腦系統可能使用不同的字元編碼標準,例如 ASCII、BIG5、GB2312、Shift JIS 等,造成資料交換與通訊上的問題。為了統一表示字元,賦予每個字元唯一的編碼,遂發展出 **Unicode**(萬國碼),它涵蓋了電腦系統所使用的字元及多數語系,例如西歐語系、中歐語系、希臘文、中文、日文、阿拉伯文等,而不必針對不同的語系設計不同的編碼標準。

3-3 字串運算子

我們在第 2-4 節有介紹過 **+** 運算子可以用來連接字串，***** 運算子可以用來重複字串，以及 **>**、**<**、**>=**、**<=**、**==**、**!=** 等比較運算子可以用來比較兩個字串的大小或相等與否，此處不再贅述，接下來的討論重點就放在索引運算子、切片運算子、in 與 not in 運算子。

3-3-1 索引運算子 ([])

索引運算子 ([]) 可以從字串中取得索引所指定的字元，索引 0 是從前端開始，而負索引 -1 是從尾端開始。舉例來說，假設變數 s 的值為 **'Hi, Cindy!'**，其索引順序如下，此時，**s[0]**、**s[1]**、**…**、**s[9]** 表示 **'H'**、**'i'**、**…**、**'!'**，而 **s[-1]**、**s[-2]**、**…**、**s[-10]** 表示 **'!'**、**'y'**、**…**、**'H'**。

索引	0	1	2	3	4	5	6	7	8	9
內容	H	i	,		C	i	n	d	y	!
索引	-10	-9	-8	-7	-6	-5	-4	-3	-2	-1

3-3-2 切片運算子 ([:])

切片運算子 ([:]) 可以從字串中取得指定範圍的部分字串，指定範圍 **[start:end]** 表示從索引 *start* 到 *end* - 1 (不含索引 *end*)，例如：

```
In [1]: s = 'Hi, Cindy!'
In [2]: s[1:6]        ❶
Out[2]: 'i, Ci'
In [3]: s[0:-3]       ❷
Out[3]: 'Hi, Cin'
In [4]: s[-6:-1]      ❸
Out[4]: 'Cindy'
```

❶ 從索引 1 到 5 (不含索引 6)
❷ 從索引 0 到 -4 (不含索引 -3)
❸ 從索引 -6 到 -2 (不含索引 -1)

若省略索引 *start*，直接寫成 **[:*end*]**，表示相當於 [0:*end*]，也就是從字串的開頭到索引 *end* - 1 (不含索引 *end*)，例如：

```
In [1]: s = 'Hi, Cindy!'
In [2]: s[:7]   ← 從字串的開頭到索引 6 ( 不含索引 7)
Out[2]: 'Hi, Cin'
```

若省略索引 *end*，直接寫成 **[*start*:]**，表示相當於 [*start*: 字串長度]，也就是從索引 *start* 到字串的結尾，例如：

```
In [1]: s = 'Hi, Cindy!'
In [2]: s[4:]   ← 從索引 4 到字串的結尾
Out[2]: 'Cindy!'
```

3-3-3 in 與 not in 運算子

in 運算子的語法為 ***s1* in *s2***，用來檢查字串 *s1* 是否存在於字串 *s2* 中，結果為 True 表示存在，結果為 False 表示不存在，例如：

```
In [1]: 'llo' in 'Hello, world!'
Out[1]: True
In [2]: 'wow' in 'Hello, world!'
Out[2]: False
```

not in 運算子的語法為 ***s1* not in *s2***，用來檢查字串 *s1* 是否不存在於字串 *s2* 中，結果為 True 表示不存在，結果為 False 表示存在，例如：

```
In [1]: 'llo' not in 'Hello, world!'
Out[1]: False
In [2]: 'wow' not in 'Hello, world!'
Out[2]: True
```

馬上練習

1. 撰寫一個 Python 程式，先令它要求輸入一個字元，然後印出該字元的 Unicode 碼；再令它要求輸入一個 Unicode 碼，然後印出該 Unicode 碼所表示的字元。

2. 撰寫一個 Python 程式，令它將 s1 和 s2 兩個變數的值設定為 'Merry Christmas!'、'mas'，然後：

    (1) 印出 s1 的長度。

    (2) 印出 s1 的第 7 ~ 12 個字元。

    (3) 印出 s2 重複 5 次的結果。

【解答】

⭐ \Ch03\prac3-2.py

```
c = input('請輸入字元：')
print('此字元的Unicode碼為 ', ord(c))
u = int(input('請輸入Unicode碼：'))
print('此Unicode碼表示字元 ', chr(u))
```

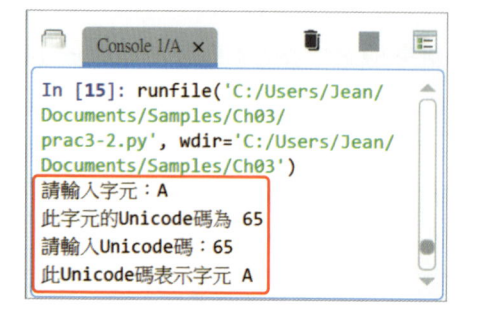

⭐ \Ch03\prac3-3.py

```
s1 = 'Merry Christmas!'
s2 = 'mas'
print('s1的長度為 ', len(s1))
print(s1[6:12])
print(s2 * 5)
```

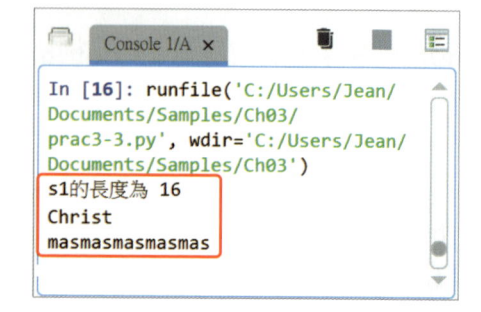

```
In [15]: runfile('C:/Users/Jean/Documents/Samples/Ch03/prac3-2.py', wdir='C:/Users/Jean/Documents/Samples/Ch03')
請輸入字元：A
此字元的Unicode碼為 65
請輸入Unicode碼：65
此Unicode碼表示字元 A
```

```
In [16]: runfile('C:/Users/Jean/Documents/Samples/Ch03/prac3-3.py', wdir='C:/Users/Jean/Documents/Samples/Ch03')
s1的長度為 16
Christ
masmasmasmasmas
```

3-4 字串處理方法

我們在第 3-2 節所介紹的是一些用來處理字串的內建函式,除此之外,**str** 類別還提供了更多字串處理方法,但 str 類別又是什麼呢?這得從物件談起,在 Python 中,所有資料都是**物件** (object),因此,整數、浮點數、布林和字串等都是物件,而物件的型別是定義在**類別** (class),例如整數、浮點數、布林和字串的型別是定義在 int、float、bool、str 類別。

類別就像物件的藍圖或樣板,裡面定義了物件的資料,以及用來操作物件的函式,前者稱為**屬性** (attribute),後者稱為**方法** (method),換句話說,**屬性與方法就是物件裡面的變數與函式**,不同之處在於必須透過 **.運算子** 存取物件的屬性與方法。

下面是一個例子,第一個敘述是將 'hahaha' 指派給變數 s,所以變數 s 是一個字串物件,而第二個敘述是透過 . 運算子呼叫字串物件的 **count()** 方法,計算 'ha' 出現幾次,然後將傳回值指派給變數 n。

```
s = 'hahaha'
n = s.count('ha')
```

將傳回值指派給 n　　物件　　.運算子　　方法　　參數

我們來驗證一下 n 的值,得到 3,表示 'hahaha' 裡面出現 'ha' 三次。

```
In [1]: s = 'hahaha'
In [2]: n = s.count('ha')
In [3]: n
Out[3]: 3
```

在接下來的小節中,我們會介紹一些常見的字串處理方法,由於 str 類別提供的方法很多,無法一一示範,有興趣的讀者可以參考說明文件 (https://docs.python.org/3.14/library/stdtypes.html#str),或者,可以直接問 ChatGPT,例如「什麼是 str 類別?」、「str 類別有哪些常見的方法?」、「如何使用 str.upper() 方法?有何用途?」等。

3-4-1 字串轉換

常見的字串轉換方法如下,這些方法的傳回值都是新的字串,不會影響原始字串的內容。

- **str.lower()**

    傳回轉換成全部小寫的字串。

- **str.upper()**

    傳回轉換成全部大寫的字串。

- **str.capitalize()**

    傳回只有第一個字元轉換成大寫的字串。

例如:

```
In [1]: s = 'happy BIRTHDAY!'
In [2]: s.lower()          ❶
Out[2]: 'happy birthday!'

In [3]: s.upper()          ❷
Out[3]: 'HAPPY BIRTHDAY!'

In [4]: s.capitalize()     ❸
Out[4]: 'Happy birthday!'
```

❶ 全部小寫
❷ 全部大寫
❸ 只有第一個字元大寫

3-4-2 字串測試

常見的字串測試方法如下：

✓ str.isalpha()

若字串只包含英文字母且非空，就傳回 True，否則傳回 False。

```
In [1]: 'cats'.isalpha()
Out[1]: True
In [2]: '3cats'.isalpha()    ← 3 不是英文字母
Out[2]: False
```

✓ str.isdigit()

若字串只包含數字且非空，就傳回 True，否則傳回 False。

```
In [1]: '12345'.isdigit()
Out[1]: True
In [2]: '123.45'.isdigit()   ← 小數點不是數字
Out[2]: False
```

✓ str.islower()

若字串的所有英文字母皆為小寫且非空，就傳回 True，否則傳回 False。

```
In [1]: '3cats'.islower()
Out[1]: True
In [2]: '3Cats'.islower()    ← C 不是小寫字母
Out[2]: False
```

✓ str.isupper()

若字串的所有英文字母皆為大寫且非空，就傳回 True，否則傳回 False。

```
In [1]: '3CATS'.isupper()
Out[1]: True
In [2]: '3Cats'.isupper()  ← ats 不是大寫字母
Out[2]: False
```

- **str.isspace()**

    若字串只包含空白字元且非空，就傳回 True，否則傳回 False。

    ```
    In [1]: '   '.isspace()
    Out[1]: True
    In [2]: 'hi, joy!'.isspace()
    Out[2]: False
    In [3]: ''.isspace()  ← 空字串不是空白字元
    Out[3]: False
    ```

- **str.startswith(*prefix*)**

    若字串以 *prefix* 所指定的字串開頭，就傳回 True，否則傳回 False。

    ```
    In [1]: 'hi, joy!'.startswith('hi')
    Out[1]: True
    In [2]: 'hi, joy!'.startswith('he')  ← 字串不是以 'he' 開頭
    Out[2]: False
    ```

- **str.endswith(*suffix*)**

    若字串以 *suffix* 所指定的字串結尾，就傳回 True，否則傳回 False。

    ```
    In [1]: 'hi, joy!'.endswith('joy!')
    Out[1]: True
    In [2]: 'hi, joy!'.endswith('may!')  ← 字串不是以 'may!' 結尾
    Out[2]: False
    ```

3-4-3 字串搜尋與取代

下面幾個方法可以用來搜尋或取代字串:

- **str.count(*sub*)**

    傳回 *sub* 不重疊出現在字串中的次數,若 *sub* 為空字串,就傳回字串的長度加一。

    ```
    In [1]: 'hi,gogo'.count('go')     # 'go' 在字串中出現 2 次
    Out[1]: 2
    In [2]: 'birthday'.count('')      # 傳回字串的長度加一
    Out[2]: 9
    ```

- **str.find(*sub*)**

    傳回 *sub* 第一次出現在字串中的最小索引,若找不到,就傳回 -1。

    ```
    In [1]: 'hahaha'.find('ah')      # 'ah' 第一次出現在索引 1
    Out[1]: 1
    In [2]: 'hahaha'.find('wo')      # -1 表示字串中沒有 'wo'
    Out[2]: -1
    ```

- **str.replace(*old*, *new*)**

    傳回以 *new* 取代 *old* 的字串,這是新的字串,不會影響原始字串的內容。

    ```
    In [1]: s1 = 'three cats'
    In [2]: s2 = s1.replace('cats', 'pigs')
    In [3]: s1           # 原始字串沒有改變
    Out[3]: 'three cats'
    In [4]: s2           # 新的字串以 pigs 取代 cats
    Out[4]: 'three pigs'
    ```

3-4-4 字串格式化

str.format() 是一個強大的字串格式化方法,可以將指定的值插入到字串中的替換欄位,每個替換欄位以**大括號 {}** 來標示,例如下面的第一個敘述在字串中以 {} 標示兩個替換欄位,而第二個敘述透過 str.format() 方法將 'Amy'、'Taiwan' 依序插入替換欄位,得到如下結果。

```
s1 = 'Hello, {}. Welcome to {}!'

s2 = s1.format('Amy', 'Taiwan')
```
⬇ S2 的值

`'Hello, Amy. Welcome to Taiwan!'`

我們也可以在替換欄位中指定**位置參數的索引**,例如下面的第一個敘述在字串中以 {} 標示四個替換欄位,裡面有位置參數的索引 0、1、2、3,而第二個敘述透過 str.format() 方法指定四個參數,依照索引將對應的值插入替換欄位,得到如下結果。

```
s3 = 'The {0} is {1} and {2} is {3}.'

s4 = s3.format('A', 'blue', 'B', 'red')
```
⬇ S4 的值

`'The A is blue and B is red.'`

我們還可以在替換欄位中指定**關鍵字參數**，例如下面的第一個敘述在字串中以 {} 標示兩個替換欄位，裡面有關鍵字參數 name 和 age，而第二個敘述透過 str.format() 方法指定兩個關鍵字參數，依照名稱將對應的值插入替換欄位，得到如下結果。

```
s5 = '使用者姓名：{name}, 年齡：{age}'

s6 = s5.format(name = 'Amy', age = 20)
```

⬇ S6 的值

`'使用者姓名：Amy, 年齡：20'`

此外，我們可以透過 str.format() 方法將數值格式化，例如：

`'{:.2f}'.format(34.567)` ➡ `'34.57'`
小數兩位，浮點數

`'{:.2e}'.format(34.567)` ➡ `'3.46e+01'`
小數兩位，科學記法

`'{:.2%}'.format(34.567)` ➡ `'3456.70%'`
小數兩位，百分比

`'{:8.2f}'.format(34.567)` ➡ `'    34.57'`
字串長度為 8，小數兩位，浮點數

馬上練習

1. 撰寫一個 Python 程式，令它要求輸入名字、年齡和城市，然後將這些資料格式化到一個句子中，例如「你好！我的名字是小美、18 歲、住在台南。」

2. 假設變數 s1 的值為 'Sunday'，請在 Python 直譯器回答下列問題：

    (1) 根據 s1 建立一個新變數 s2，令 s2 的值為 s1 轉換成全部大寫。

    (2) 根據 s1 建立一個新變數 s3，令 s3 的值為 'Saturday'。

    (3) s1 是否只包含英文字母？

    (4) s2 是否以 'Mon' 開頭？

    (5) 'a' 出現在 s3 的最小索引。

【解答】

1. \Ch03\prac3-4.py

```
output = '你好！我的名字是{}、{}歲、住在{}。'.format(name, age, city)
```

2.

```
In [1]: s1 = 'Sunday'
In [2]: s2 = s1.upper()                   # s2 的值為 'SUNDAY'
In [3]: s3 = s1.replace('Sun', 'Satur')   # s3 的值為 'Saturday'
In [4]: s1.isalpha()                      # True 表示只包含英文字母
Out[4]: True
In [5]: s2.startswith('Mon')              # False 表示不是以 'Mon' 開頭
Out[5]: False
In [6]: s3.find('a')                      # 'a' 出現在 s3 的最小索引為 1
Out[6]: 1
```

3-5 f-string 格式化字串

Python 從 3.6 版開始提供了另一種更直觀、更簡潔的 **f-string 格式化字串**，其功能類似 str.format()，且效能更佳，因此，若使用者需要格式化字串，Python 3.6 及之後版本建議優先使用 f-string。

f-string 是一個加上前綴詞 **f** 或 **F** 的**字串常值** (string literal)，裡面可能包含以大括弧 {} 所標示的替換欄位，用來插入變數、運算式或函式呼叫的值。

插入變數與運算式的值

下面是一個例子，其中 In [3] 是指派一個包含替換欄位的 f-string，直譯器會分別以變數 n1、變數 n2、運算式 n1 + n2 的值插入這三個替換欄位，得到如 Out[4] 的結果。

```
In [1]: n1 = 10
In [2]: n2 = 20
In [3]: result = f'{n1} 與 {n2} 的和為 {n1 + n2}'   ❶
In [4]: result
Out[4]: '10 與 20 的和為 30'   ❷
```

❶ 包含三個替換欄位的 f-string
❷ 以變數和運算式的值插入替換欄位

插入函式呼叫的傳回值

下面是一個例子，其中 In [2] 是指派一個包含替換欄位的 f-string，直譯器會以 upper() 函式呼叫的傳回值插入這個替換欄位，也就是將變數 name 的值轉換成全部大寫，得到如 Out[3] 的結果。

```
In [1]: name = 'Alice'
In [2]: s = f'Hello, {name.upper()}!'   ❶
In [3]: s
Out[3]: 'Hello, ALICE!'   ❷
```

❶ 包含替換欄位的 f-string
❷ 以函式呼叫的傳回值插入替換欄位

插入數值格式化的結果

我們可以透過格式化規則來控制數值的顯示方式，常見的規則如下：

- ✅ **小數位數**：使用 `:.nf`、`:.ne`、`:.n%` 控制浮點數、科學記法、百分比格式的小數位數，其中 *n* 是位數，例如：

```
In [1]: num = 123.456
In [2]: f' 小數兩位浮點數為 {num:.2f}'
Out[2]: ' 小數兩位浮點數為 123.46'
In [3]: f' 小數兩位科學記法為 {num:.2e}'
Out[3]: ' 小數兩位科學記法為 1.23e+02'
In [4]: f' 小數兩位百分比格式為 {num:.2%}'
Out[4]: ' 小數兩位百分比格式為 12345.60%'
```

- ✅ **千分位符號**：使用 `:,` 令數值加上千分位符號。

```
In [1]: num = 1234567890
In [2]: f' 加上千分位符號為 {num:,}'
Out[2]: ' 加上千分位符號為 1,234,567,890'
```

- ✅ **對齊方式**：使用 `<`、`>`、`^` 令數值靠左、靠右和置中。

```
In [1]: num = 4.567
In [2]: f'{num:<10}'        ❶
Out[2]: '4.567     '
In [3]: f'{num:>10}'        ❷
Out[3]: '     4.567'
In [4]: f'{num:^10}'        ❸
Out[4]: '  4.567   '
In [5]: f'{num:>10.2f}'     ❹
Out[5]: '      4.57'
```

❶ 寬度 10 個字元靠左
❷ 寬度 10 個字元靠右
❸ 寬度 10 個字元置中
❹ 寬度 10 個字元靠右、小數兩位浮點數

馬上練習

1. 寫出下列程式的執行結果。

⭐ \Ch03\prac3-5.py

```
PI = 3.14159
print(f'{PI:<15.3e}')
print(f'{PI:>15.2f}')
print('半徑爲{}的圓面積爲{:.3f}'.format(10, PI * 10 * 10))
print('小美今年{0}歲，月薪爲{1:,}元'.format(20, 33000))
```

2. 撰寫一個 Python 程式，令它要求輸入一個數值作為金額，然後將該金額顯示為千分位格式並保留一位小數，記得冠上錢字符號 $。

【提示】

⭐ \Ch03\prac3-6.py

```
# 要求輸入金額
amount = float(input('請輸入金額:'))
# 將金額格式化爲千分位並保留一位小數
formatted_amount = f'{amount:,.1f}'
# 顯示格式化後的金額
print(f'格式化後的金額爲 ${formatted_amount}')
```

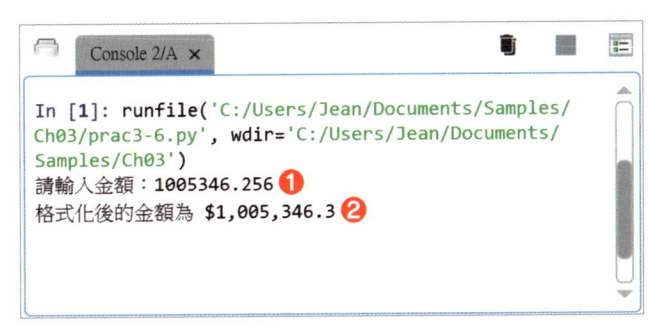

```
Console 2/A ×

In [1]: runfile('C:/Users/Jean/Documents/Samples/
Ch03/prac3-6.py', wdir='C:/Users/Jean/Documents/
Samples/Ch03')
請輸入金額:1005346.256 ❶
格式化後的金額爲 $1,005,346.3 ❷
```

❶ 輸入一個數值　❷ 顯示執行結果

ChatGPT 程式助理

查詢內建函式

Python 提供許多內建函式，限於篇幅無法一一講解，有興趣的讀者可以參考說明文件 (https://docs.python.org/3.14/library/functions.html)。由於說明文件是以英文撰寫，而且範例不一定詳盡，如果你想知道更多關於某個函式的語法或用途，可以問 ChatGPT。

舉例來說，我們在前面介紹過可以透過 str.format() 方法或 f-string 進行字串格式化，而事實上，Python 還有一個內建函式 format() 能夠達到同樣的目的，那要如何使用這個函式呢？直接在 ChatGPT 輸入「**請說明 format() 函式的語法、用途並舉例**」，得到如下回答，相當清楚明瞭。

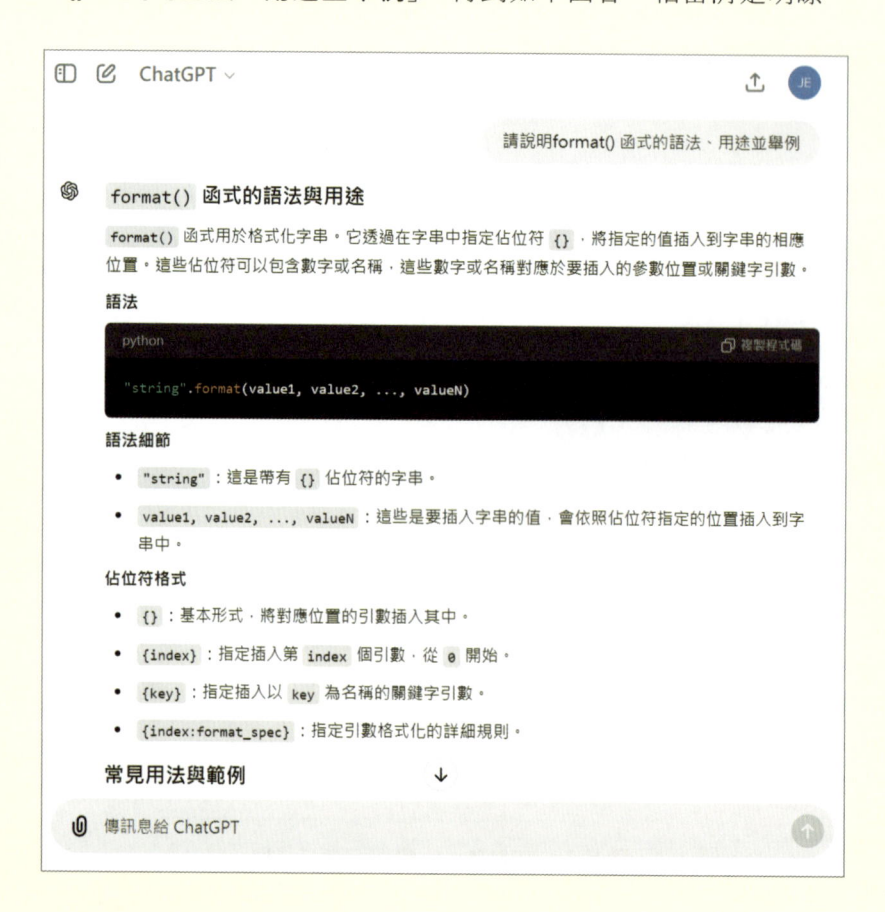

> 請說明format() 函式的語法、用途並舉例

format() 函式的語法與用途

`format()` 函式用於格式化字串。它透過在字串中指定佔位符 `{}`，將指定的值插入到字串的相應位置。這些佔位符可以包含數字或名稱，這些數字或名稱對應於要插入的參數位置或關鍵字引數。

語法

```python
"string".format(value1, value2, ..., valueN)
```

語法細節

- `"string"`：這是帶有 `{}` 佔位符的字串。
- `value1, value2, ..., valueN`：這些是要插入字串的值，會依照佔位符指定的位置插入到字串中。

佔位符格式

- `{}`：基本形式，將對應位置的引數插入其中。
- `{index}`：指定插入第 `index` 個引數，從 `0` 開始。
- `{key}`：指定插入以 `key` 為名稱的關鍵字引數。
- `{index:format_spec}`：指定引數格式化的詳細規則。

常見用法與範例 ↓

傳訊息給 ChatGPT

CHAPTER

04 容器型別

4-1 list（串列）

4-2 tuple（元組）

4-3 set（集合）

4-4 dict（字典）

🌀 查詢 list、tuple、set、dict 的更多應用

🌀 查詢 list()、tuple()、set()、dict() 的用途

4-1 list (串列)

在本章中,我們要介紹一些有別於數值與字串的**容器型別** (container type),包括 list (串列)、tuple (元組)、set (集合) 與 dict (字典),其比較歸納如下。之所以稱為「容器型別」,主要是因為它們就像容器,能夠包含多個資料,當程式要處理大量資料時,就可以使用容器型別。

容器型別	list (串列)	tuple (元組)	set (集合)	dict (字典)
前後符號	[]	()	{}	{}
有無順序	有	有	無	無
可否改變內容	可以	不可以	可以	可以

4-1-1 建立 list

list (串列) 可以包含多個**有順序、可改變內容**的資料,稱為**元素**。list 的前後以**中括號**標示,元素以**逗號**分隔,型別不一定要相同。元素會按順序排列,可以透過**索引**(從 0 開始)來存取元素,也可以新增、刪除或修改元素,適合用來處理生活中的資料,例如考試成績、學生名單、購物清單、城市名稱等。我們可以使用**中括號 []** 建立 list,例如下面的敘述是建立一個 list 並指派給變數 A:

A = [10, ' 倫敦 ', 20]

元素	值
A[0]	10
A[1]	' 倫敦 '
A[2]	20

❶ list 的名稱。

❷ list 的前後以中括號標示。

❸ 包含 10、' 倫敦 '、20 三個元素,中間以逗號分隔。我們可以透過 list 的名稱與索引來存取元素,例如 A[0]、A[1]、A[2] 代表 10、' 倫敦 '、20。

list 亦可包含 list，例如下面的敘述是建立一個巢狀串列並指派給變數 B：

❶ B = [10, [21, 22], 30]
         ❷

元素	值
B[0]	10
B[1]	[21, 22]
B[1][0]	21
B[1][1]	22
B[2]	30

❶ 巢狀串列的名稱。

❷ 第二個元素是另一個 list，我們可以透過 list 的名稱與兩個索引來存取元素，例如 B[1][0]、B[1][1] 代表 21、22。

NOTE

★ 串列的資料是有順序的，所以像 [1, 2, 3] 和 [3, 2, 1] 雖然包含相同的元素，卻是不同的串列，因為元素的順序不同。

★ **空串列**指的是沒有包含元素的串列，也就是 **[]**。

★ 我們也可以使用內建函式 **list()** 建立串列，例如：

```
In [1]: list('ABC')        # 從字串建立包含 'A', 'B', 'C' 的串列
Out[1]: ['A', 'B', 'C']
In [2]: list({10, 20, 30}) # 從集合建立包含 10, 20, 30 的串列
Out[2]: [10, 20, 30]
```

★ **str.split()** 方法可以用來將字串分隔成串列，例如：

```
In [1]: 'x y z'.split()      # 根據空白將字串分隔成串列
Out[1]: ['x', 'y', 'z']
In [2]: 'x,y,z'.split(',')   # 根據逗號將字串分隔成串列
Out[2]: ['x', 'y', 'z']
```

4-1-2 取得串列的長度、最大元素、最小元素與總和

我們可以使用內建函式取得串列的長度、最大元素、最小元素與總和，例如：

- **len(L)**

  傳回串列 L 的長度，也就是包含幾個元素，例如：

  ```
  In [1]: len([10, '倫敦', 20])
  Out[1]: 3

  In [2]: len(['a', 5, 3.2, 'c'])
  Out[2]: 4
  ```

- **max(L)**

  傳回串列 L 的最大元素，例如：

  ```
  In [1]: max([1, 8, 3, 4, 9])
  Out[1]: 9
  ```

- **min(L)**

  傳回串列 L 的最小元素，例如：

  ```
  In [1]: min([1, 8, 3, 4, 9])
  Out[1]: 1
  ```

- **sum(L)**

  傳回串列 L 的元素總和，例如：

  ```
  In [1]: sum([1, 8, 3, 4, 9])
  Out[1]: 25
  ```

4-1-3 適用於串列的運算子

我們在第 3-3 節介紹過的運算子亦適用於串列，例如：

- **+** 運算子可以用來連接串列，例如：

```
In [1]: [1, 2, 3] + ['倫敦', '巴黎']
Out[1]: [1, 2, 3, '倫敦', '巴黎']
```

- ***** 運算子可以用來重複串列，例如：

```
In [1]: 3 * ['倫敦', '巴黎']
Out[1]: ['倫敦', '巴黎', '倫敦', '巴黎', '倫敦', '巴黎']
```

- **>、<、>=、<=、==、!=** 等比較運算子可以用來比較兩個串列的大小或相等與否，在進行比較時會從兩個串列的第一個元素開始，若不相等，就傳回比較結果，若相等，就比較第二個元素，依此類推，例如：

```
In [1]: [1, 2, 3] > [1, 2, 5]
Out[1]: False

In [2]: ['A', 'B'] != ['a', 'b']
Out[2]: True
```

- **in** 運算子可以用來檢查某個元素是否存在於在串列中，**not in** 運算子可以用來檢查某個元素是否不存在於串列中，例如：

```
In [1]: '東京' in ['倫敦', '巴黎']
Out[1]: False

In [2]: '東京' not in ['倫敦', '巴黎']
Out[2]: True
```

- **索引運算子 ([])** 可以從串列中取得索引所指定的元素，索引 0 是從前端開始，而負索引 -1 是從尾端開始。舉例來說，假設變數 L 的值為 [10, 20, 30, 40, 50, 60]，其索引順序如下，此時，**L[0]、L[1]、…、L[5] 表示 10、20、…、60**，而 **L[-1]、L[-2]、…、L[-6] 表示 60、50、…、10**。

索引	0	1	2	3	4	5
內容	10	20	30	40	50	60
索引	-6	-5	-4	-3	-2	-1

乍看之下似乎和字串一樣，但有個很大的差別在於我們無法改變字串的內容，卻能夠改變串列的內容，例如：

```
In [1]: L = [10, 20, 30, 40, 50, 60]
In [2]: L[0] = 5     ● 將第一個元素變更為 5
In [3]: L
Out[3]: [5, 20, 30, 40, 50, 60]
```

- **切片運算子 ([:])** 可以從串列中取得指定範圍的部分元素，指定範圍 **[start:end]** 表示從索引 *start* 到 *end* - 1 (不含索引 *end*)，例如：

```
In [1]: L = [10, 20, 30, 40, 50, 60]
In [2]: L[1:4]     ❶
Out[2]: [20, 30, 40]

In [3]: L[0:-2]    ❷
Out[3]: [10, 20, 30, 40]

In [4]: L[:4]      ❸
Out[4]: [10, 20, 30, 40]

In [5]: L[2:]      ❹
Out[5]: [30, 40, 50, 60]
```

❶ 從索引 1 到 3 (不含索引 4)
❷ 從索引 0 到 -3 (不含索引 -2)
❸ 從開頭到索引 3 (不含索引 4)
❹ 從索引 2 到結尾

4-1-4 新增、插入、刪除、排序與反轉串列中的元素

串列是隸屬於 list 類別的物件，list 類別內建數個串列處理方法，以下是一些常見的方法，更多方法可以查看說明文件或直接問 ChatGPT，例如「list 類別有哪些方法？」、「list.count() 的語法與用途？」。

✓ list.append(*x*)

將 *x* 所指定的元素加入串列的尾端，例如：

```
In [1]: pet = ['dog', 'cat', 'bird']
In [2]: pet.append('pig')         # 將 'pig' 加入串列的尾端
In [3]: pet
Out[3]: ['dog', 'cat', 'bird', 'pig']
```

✓ list.insert(*i*, *x*)

將 *x* 所指定的元素插入串列中索引為 *i* 的位置，例如：

```
In [1]: pet = ['dog', 'cat', 'bird']
In [2]: pet.insert(1, 'pig')      # 將 'pig' 插入索引為 1 的位置
In [3]: pet
Out[3]: ['dog', 'pig', 'cat', 'bird']
```

✓ list.pop(*i*)、list.pop()

從串列中刪除索引為 *i* 的元素並傳回該元素，若沒有指定 *i*，就刪除最後一個元素並傳回該元素，例如：

```
In [1]: pet = ['dog', 'cat', 'bird']
In [2]: pet.pop()                 # 刪除最後一個元素並傳回
Out[2]: 'bird'
In [3]: pet                       # 串列的內容改變了
Out[3]: ['dog', 'cat']
```

✓ list.remove(*x*)

從串列中刪除第一個值為 *x* 的元素,例如:

```
In [1]: num = [10, 30, 50, 40, 30]
In [2]: num.remove(30)      # 刪除第一個 30
In [3]: num                 # 串列的內容改變了
Out[3]: [10, 50, 40, 30]
```

✓ list.sort()

將串列中的元素由小到大排序,例如:

```
In [1]: num = [10, 30, 50, 40, 30]
In [2]: num.sort()          # 由小到大排序
In [3]: num
Out[3]: [10, 30, 30, 40, 50]
```

✓ list.reverse()

將串列中的元素順序反轉過來,例如:

```
In [1]: num = [10, 30, 50, 40, 30]
In [2]: num.reverse()       # 反轉元素順序
In [3]: num
Out[3]: [30, 40, 50, 30, 10]
```

✓ list.index(*x*)

傳回 *x* 所指定的元素第一次出現在串列中的索引,例如:

```
In [1]: num = [10, 30, 50, 40, 30]
In [2]: num.index(30)       # 第一次出現 30 的索引
Out[2]: 1
```

✓ list.count(*x*)

傳回 *x* 所指定的元素出現在串列中的次數，例如：

```
In [1]: num = [10, 30, 50, 40, 30]
In [2]: num.count(30)      # 出現 30 的次數
Out[2]: 2
```

✓ list.clear()

刪除所有元素，令其變成空串列，例如：

```
In [1]: num = [10, 30, 50, 40, 30]
In [2]: num.clear()        # 清空串列
In [3]: num
Out[3]: []
```

> **TIP**
>
> ### del 敘述
>
> **del** 敘述可以用來刪除變數、串列中的元素或字典中的鍵值對（第 4-4 節會介紹字典），一旦使用 del 刪除變數，就不能再使用該變數，否則會發生 NameError（名稱錯誤），而在使用 del 刪除串列或字典等容器中的元素時，只會刪除指定的部分，不會刪除整個容器，例如：
>
> ```
> In [1]: L1 = [15, 20, 25, 30, 35]
> In [2]: del L1[0]      ❶
> In [3]: L1
> Out[3]: [20, 25, 30, 35]
> In [4]: L2 = [55, 60, 65, 70, 75]
> In [5]: del L2[2:5]    ❷
> In [6]: L2
> Out[6]: [55, 60]
> ```
>
> ❶ 刪除索引 0 的元素
> ❷ 刪除索引 2 ~ 4 的元素

馬上練習

1. **[操作串列]** 假設串列 L 的值為 [10, 20, 30, 40, 50]，請回答下列問題：

    (1) 印出串列 L 的第一個元素和最後一個元素。

    (2) 印出串列 L 的前三個元素 (使用切片運算子)。

    (3) 印出倒數第二個元素 (使用負索引)。

2. **[學生名單]** 假設班上原有大明、小美、阿榮三個學生，之後費倫轉學進來，而大明轉學出去，請印出目前費倫和大明是否在學生名單中。

【解答】

1. \Ch04\list1.py

2.

⭐ \Ch04\list2.py

```python
students = ['大明', '小美', '阿榮']
# 新增轉學進來的學生
students.append('費倫')
# 刪除轉學出去的學生
students.remove('大明')
# 查找特定人是否在學生名單中
print('費倫是否在學生名單中？', '費倫' in students)
print('大明是否在學生名單中？', '大明' in students)
```

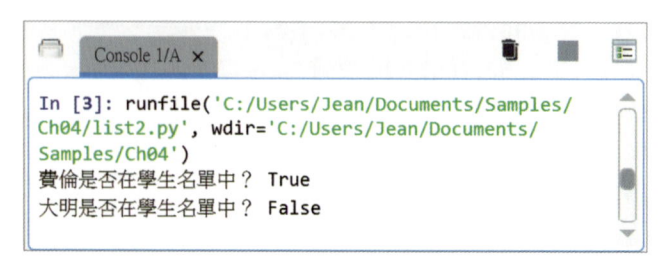

```
In [3]: runfile('C:/Users/Jean/Documents/Samples/
Ch04/list2.py', wdir='C:/Users/Jean/Documents/
Samples/Ch04')
費倫是否在學生名單中？ True
大明是否在學生名單中？ False
```

4-1-5 二維串列

二維串列 (two-dimension list) 是一維串列的延伸,它的元素本身也是一個串列,使得它看起來像是表格或矩陣的結構,適合用來儲存需要以行和列組織的資料,例如成績單、銷售數據、數學矩陣、棋盤、圖形像素等。

建立二維串列的語法如下:

```
串列名稱 = [
          [元素 1a, 元素 1b, ...],   ← 第 1 個子串列
          [元素 2a, 元素 2b, ...],   ← 第 2 個子串列
          ...
         ]
```

例如下面的敘述是建立一個二維串列 M,用來表示如下的 4×3 矩陣:

```
M = [
第1列 [1, 2, 3],
第2列 [4, 5, 6],
第3列 [7, 8, 9],
第4列 [10, 11, 12]
]
```

$$\begin{bmatrix} 1 & 2 & 3 \\ 4 & 5 & 6 \\ 7 & 8 & 9 \\ 10 & 11 & 12 \end{bmatrix}_{4 \times 3}$$

我們可以透過這個二維串列的名稱 M 與兩個索引 i、j 來存取矩陣的元素，寫成 **M[i][j]** 的形式，其中 i 代表列索引，從 0 開始，j 代表行索引，亦從 0 開始，例如 **M[0][0]** 代表第 1 列、第 1 行的元素，也就是 1；**M[1][2]** 代表第 2 列、第 3 行的元素，也就是 6，其對照如下。

M[0][0]	M[0][1]	M[0][2]
M[1][0]	M[1][1]	M[1][2]
M[2][0]	M[2][1]	M[2][2]
M[3][0]	M[3][1]	M[3][2]

1	2	3
4	5	6
7	8	9
10	11	12

在 Python 直譯器驗證一下吧！

```
In [1]: M = [
   ...:     [1, 2, 3],
   ...:     [4, 5, 6],
   ...:     [7, 8, 9],
   ...:     [10, 11, 12]
   ...: ]

In [2]: print(M)            ❷
[[1, 2, 3], [4, 5, 6], [7, 8, 9], [10, 11, 12]]

In [3]: print(M[0])         ❸
[1, 2, 3]

In [4]: print(M[2])         ❹
[7, 8, 9]

In [5]: print(M[0][0])      ❺
1

In [6]: print(M[1][2])      ❻
6
```

❶ 建立二維串列，亦可寫成一行，即 M = [[1, 2, 3], [4, 5, 6], [7, 8, 9], [10, 11, 12]]
❷ 印出二維串列
❸ 印出第 1 列的元素
❹ 印出第 3 列的元素
❺ 印出第 1 列、第 1 行的元素
❻ 印出第 2 列、第 3 行的元素

馬上練習

[矩陣總和] 撰寫一個 Python 程式計算下列矩陣中所有元素的總和。

$$\begin{bmatrix} 1 & 2 & 3 \\ 4 & 5 & 6 \\ 7 & 8 & 9 \\ 10 & 11 & 12 \end{bmatrix}_{4 \times 3}$$

【解答】

\Ch04\matrix_sum.py

```python
# 建立二維串列表示矩陣
matrix = [
    [1, 2, 3],
    [4, 5, 6],
    [7, 8, 9],
    [10, 11, 12]
]

# 將總和變數的初始值設定為 0
total = 0

# 計算所有元素的總和
for row in matrix:
    total += sum(row)

# 印出結果
print('矩陣中所有元素的總和為 ', total)
```

```
Console 1/A
In [1]: runfile('C:/Users/Jean/Documents/Samples/Ch04/matrix_sum.py', wdir='C:/Users/Jean/Documents/Samples/Ch04')
矩陣中所有元素的總和為 78
```

這個程式的重點在於第 13 ~ 14 行的 for 迴圈，針對矩陣的每一列計算總和，然後把每一列的總和累加起來儲存在變數 total，就可以得到所有元素的總和，我們會在第 5-3 節詳細介紹 for 迴圈。

4-2 tuple (元組)

tuple (元組) 可以包含多個**有順序、不可改變內容**的資料，稱為**元素**。tuple 的前後以**小括號**標示，元素以**逗號**分隔，型別不一定要相同。元素會按順序排列，可以透過**索引** (從 0 開始) 來存取元素。

tuple 和 list (串列) 類似，不同之處在於 tuple 不可改變內容，所以不允許加入、刪除、修改、排序、反轉等改變元素的動作，適合用來儲存一些不會改變的資料，執行效率和安全性比 list 好。

4-2-1 建立 tuple

建立 tuple 的語法和 list 差不多，把中括號改成小括號就可以了，例如下面的敘述是使用**小括號 ()** 建立一個 tuple 並指派給變數 T：

❶
❷
T = (10, ' 倫敦 ', 20)
❸

元素	值
T[0]	10
T[1]	' 倫敦 '
T[2]	20

❶ tuple 的名稱。

❷ tuple 的前後以小括號標示。

❸ 包含 10、' 倫敦 '、20 三個元素，中間以逗號分隔。我們可以透過 tuple 的名稱與索引來存取元素，例如 T[0]、T[1]、T[2] 代表 10、' 倫敦 '、20。

　　　　print(T[0])　√ ── 這個敘述合法，因為不會改變元素

　　　　T[0] = 55　× ── 這個敘述非法，因為企圖改變元素

> **NOTE**
>
> ★ tuple 的資料是有順序的，所以像 (1, 2, 3) 和 (3, 2, 1) 雖然包含相同的元素，卻是不同的 tuple，因為元素的順序不同。
>
> ★ **空 tuple** 指的是沒有包含元素的 tuple，也就是 **()**。
>
> ★ 若 tuple 只有包含一個元素，假設是 1，那麼要寫成 **(1,)**，逗號必須保留，因為 (1) 是 int 型別，不是 tuple。
>
> ★ 我們也可以使用內建函式 **tuple()** 建立 tuple，例如：
>
> ```
> In [1]: tuple('ABC')      # 從字串建立包含 'A', 'B', 'C' 的 tuple
> Out[1]: ('A', 'B', 'C')
> ```

4-2-2 tuple 的運算

第 4-1-2 節所介紹的 **len()**、**max()**、**min()** 和 **sum()** 等內建函式亦適用於 tuple，可以用來取得 tuple 的長度、最大元素、最小元素與總和，例如：

```
In [1]: T = (1, 2, 3, 4, 5)

In [2]: len(T)    ❶
Out[2]: 5

In [3]: max(T)    ❷
Out[3]: 5

In [4]: min(T)    ❸
Out[4]: 1

In [5]: sum(T)    ❹
Out[5]: 15
```

❶ T 包含 5 個元素
❷ T 的最大元素為 5
❸ T 的最小元素為 1
❹ T 的元素總和為 15

我們在第 4-1-3 節介紹過的運算子亦適用於 tuple，因為這些運算子不會企圖改變 tuple 的內容，例如連接運算子 (+)、重複運算子 (*)、比較運算子 (>、<、>=、<=、==、!=)、in 與 not in 運算子、索引運算子 ([])、切片運算子 ([:])，下面是一些例子。

```
In [1]: (1, 2, 3) == (3, 2, 1)   ❶
Out[1]: False
In [2]: 5 in (1, 2, 3)   ❷
Out[2]: False
In [3]: T = (1, 2, 3, 4, 5)
In [4]: T[1:4]   ❸
Out[4]: (2, 3, 4)
```

❶ (1, 2, 3) 和 (3, 2, 1) 是不同的 tuple
❷ 5 不在 (1, 2, 3) 中
❸ T 的第 2 ~ 4 個元素

此外，tuple 是隸屬於 tuple 類別的物件，相較於 list 類別，tuple 類別所提供的方法較少，因為無法新增、刪除、修改、排序或反轉 tuple 中的元素，不過，下面兩個方法還是能用的。

- **tuple.index(*x*)**

    傳回 *x* 所指定的元素第一次出現在 tuple 中的索引，例如：

    ```
    In [1]: num = (10, 30, 50, 40, 30)
    In [2]: num.index(30)
    Out[2]: 1
    ```

- **tuple.count(*x*)**

    傳回 *x* 所指定的元素出現在 tuple 中的次數，例如：

    ```
    In [1]: num = (10, 30, 50, 40, 30)
    In [2]: num.count(30)
    Out[2]: 2
    ```

馬上練習

[操作 tuple] 撰寫一個 Python 程式,裡面有一個 tuple,內容為 (5, 10, 15, 20, 25, 30),請印出 tuple 中的最大元素、最小元素、所有元素的平均值。

【解答】

⭐ \Ch04\tuple.py

```python
# 建立 tuple
num = (5, 10, 15, 20, 25, 30)

# 印出最大元素
max_value = max(num)
print('最大元素為 ', max_value)

# 印出最小元素
min_value = min(num)
print('最小元素為 ', min_value)

# 印出所有元素的平均值
average = sum(num) / len(num)
print('平均值為 ', average)
```

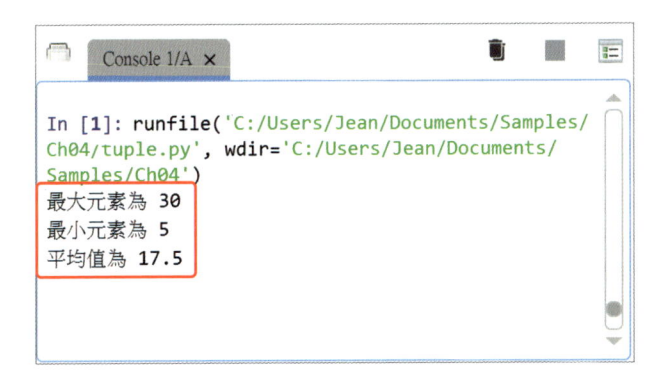

```
In [1]: runfile('C:/Users/Jean/Documents/Samples/
Ch04/tuple.py', wdir='C:/Users/Jean/Documents/
Samples/Ch04')
最大元素為 30
最小元素為 5
平均值為 17.5
```

4-3 set (集合)

set(集合)可以包含多個**沒有順序、沒有重複且可改變內容**的資料,稱為**元素**。set 的前後以**大括號**標示,元素以**逗號**分隔,型別不一定要相同,每個元素都是唯一的,而且可以新增或刪除元素。由於沒有順序,所以無法透過索引來存取。

set 的概念就像數學的集合,適合應用在快速查找、移除重複元素,或聯集、交集、差集等集合運算。舉例來說,假設有兩個群組的學生名單,我們可以利用集合找出同時參加兩個群組的學生,或只參加一個群組的學生。

4-3-1 建立 set

我們可以使用內建函式 **set()** 或**大括號 {}** 建立 set,例如下面的敘述是建立一個 set 並指派給變數 S1:

❶
S1 = {10, '倫敦', 20}
    ❷
    ❸

❶ 集合的名稱。
❷ 集合的前後以大括號標示。
❸ 包含 10、'倫敦'、20 三個元素,中間以逗號分隔。

S2 = {1, 2, 3, 1}
         ❹   相當於   S2 = {1, 2, 3}

S2 = {3, 2, 1}
      ❺

❹ 重複的元素會被自動刪除
❺ 順序不同但元素相同亦視為相同集合

4-3-2 set 的運算

第 4-1-2 節所介紹的 **len()**、**max()**、**min()** 和 **sum()** 等內建函式亦適用於 set，可以用來取得 set 的長度、最大元素、最小元素與總和。此外，集合不支援連接運算子 (+)、重複運算子 (*)、索引運算子 ([])、切片運算子 ([:]) 或其它與順序相關的運算。不過，我們可以使用 **in** 與 **not in** 運算子，檢查某個元素是否存在於或不存在於集合中。

至於比較運算主要是針對集合的相等、子集、超集的判斷，假設 A、B 為兩個集合，若 A 的元素都存在於 B，則 A 為 B 的**子集** (subset)，而 B 為 A 的**超集** (superset)；若 A 的元素都存在於 B，且 B 包含 A 沒有的元素，則 A 為 B 的**真子集** (proper subset)，而 B 為 A 的**真超集** (proper superset)。

- **A == B**：若 A 和 B 的元素相同，就傳回 True，否則傳回 False，例如：

```
In [1]: {1, 2, 3} == {3, 2, 1}
Out[1]: True
In [2]: {1, 2, 3} == {3, 2, 1, 4}
Out[2]: False
```

- **A != B**：若 A 和 B 有元素不同，就傳回 True，否則傳回 False，例如：

```
In [1]: {1, 2, 3} != {3, 2, 1}
Out[1]: False
In [2]: {1, 2, 3} != {3, 2, 1, 4}
Out[2]: True
```

- **A < B**：若 A 是 B 的真子集，就傳回 True，否則傳回 False，例如：

```
In [1]: {1, 2, 3} < {3, 2, 1}
Out[1]: False
In [2]: {1, 2, 3} < {3, 2, 1, 4}
Out[2]: True
```

- **A <= B**：若 A 是 B 的子集，就傳回 True，否則傳回 False，例如：

```
In [1]: {1, 2, 3} <= {3, 2, 1}
Out[1]: True
In [2]: {1, 2, 3} <= {3, 2, 1, 4}
Out[2]: True
```

- **A > B**：若 A 是 B 的真超集，就傳回 True，否則傳回 False，例如：

```
In [1]: {3, 2, 1} > {1, 2, 3}
Out[1]: False
In [2]: {3, 2, 1, 4} > {1, 2, 3}
Out[2]: True
```

- **A >= B**：若 A 是 B 的超集，就傳回 True，否則傳回 False，例如：

```
In [1]: {3, 2, 1} >= {1, 2, 3}
Out[1]: True
In [2]: {3, 2, 1, 4} >= {1, 2, 3}
Out[2]: True
```

4-3-3 集合處理方法

集合是隸屬於 set 類別的物件，set 類別內建數個集合處理方法，用來進行集合的操作與運算，例如新增 / 刪除元素、子集、超集、聯集、交集、差集、對稱差集等。

新增 / 刪除元素

- **set.add(*x*)**

    將 *x* 所指定的元素加入集合，若元素已經存在，則集合不會改變，因為元素不能重複，例如：

```
In [1]: S = {1, 2, 3}
In [2]: S.add(4)
In [3]: S
Out[3]: {1, 2, 3, 4}
```

set.remove(x)

從集合中刪除 x 所指定的元素，若該元素不存在，則會發生 KeyError，例如：

```
In [1]: S = {1, 2, 3}
In [2]: S.remove(2)
In [3]: S
Out[3]: {1, 3}
```

set.clear()

刪除所有元素，令其變成空集合，例如：

```
In [1]: S = {1, 2, 3}
In [2]: S.clear()
In [3]: S              注意空集合是 set()，不是 {}，
Out[3]: set() ←──── 此為空字典
```

set.pop()

從集合中隨機刪除一個元素並傳回該元素，若集合是空的，則會發生 KeyError，例如：

```
In [1]: S = {1, 2, 3}
In [2]: S.pop()
Out[2]: 1
In [3]: S
Out[3]: {2, 3}
```

集合運算

set.issubset(*S*)

若集合是 *S* 的子集,就傳回 True,否則傳回 False,例如:

```
In [1]: S1 = {1, 2}
In [2]: S2 = {3, 2, 1}
In [3]: S3 = {2, 3, 4}
In [4]: S1.issubset(S2)      ←── 亦可寫成 S1 <= S2
Out[4]: True
In [5]: S1.issubset(S3)
Out[5]: False
```

set.issuperset(S)

若集合是 *S* 的超集,就傳回 True,否則傳回 False,例如:

```
In [1]: S1 = {3, 2, 1}
In [2]: S2 = {1, 2}
In [3]: S1.issuperset(S2)    ←── 亦可寫成 S1 >= S2
Out[3]: True
```

set.isdisjoint(*S*)

若集合和 *S* 無交集(沒有相同的元素),就傳回 True,否則傳回 False,例如:

```
In [1]: S1 = {1, 2, 3}
In [2]: S2 = {3, 4}
In [3]: S3 = {5, 6}
In [4]: S1.isdisjoint(S2)
Out[4]: False
In [5]: S1.isdisjoint(S3)
Out[5]: True
```

✅ set.union(*S*)

傳回兩個集合的聯集（即所有不重複的元素），例如：

```
In [1]: S1 = {1, 2, 3}
In [2]: S2 = {3, 4, 5}
In [3]: S1.union(S2)  ●—— 亦可寫成 S1 | S2
Out[3]: {1, 2, 3, 4, 5}
```

✅ set.intersection(*S*)

傳回兩個集合的交集（即共有的元素），例如：

```
In [1]: S1 = {1, 2, 3}
In [2]: S2 = {2, 3, 4}
In [3]: S1.intersection(S2)  ●—— 亦可寫成 S1 & S2
Out[3]: {2, 3}
```

✅ set.difference(*S*)

傳回兩個集合的差集（即集合中有但 S 中沒有的元素），例如：

```
In [1]: S1 = {1, 2, 3}
In [2]: S2 = {2, 3, 4}
In [3]: S1.difference(S2)  ●—— 亦可寫成 S1 - S2
Out[3]: {1}
```

✅ set.symmetric_difference(*S*)

傳回兩個集合的對稱差集（即各自獨有的元素），例如：

```
In [1]: S1 = {1, 2, 3}
In [2]: S2 = {3, 4, 5}
In [3]: S1.symmetric_difference(S2)  ●—— 亦可寫成 S1 ^ S2
Out[3]: {1, 2, 4, 5}
```

馬上練習

[操作集合] 在直譯器輸入兩個集合變數 S1、S2，然後回答下列題目：

```
In [1]: S1 = {1, 2, 3, 4, 5, 6}
In [2]: S2 = {3, 4, 8}
```

(1) S1 包含幾個元素？
(2) S1 的最小元素。
(3) S1 的元素總和。
(4) S2 是否為 S1 的子集？
(5) S1 和 S2 的聯集。
(6) S1 和 S2 的交集。
(7) S1 和 S2 的差集。

【解答】

```
In [1]: S1 = {1, 2, 3, 4, 5, 6}
In [2]: S2 = {3, 4, 8}
In [3]: len(S1)      # (1)
Out[3]: 6
In [4]: min(S1)      # (2)
Out[4]: 1
In [5]: sum(S1)      # (3)
Out[5]: 21
In [6]: S2 <= S1     # (4)
Out[6]: False
In [7]: S1 | S2      # (5)
Out[7]: {1, 2, 3, 4, 5, 6, 8}
In [8]: S1 & S2      # (6)
Out[8]: {3, 4}
In [9]: S1 - S2      # (7)
Out[9]: {1, 2, 5, 6}
```

馬上練習

假設有三位學生的選課如下,請撰寫一個 Python 程式,回答下列問題:

學生 1	國文、英文
學生 2	數學、物理、英文
學生 3	化學、英文

(1) 找出所有選修的課程(不重複)。

(2) 找出三個學生共同選修的課程。

(3) 找出學生 1 選修但其它學生未選修的課程。

【解答】

⭐ \Ch04\set.py

```python
s1 = {'國文', '英文'}
s2 = {'數學', '物理', '英文'}
s3 = {'化學', '英文'}

all_courses = s1.union(s2).union(s3)
print('所有選修的課程:', all_courses)

common_courses = s1.intersection(s2).intersection(s3)
print('共同選修的課程:', common_courses)

unique_courses = s1.difference(s2).difference(s3)
print('學生 1 選修但其它學生未選修的課程:', unique_courses)
```

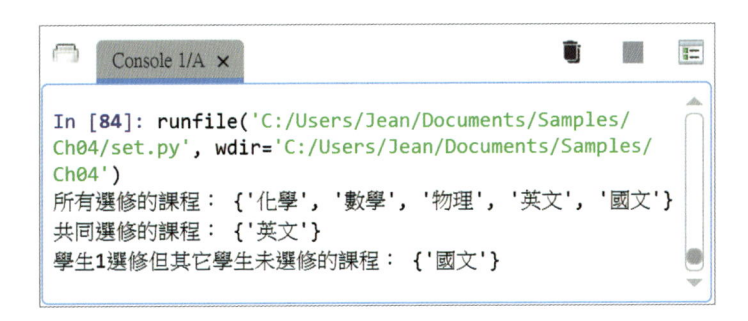

```
In [84]: runfile('C:/Users/Jean/Documents/Samples/
Ch04/set.py', wdir='C:/Users/Jean/Documents/Samples/
Ch04')
所有選修的課程: {'化學', '數學', '物理', '英文', '國文'}
共同選修的課程: {'英文'}
學生1選修但其它學生未選修的課程: {'國文'}
```

4-4 dict (字典)

dict（字典）可以包含多個**沒有順序、沒有重複且可改變內容的鍵值對** (key: value pair)，透過「鍵」來查詢對應的「值」。dict 的前後以**大括號**標示，鍵值對以**逗號**分隔，每個鍵都是唯一的，值則沒有限制，而且可以新增、刪除或修改鍵值對。

dict 的概念就像字典，適合用來儲存與快速查找資料。舉例來說，我們可以利用字典儲存聯絡人電話，以「姓名」作為鍵，以「電話號碼」作為值，只要透過姓名，就能查詢對應的電話號碼。

4-4-1 建立 dict

我們可以使用內建函式 **dict()** 或**大括號 {}** 建立字典，例如下面的敘述是建立一個 dict 並指派給變數 person，用來記錄個人資料：

```
person = {
    'name': ' 小美 ',
    'age': 20,
    'city': ' 台北市 '
}
```

❶ dict 的名稱。

❷ dict 的前後以大括號標示。

❸ 三個鍵值對，中間以逗號分隔。我們可以透過 dict 的名稱與鍵來存取對應的值，例如 person['name']、person['age']、person['city'] 分別對應 ' 小美 '、20、' 台北市 '。

4-4-2 新增、變更或刪除鍵值對

我們可以使用如下語法在字典中新增或變更鍵值對,當「鍵」尚未存在於字典時,就會新增鍵值對;相反的,當「鍵」已經存在於字典時,就會變更鍵值對:

> 字典名稱 [鍵] = 值

```
In [1]: person = {'name': '小美', 'age': 20}
In [2]: person['city'] = '台北市'
In [3]: person                                   ─ 'city' 不存在,故會新增鍵值對
Out[3]: {'name': '小美', 'age': 20, 'city': '台北市'}
In [4]: person['age'] = 18
In [5]: person                                   ─ 'age' 已存在,故會變更鍵值對
Out[5]: {'name': '小美', 'age': 18, 'city': '台北市'}
```

此外,我們可以使用 **del** 敘述刪除鍵值對,其語法如下:

> del 字典名稱 [鍵]

```
In [1]: person = {'name': '小美', 'age': 20}
In [2]: del person['age']      ● 刪除已存在的鍵值對
In [3]: person
Out[3]: {'name': '小美'}
In [4]: del person['tel']      ● 刪除不存在的鍵值對會發生 KeyError
Traceback (most recent call last):
  Cell In[4], line 1
    del person['tel']
KeyError: 'tel'
```

4-4-3 dict 的運算

第 4-1-2 節所介紹的內建函式只有 **len()** 函式適用於字典,用來傳回有幾個鍵值對。此外,字典不支援連接運算子 (+)、重複運算子 (*)、索引運算子 ([])、切片運算子 ([:]) 或其它與順序相關的運算。不過,我們可以使用 **in** 與 **not in** 運算子,檢查某個鍵是否存在於或不存在於字典中,例如:

```
In [1]: person = {'name': '小美', 'age': 20}
In [2]: len(person)   ❶
Out[2]: 2

In [3]: 'age' in person   ❷
Out[3]: True

In [5]: 'city' not in person   ❸
Out[5]: True
```

❶ 字典中有兩個鍵值對
❷ 鍵 'age' 存在於字典中
❸ 鍵 'city' 不存在於字典中

至於比較運算,字典支援下列兩個比較運算子,其中 A 和 B 為字典:

- **A == B**:若 A 和 B 包含相同的鍵值對,就傳回 True,否則傳回 False。
- **A != B**:若 A 和 B 包含不同的鍵值對,就傳回 True,否則傳回 False。

例如:

```
In [1]: D1 = {'name': '小美', 'age': 20}
In [2]: D2 = {'age': 20, 'name': '小美'}
In [3]: D3 = {'name': '小美', 'age': 20, 'city': '台北市'}

In [4]: D1 == D2   ❶
Out[4]: True

In [5]: D1 != D3   ❷
Out[5]: True
```

❶ D1 和 D2 包含相同的鍵值對
❷ D1 和 D3 包含不同的鍵值對

4-4-4 字典處理方法

字典是隸屬於 dict 類別的物件，dict 類別內建數個字典處理方法，例如傳回所有鍵 / 值 / 鍵值對、刪除鍵值對、更新字典、複製字典等。

✓ **dict.keys()**

傳回字典中的所有鍵，傳回值為 dict_keys 物件，例如：

```
In [1]: grades = {'Tom': 85, 'Bob': 90, 'Joy': 78}
In [2]: grades.keys()
Out[2]: dict_keys(['Tom', 'Bob', 'Joy'])
In [3]: list(grades.keys())       ── 為了方便存取，可以使用 list()
Out[3]: ['Tom', 'Bob', 'Joy']        將傳回值轉換成串列
```

✓ **dict.values()**

傳回字典中的所有值，傳回值為 dict_values 物件，例如：

```
In [1]: grades = {'Tom': 85, 'Bob': 90, 'Joy': 78}
In [2]: grades.values()
Out[2]: dict_values([85, 90, 78])
In [3]: list(grades.values())     ── 為了方便存取，可以使用 list()
Out[3]: [85, 90, 78]                 將傳回值轉換成串列
```

✓ **dict.items()**

傳回字典中的所有鍵值對，傳回值為 dict_items 物件，例如：

```
In [1]: grades = {'Tom': 85, 'Bob': 90, 'Joy': 78}
In [2]: grades.items()
Out[2]: dict_items([('Tom', 85), ('Bob', 90), ('Joy', 78)])
In [3]: list(grades.items())
Out[3]: [('Tom', 85), ('Bob', 90), ('Joy', 78)]
```

dict.get(*key*)、dict.get(*key*, *default*)

根據 *key* 指定的鍵傳回對應的值,若該鍵不存在,就傳回 *default*,若沒有指定 *default*,就傳回預設值 None。

```
In [1]: grades = {'Tom': 85, 'Bob': 90, 'Joy': 78}
In [2]: print(grades.get('Bob'))
90
In [3]: print(grades.get('May'))
None
```

dict.pop(*key*)、dict.pop(*key*, *default*)

根據 *key* 指定的鍵刪除鍵值對並傳回對應的值,若該鍵不存在,就傳回 *default*,若沒有指定 *default*,就會發生 KeyError,例如:

```
In [1]: grades = {'Tom': 85, 'Bob': 90, 'Joy': 78}
In [2]: grades.pop('Bob')
Out[2]: 90
In [3]: grades
Out[3]: {'Tom': 85, 'Joy': 78}
```

dict.popitem()

隨機刪除一個鍵值對並傳回該鍵值對 (Python 3.7 及之後的版本會刪除最後一個鍵值對),若目前是空字典 {},就會發生 KeyError,例如:

```
In [1]: grades = {'Tom': 85, 'Bob': 90, 'Joy': 78}
In [2]: grades.popitem()
Out[2]: ('Joy', 78)
In [3]: grades
Out[3]: {'Tom': 85, 'Bob': 90}
```

✅ dict.clear()

刪除所有鍵值對，令其變成空字典，例如：

```
In [1]: grades = {'Tom': 85, 'Bob': 90, 'Joy': 78}
In [2]: grades.clear()
In [3]: grades
Out[3]: {}
```

✅ dict.update(*other*)

根據 *other* 所指定的字典更新目前的字典，也就是將兩個字典合併，若有重複的鍵，就以 *other* 中的鍵值對來取代，例如：

```
In [1]: grades1 = {'Tom': 85, 'Bob': 90}
In [2]: grades2 = {'Joy': 78, 'Bob': 95}
In [3]: grades1.update(grades2)   ❶

In [4]: grades1
Out[4]: {'Tom': 85, 'Bob': 95, 'Joy': 78}   ❷
```

❶ 將兩個字典合併
❷ 結果有三個鍵值對，且 'Bob' 的值更新為 95

✅ dict.copy()

傳回字典的複本，雖然兩者擁有相同的鍵值對，卻是不同的物件，例如：

```
In [1]: grades1 = {'Tom': 85, 'Bob': 90, 'Joy': 78}
In [2]: grades2 = grades1.copy()   ❶

In [3]: grades2   ❷
Out[3]: {'Tom': 85, 'Bob': 90, 'Joy': 78}

In [4]: grades2 is grades1   ❸
Out[4]: False
```

❶ grades2 是 grades1 的複本
❷ grades2 擁有和 grades1 相同的鍵值對
❸ 使用 is 運算子檢查兩者是否為相同物件，答案為否

馬上練習

[中英字典] 撰寫一個 Python 程式，令它定義一個字典儲存數種動物的英文，然後要求輸入一種動物的中文，再印出對應的英文，若字典中沒有該動物，就印出提示訊息，下面的執行結果供你參考。

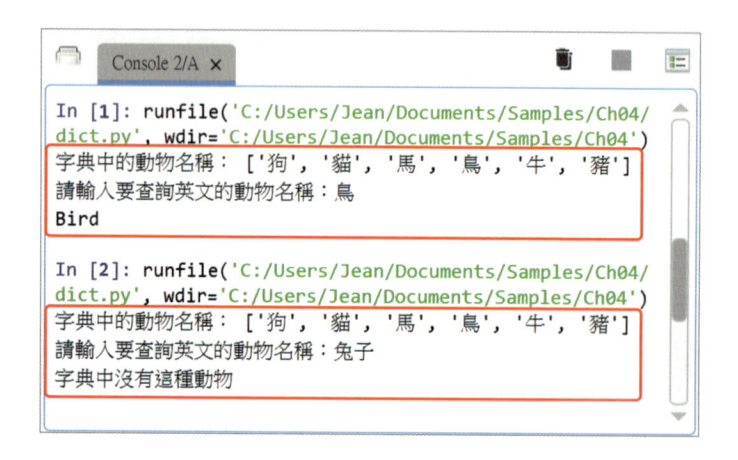

```
In [1]: runfile('C:/Users/Jean/Documents/Samples/Ch04/
dict.py', wdir='C:/Users/Jean/Documents/Samples/Ch04')
字典中的動物名稱： ['狗', '貓', '馬', '鳥', '牛', '豬']
請輸入要查詢英文的動物名稱：鳥
Bird

In [2]: runfile('C:/Users/Jean/Documents/Samples/Ch04/
dict.py', wdir='C:/Users/Jean/Documents/Samples/Ch04')
字典中的動物名稱： ['狗', '貓', '馬', '鳥', '牛', '豬']
請輸入要查詢英文的動物名稱：兔子
字典中沒有這種動物
```

【解答】

⭐ \Ch04\dict.py

```python
animals = {
    '狗': 'Dog',
    '貓': 'Cat',
    '馬': 'Horse',
    '鳥': 'Bird',
    '牛': 'Cow',
    '豬': 'Pig'
}

print('字典中的動物名稱：', list(animals.keys()))
name = input('請輸入要查詢英文的動物名稱：')
print(animals.get(name, '字典中沒有這種動物'))
```

查詢 list、tuple、set、dict 的更多應用

我們在本章中有示範過 list、tuple、set、dict 的應用，例如 list 可以用來儲存學生名單和數學矩陣；tuple 可以用來儲存數列，進而求取最大元素、最小元素與平均值；set 可以用來進行聯集、交集、差集等集合運算；dict 可以用來儲存個人資料、學生分數、中英對照等。

如果你想知道它們的更多應用，可以問 ChatGPT，例如輸入「**舉例說明 list 的實際應用**」，得到如下回答，這將有助於靈活運用這些容器型別。

ChatGPT

舉例說明list的實際應用

`list` 在 Python 中是非常常用的資料結構，因為它是一個可變的、有序的集合，適合用來處理各種日常生活中的數據。以下是一些 `list` 在實際應用中的例子：

1. 學生成績記錄與計算

使用 `list` 來存放一組學生的成績，然後進行平均分數的計算。

```python
# 儲存學生的成績
grades = [85, 90, 78, 92, 88]

# 計算平均成績
average = sum(grades) / len(grades)
print(f"平均成績為: {average:.2f}")
```

2. 購物車系統

在電子商務網站中，購物車通常用 `list` 來儲存用戶選購的商品。

```python
# 購物車中的商品
shopping_cart = ['蘋果', '橙子', '牛奶', '麵包']

# 添加一個商品
shopping_cart.append('雞蛋')
print(f"當前購物車: {shopping_cart}")
```

傳訊息給 ChatGPT

4-33

ChatGPT 程式助理

查詢 list()、tuple()、set()、dict() 的用途

我們有簡略提到可以使用 list()、tuple()、set()、dict() 等內建函式建立 list、tuple、set 和 dict，如果你想進一步了解它們的語法與用途，可以問 ChatGPT，例如輸入「**請介紹 list()**」，得到如下回答，list() 可以將任何可迭代對象（例如字串、tuple、集合等）轉換成串列，也可以建立空串列。對於這些說明與範例，如果還有不懂的地方，可以繼續提問。

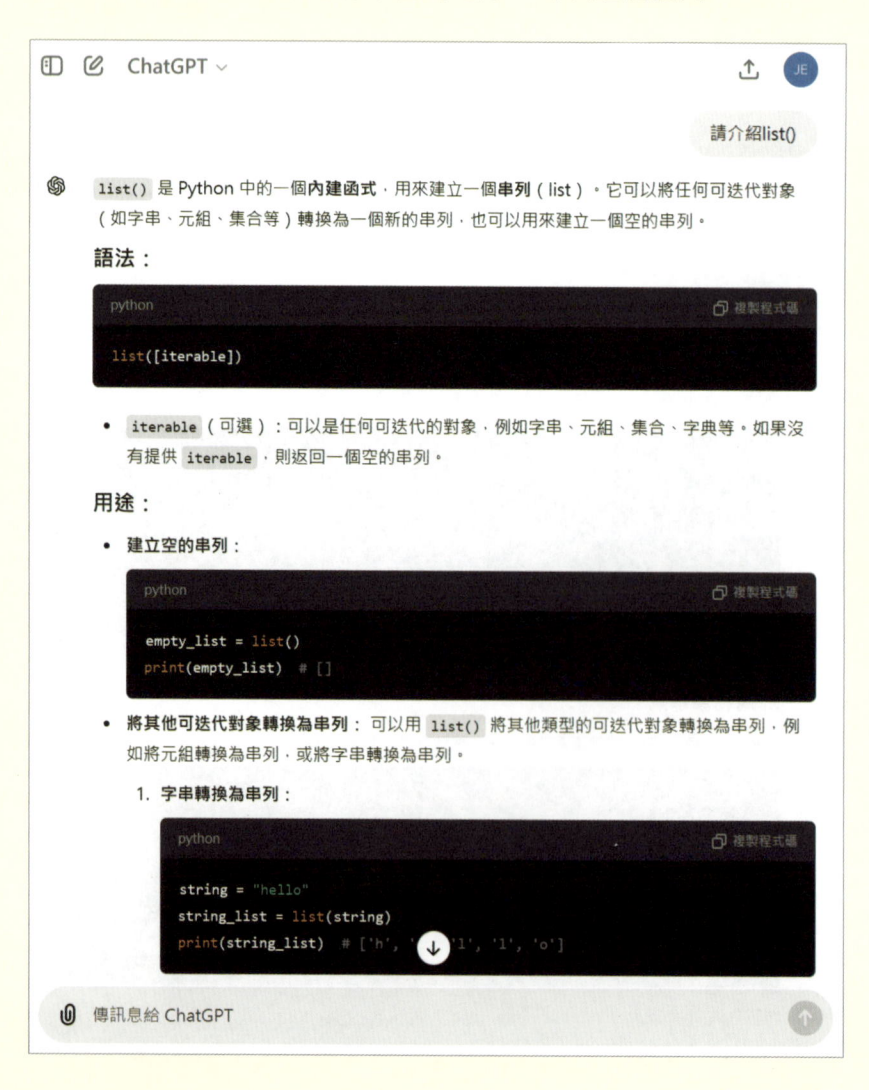

> **ChatGPT**
>
> 請介紹 list()
>
> `list()` 是 Python 中的一個**內建函式**，用來建立一個**串列**（list）。它可以將任何可迭代對象（如字串、元組、集合等）轉換為一個新的串列，也可以用來建立一個空的串列。
>
> **語法：**
>
> ```python
> list([iterable])
> ```
>
> - `iterable`（可選）：可以是任何可迭代的對象，例如字串、元組、集合、字典等。如果沒有提供 `iterable`，則返回一個空的串列。
>
> **用途：**
>
> - 建立空的串列：
>
> ```python
> empty_list = list()
> print(empty_list)  # []
> ```
>
> - 將其他可迭代對象轉換為串列：可以用 `list()` 將其他類型的可迭代對象轉換為串列，例如將元組轉換為串列，或將字串轉換為串列。
>
>   1. 字串轉換為串列：
>
> ```python
> string = "hello"
> string_list = list(string)
> print(string_list)  # ['h', 'e', 'l', 'l', 'o']
> ```

CHAPTER 05

流程控制

5-1 認識流程控制

5-2 if

5-3 for

5-4 while

5-5 break 與 continue 敘述

🌀 解決流程錯誤或無窮迴圈

🌀 撰寫邏輯複雜的程式 (計算綜所稅)

5-1 認識流程控制

流程控制 (control flow) 指的是控制程式的執行順序，讓程式根據不同的情況，來選擇不同的執行路徑，以實現更靈活、更複雜的邏輯，提高程式的處理能力。

Python 的流程控制主要有下列兩種類型：

- **決策結構** (decision structure)：根據條件式的結果為 True 或 False，來執行不同的敘述，例如 **if**。

  比方說，交通售票系統可以根據乘車者的年齡是未滿 12 歲、12 ~ 64 歲、滿 65 歲，來判斷為兒童票、全票或敬老票，進而決定票價。

- **迴圈結構** (loop structure)：重複執行一些敘述，直到符合某個條件式為止，例如 **for** 與 **while**。

  比方說，猜數字遊戲可以讓玩家重複輸入數字，直到猜對為止；密碼驗證系統可以限制讓使用者嘗試輸入密碼最多三次。

> **TIP**
>
> 流程控制經常需要檢查條件式的結果為 True 或 False，原則上，以下的值會被視為 False，其它的值則會被視為 True：
>
> ★ 布林值 False。
>
> ★ 空值 None。
>
> ★ 數值零，例如整數 0、浮點數 0.0。
>
> ★ 空字串 ''。
>
> ★ 空的容器型別，例如空串列 []、空元組 ()、空集合 set()、空字典 {}。

5-2 if

if 可以根據條件式的結果為 True 或 False，來執行不同的敘述，又分成「if」、「if...else」、「if...elif...else」等類型。

5-2-1 if (若…就…)

if 的語法如下，**若「條件式」的結果為 True，就執行「敘述」**，換句話說，若「條件式」的結果為 False，就不執行「敘述」。

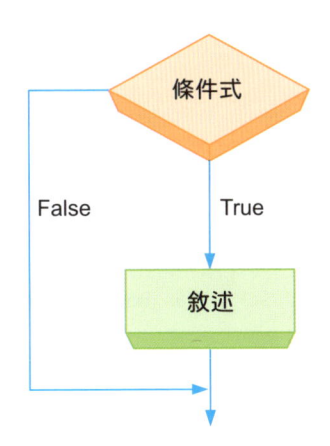

```
if 條件式：
    敘述
```

關鍵字　　條件式為 True 就執行敘述　　條件式後面要加上冒號

請注意，「敘述」必須以 if 關鍵字為基準向右縮排至少一個空白，同時縮排要對齊，這樣直譯器才能識別哪些程式碼是在條件式成立時所要執行的。在本書中，我們統一使用 4 個空白標示每個縮排層級，不要混合使用 [Tab] 鍵。

我們來看個實際的例子，這個程式會要求輸入年齡，然後據此判斷是否成年。每行敘述前面的編號是為了方便解說，請勿輸入到程式。

⭐ \Ch05\if1.py

```
01  age = int(input('請輸入你的年齡:'))
02
03  if age >= 20:
04      print('你已經成年！')
05      print('具有投票資格！')
```

滿 20 歲了嗎？
滿了才能投票！

執行結果如下，若第 01 行輸入的年齡大於等於 20，例如 23，第 03 行的條件式 age >= 20 的結果為 True，就執行 if 區塊裡面的敘述（第 04、05 行），顯示指定訊息；相反的，若第 01 行輸入的年齡小於 20，例如 12，第 03 行的條件式 age >= 20 的結果為 False，就不執行 if 區塊裡面的敘述（第 04、05 行），不顯示任何訊息。

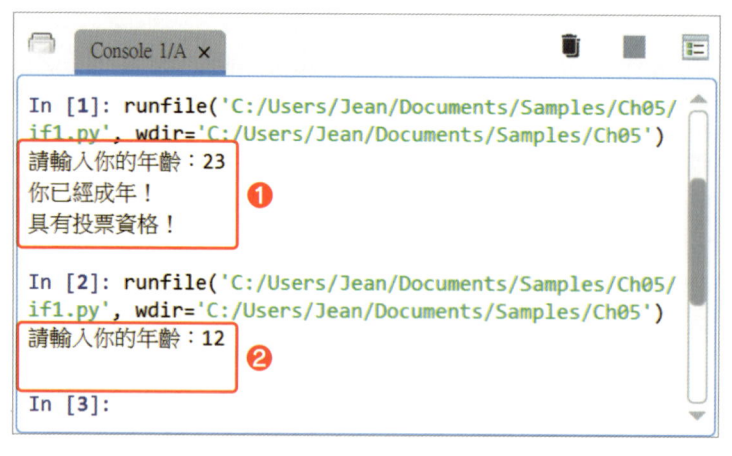

```
In [1]: runfile('C:/Users/Jean/Documents/Samples/Ch05/
if1.py', wdir='C:/Users/Jean/Documents/Samples/Ch05')
請輸入你的年齡:23
你已經成年！                    ❶
具有投票資格！

In [2]: runfile('C:/Users/Jean/Documents/Samples/Ch05/
if1.py', wdir='C:/Users/Jean/Documents/Samples/Ch05')
請輸入你的年齡:12              ❷

In [3]:
```

❶ 輸入 23 會顯示指定訊息　　❷ 輸入 12 不會顯示任何訊息

再次提醒，**if 區塊裡面的敘述要縮排，同時縮排要對齊**，若縮排不正確，會發生語法錯誤或邏輯錯誤，導致程式執行失敗或發生非預期的結果。

5-2-2 if…else (若…就…否則…)

if…else 的語法如下，**若「條件式」的結果為 True，就執行「敘述 1」，否則執行「敘述 2」**，所以「敘述 1」和「敘述 2」只有一組會被執行。

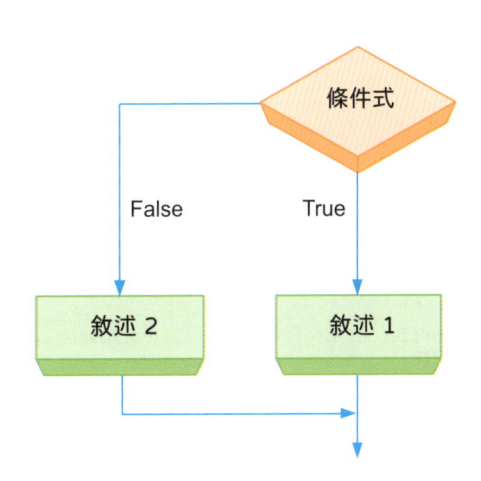

```
❶  if 條件式：
        敘述 1  —— 條件式為 True 就執行敘述 1

❷  else：
        敘述 2  —— 條件式為 False 就執行敘述 2
```

❶ if 區塊 (條件式後面要加上冒號)　　❷ else 區塊 (關鍵字後面要加上冒號)

請注意，「敘述 1」必須以 if 關鍵字為基準向右縮排，同時縮排要對齊，表示「敘述 1」是在 if 區塊裡面；「敘述 2」必須以 else 關鍵字為基準向右縮排，同時縮排要對齊，表示「敘述 2」是在 else 區塊裡面。

前一節的例子有個缺點，若輸入的年齡不到 20 歲，程式就不會顯示任何訊息，而這難免讓人感到疑惑，此時，可以使用 if...else 來改寫，如下，注意 if 區塊和 else 區塊裡面的敘述要縮排，同時縮排要對齊。

★ \Ch05\if2.py

```
01  age = int(input('請輸入你的年齡：'))
02
03  if age >= 20:
04      print('你已經成年！')
05      print('具有投票資格！')
06  else:
07      print('你尚未成年！')
08      print('不具有投票資格！')
```

滿 20 歲了嗎？
滿了就能投票！

滿 20 歲了嗎？
未滿就不能投票！

執行結果如下，若第 01 行輸入的年齡大於等於 20，例如 23，第 03 行的條件式 age >= 20 的結果為 True，就執行 if 區塊裡面的敘述，顯示第 04、05 行的訊息；相反的，若第 01 行輸入的年齡小於 20，例如 12，第 03 行的條件式 age >= 20 的結果為 False，就執行 else 區塊裡面的敘述，顯示第 07、08 行的訊息。

❶ 輸入 23 會顯示此訊息　　❷ 輸入 12 會顯示此訊息

5-2-3 if...elif...else (若...就...否則 若...)

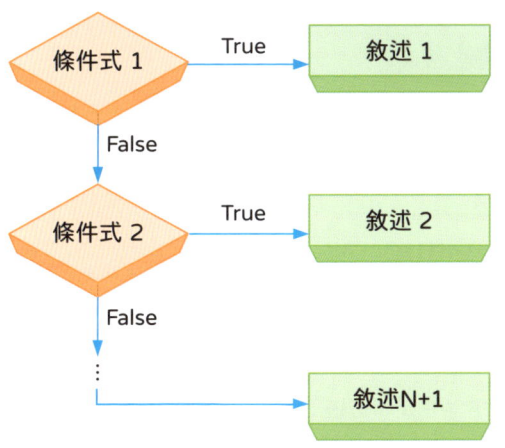

if...elif...else 的語法如下，一開始先檢查「條件式 1」，若結果為 True，就執行「敘述 1」，否則檢查「條件式 2」，若結果為 True，就執行「敘述 2」，…，依此類推，若所有條件式的結果均為 False，就執行「敘述 N+1」，所以「敘述 1」~「敘述 N+1」只有一組會被執行。

```
❶  if 條件式 1:
         敘述 1
❷  elif 條件式 2:
         敘述 2
    …
❸  else:
         敘述 N+1
```

❶ 條件式 1 為 True 就執行敘述 1
❷ 條件式 2 為 True 就執行敘述 2
❸ 所有條件式均為 False 就執行敘述 N+1

為了與國際接軌，國內一些大學的成績擬由目前的百分制改成英文字母等級制，例如清大的規定是 80（含）以上為 A、79～70 為 B、69～60（不含）為 C、60 以下為 F。現在，我們就來利用 if...elif...else 撰寫一個程式，將學生輸入的百分制成績轉換成等級制。

⭐ \Ch05\if3.py

```
01  score = int(input('請輸入你的成績：'))
02
03  if score >= 80:
04      print('等級：A')
05  elif score >= 70:
06      print('等級：B')
07  elif score >= 60:
08      print('等級：C')
09  else:
10      print('等級：F')
```

- 79～70 嗎？是為 B！
- 69～60 嗎？是為 C！
- 80（含）以上嗎？是為 A！
- 60（不含）以下嗎？是為 F！

執行結果如下，假設第 01 行輸入的成績是 75，直譯器會先檢查第 03 行的條件式 score >= 80，結果為 False，換去檢查第 05 行的條件式 score >= 70，結果為 True，就執行第 06 行，顯示「等級：B」，然後離開 if...elif...else，不會再去執行第 07～10 行。

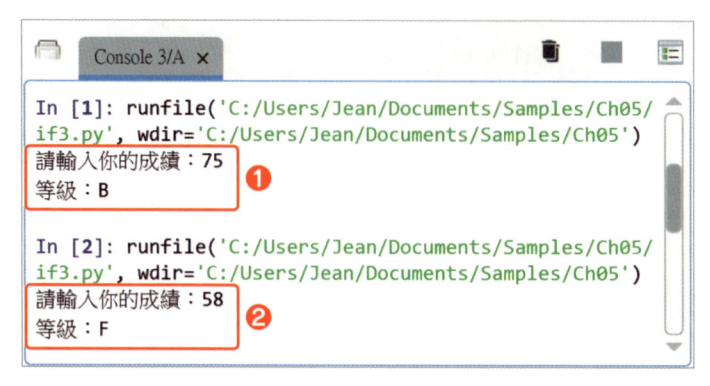

```
In [1]: runfile('C:/Users/Jean/Documents/Samples/Ch05/
if3.py', wdir='C:/Users/Jean/Documents/Samples/Ch05')
請輸入你的成績：75   ❶
等級：B

In [2]: runfile('C:/Users/Jean/Documents/Samples/Ch05/
if3.py', wdir='C:/Users/Jean/Documents/Samples/Ch05')
請輸入你的成績：58   ❷
等級：F
```

❶ 輸入 75 會顯示「等級：B」　　❷ 輸入 58 會顯示「等級：F」

馬上練習

[判斷正負零] 撰寫一個 Python 程式，令它要求輸入一個整數，然後檢查該整數是「正數」、「負數」或「零」，下面的執行結果供你參考。

```
In [1]: runfile('C:/Users/Jean/Documents/Samples/Ch05/if4.py', wdir='C:/Users/Jean/Documents/Samples/Ch05')
請輸入一個整數：999
999 是正數

In [2]: runfile('C:/Users/Jean/Documents/Samples/Ch05/if4.py', wdir='C:/Users/Jean/Documents/Samples/Ch05')
請輸入一個整數：-58
-58 是負數

In [3]: runfile('C:/Users/Jean/Documents/Samples/Ch05/if4.py', wdir='C:/Users/Jean/Documents/Samples/Ch05')
請輸入一個整數：0
0 是零
```

【解答】

⭐ \Ch05\if4.py

```python
number = int(input('請輸入一個整數：'))

if number > 0:
    print(f'{number} 是正數')
elif number < 0:
    print(f'{number} 是負數')
else:
    print(f'{number} 是零')
```

使用流程控制有個重點，就是要歸納出解決問題的邏輯，所以在你動手寫程式之前，不妨先畫流程圖，把整個流程走一遍想清楚。萬一腦袋突然不靈光，可以問 ChatGPT，只要正確描述問題，通常就能得到不錯的回答，本章最後的「🟢 ChatGPT 程式助理」專欄有相關的操作技巧。

5-3 for

for 迴圈可以用來控制某些程式碼的執行次數，或用來遍歷可迭代物件，針對其中的每個元素執行相同的操作。**可迭代物件** (iterable) 指的是一種可以逐一取出每個元素的物件，例如字串、list、tuple、set、dict 等。

舉例來說，大樂透的玩法是從 1 ~ 49 中任選 6 個號碼進行投注，那麼我們可以使用 for 迴圈控制執行次數為 6 次，每次都從 1 ~ 49 中隨機挑選一個不重複的號碼。

再舉一個例子，假設將學生名字與成績儲存在一個字典，例如 grades = {'Tom': 85, 'Bob': 90, 'Joy': 78}，那麼我們可以使用 for 迴圈逐一取出每個元素，然後印出學生名字與對應的成績，還可以進一步根據成績做排序，由高到低印出排名。

for 迴圈的語法如下：

> ❶ ❷
> **for 變數 in 可迭代物件：**
>   迴圈主體
>   ❸

❶ 迴圈每次重複時，就將可迭代物件中的一個元素指派給**變數**，然後在迴圈主體中使用該變數。

❷ **可迭代物件**可以是任何類型的可迭代對象，例如內建函式 range() 生成的數列或字串、list、tuple、set、dict 等，注意可迭代物件後面要加上冒號。

❸ **迴圈主體**是迴圈每次重複時所要執行的程式碼，在沒有被中斷的情況下，迴圈會重複執行，直到可迭代物件的所有元素都被處理完畢。注意迴圈主體必須以 for 關鍵字為基準向右縮排，同時縮排要對齊，表示在 for 區塊裡面。

5-3-1 使用 range() 函式控制 for 迴圈的執行次數

range() 函式可以用來生成數列，通常應用在 for 迴圈中進行迭代，藉以控制執行次數，其語法如下，當沒有寫出起始值與間隔值時，表示分別採取預設值 0 和 1：

> range(停止值)
> range(起始值 , 停止值)
> range(起始值 , 停止值 , 間隔值)

先在 Python 直譯器試驗一下這個函式，請注意，它的傳回值是一個 range 型別的可迭代物件，為了方便查看，我們會使用 list() 函式將此物件轉換成串列：

```
In [1]: range(5)   ❶
Out[1]: range(0, 5)

In [2]: list(range(5))   ❷
Out[2]: [0, 1, 2, 3, 4]

In [3]: list(range(2, 10))   ❸
Out[3]: [2, 3, 4, 5, 6, 7, 8, 9]

In [4]: list(range(2, 10, 3))   ❹
Out[4]: [2, 5, 8]

In [5]: list(range(5, 0, -1))   ❺
Out[5]: [5, 4, 3, 2, 1]
```

❶ 傳回值是一個 range 物件
❷ 起始值為 0、停止值為 5 (不含 5)、間隔值為 1 的數列
❸ 起始值為 2、停止值為 10 (不含 10)、間隔值為 1 的數列
❹ 起始值為 2、停止值為 10 (不含 10)、間隔值為 3 的數列
❺ 起始值為 5、停止值為 0 (不含 0)、間隔值為 -1 的數列

在了解 range 物件後，我們來示範如何在 for 迴圈中使用 range 物件進行迭代。下面是一個例子，已知 range(1, 6) 會產生數列 1, 2, 3, 4, 5，總共 5 個元素，而 for i in range(1, 6): 的意義是迴圈每次重複時，就將 range 物件中的一個元素指派給變數 i，因此，for 迴圈總共執行 5 次 print(i)，依序印出 1、2、3、4、5。

```
In [1]: for i in range(1, 6):
   ...:     print(i)
   ...:
1
2
3
4
5
```

下面是另一個例子，已知 range(5, 0, -1) 會產生數列 5, 4, 3, 2, 1，總共 5 個元素，而 for i in range(5, 0, -1): 的意義是迴圈每次重複時，就將 range 物件中的一個元素指派給變數 i，因此，for 迴圈總共執行 5 次 print(f'{i} 秒 ')，依序印出 5 秒、4 秒、3 秒、2 秒、1 秒。

請注意，在迴圈外面還有一個 print(' 倒數結束！')，此敘述要等到迴圈執行完畢才會執行。

```
In [1]: for i in range(5, 0, -1):
   ...:     print(f'{i} 秒 ')
   ...: print(' 倒數結束！')
5 秒
4 秒
3 秒
2 秒
1 秒
倒數結束！
```

此敘述沒有縮排，表示在迴圈外面，所以只會執行一次，不會重複執行。

我們再來看一個稍微複雜的例子,已知 range(1, 6) 會產生數列 1、2、3、4、5,總共 5 個元素,而 for i in range(1, 6): 的意義是迴圈每次重複時,就將 range 物件中的一個元素指派給變數 i,因此,for 迴圈總共執行 5 次 total = total + i,執行過程如下,也就是計算 1 + 2 + 3 + 4 + 5 的總和。

\Ch05\for1.py

```python
# 變數 total 用來儲存總和,初始值為 0
total = 0

# 使用 for 迴圈計算 1 ~ 5 的總和
for i in range(1, 6):
    total = total + i    # 亦可簡寫為 total += i

print('1 ~ 5 的總和為 ', total)
```

迴圈次數	= 右邊的 total	i	= 左邊的 total
第 1 次	0	1	0 + 1 (1)
第 2 次	1	2	1 + 2 (3)
第 3 次	3	3	3 + 3 (6)
第 4 次	6	4	6 + 4 (10)
第 5 次	10	5	10 + 5 (15)

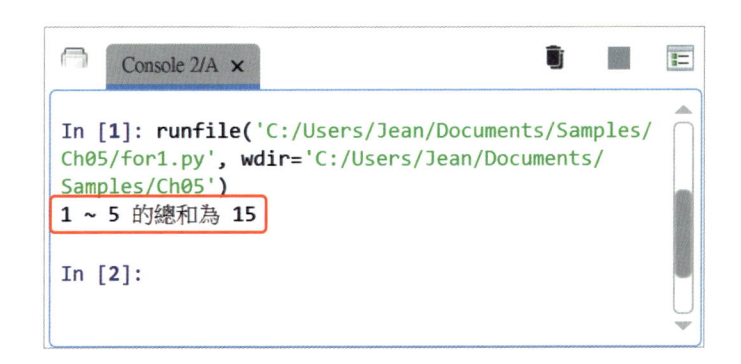

```
In [1]: runfile('C:/Users/Jean/Documents/Samples/
Ch05/for1.py', wdir='C:/Users/Jean/Documents/
Samples/Ch05')
1 ~ 5 的總和為 15

In [2]:
```

5-3-2 使用字串作為 for 迴圈的可迭代物件

我們直接以下面的例子示範如何使用字串作為 for 迴圈的可迭代物件，這個程式會統計英文字母 o 出現在句子中的次數。

⭐ \Ch05\for2.py

```
01  sentence = 'Hello, how are you today?'
02  count_o = 0
03
04  for char in sentence:
05      if char == 'o':
06          count_o += 1
07
08  print(f"'o' 出現了 {count_o} 次")
```

- ✅ 01：變數 sentence 用來儲存句子。

- ✅ 02：變數 count_o 用來儲存英文字母 o 出現的次數，初始值為 0。

- ✅ 04 ~ 06：使用 for 迴圈遍歷字串的每個字元，換句話說，for char in sentence: 會逐一將句子中的每個字元指派給變數 char，然後透過第 05 行的 if 檢查該字元是否為英文字母 o，若是的話，就將變數 count_o 的值加 1，進而得到出現的次數。

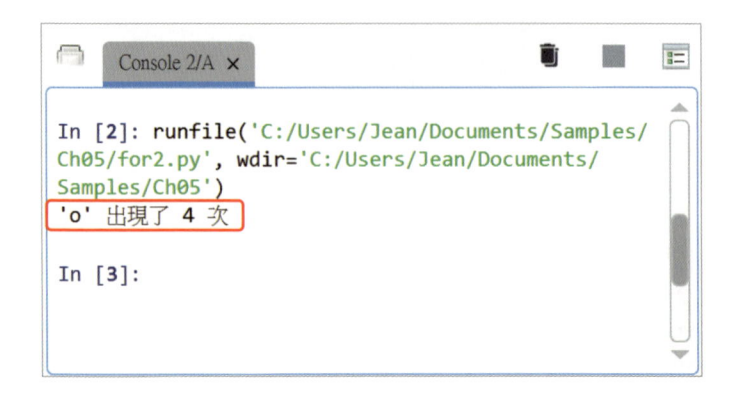

```
In [2]: runfile('C:/Users/Jean/Documents/Samples/
Ch05/for2.py', wdir='C:/Users/Jean/Documents/
Samples/Ch05')
'o' 出現了 4 次

In [3]:
```

5-3-3 使用容器型別作為 for 迴圈的可迭代物件

使用 list (串列) 作為可迭代物件

除了 range 物件和字串，諸如 list、tuple、set、dict 等容器型別亦可作為 for 迴圈的可迭代物件。下面是一個例子，它想要計算 5, 10, 25, 30 等數字的總和，於是將數字儲存在串列中，然後使用 for 迴圈進行迭代以求出總和。

★ \Ch05\for3.py

```
01  my_list = [5, 10, 25, 30]
02  total = 0
03
04  for i in my_list:
05      total += i
06
07  print(f' 總和等於 {total}')
```

- 01：變數 my_list 用來儲存數字串列，裡面有 4 個元素。

- 02：變數 total 用來儲存總和，初始值為 0。

- 04、05：使用 for 迴圈遍歷串列的每個元素，換句話說，for i in my_list: 會逐一將串列中的每個元素指派給變數 i，然後透過第 05 行將變數 i 的值累加到變數 total，進而得到總和。

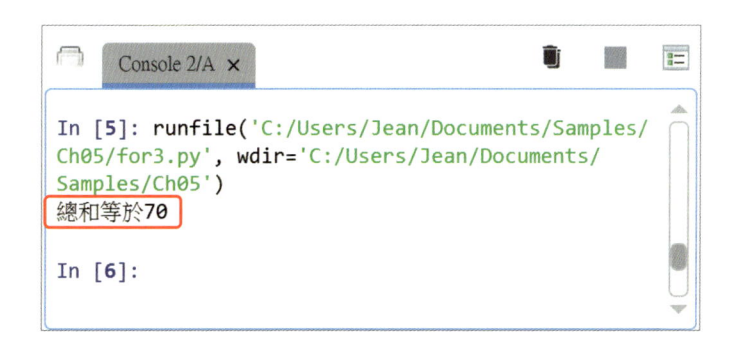

```
In [5]: runfile('C:/Users/Jean/Documents/Samples/
Ch05/for3.py', wdir='C:/Users/Jean/Documents/
Samples/Ch05')
總和等於70

In [6]:
```

使用 dict (字典) 作為可迭代物件

下面是一個例子，它會使用 for 迴圈印出字典中所有學生名字與成績，其中 grades.items() 會傳回所有鍵值對，而 for key, value in grades.items(): 會逐一將每個鍵與值指派給變數 key 和 value，然後印出來。

⭐ \Ch05\for4.py

```python
grades = {'Tom': 85, 'Bob': 90, 'Joy': 78}
for key, value in grades.items():
    print(f'{key} 的成績是 {value}')
```

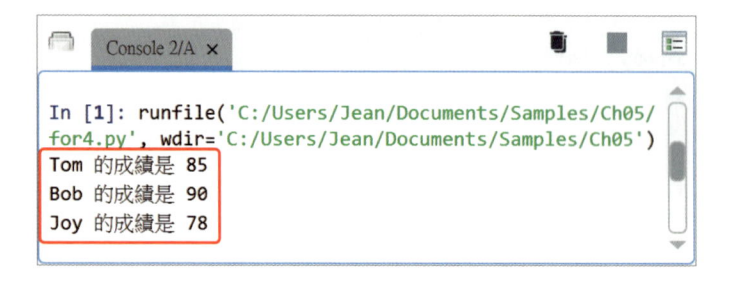

```
In [1]: runfile('C:/Users/Jean/Documents/Samples/Ch05/for4.py', wdir='C:/Users/Jean/Documents/Samples/Ch05')
Tom 的成績是 85
Bob 的成績是 90
Joy 的成績是 78
```

若要印出字典中所有成績大於 80 的學生名字與成績，可以改寫成如下。

⭐ \Ch05\for5.py

```python
grades = {'Tom': 85, 'Bob': 90, 'Joy': 78}
for key, value in grades.items():
    if value > 80:
        print(f'{key} 的分數是 {value}')
```

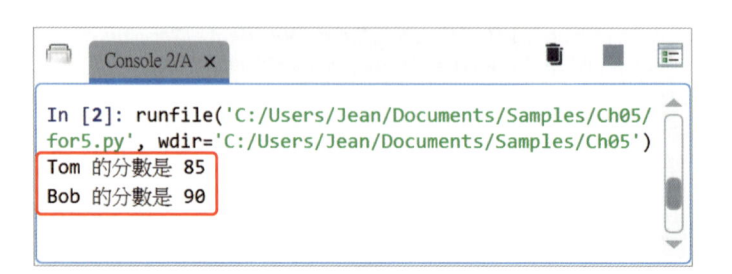

```
In [2]: runfile('C:/Users/Jean/Documents/Samples/Ch05/for5.py', wdir='C:/Users/Jean/Documents/Samples/Ch05')
Tom 的分數是 85
Bob 的分數是 90
```

5-3-4 巢狀 for 迴圈

巢狀 for 迴圈指的是一個 for 迴圈裡面包含別的 for 迴圈，下面是一個例子，它會印出 4×3 矩陣的每個元素。

✪ \Ch05\for6.py

```
01  matrix = [
02      [1, 2, 3],
03      [4, 5, 6],
04      [7, 8, 9],
05      [10, 11, 12]
06  ]
07
08  for row in matrix:              ❶
09      for element in row:         ❷
10          print(element, end='\t')
11      print('\n')
```

❶ 外層迴圈
❷ 內層迴圈

- 08 ~ 11：外層迴圈用來遍歷矩陣中的每一列（橫的為列、直的為行），變數 row 會逐一取得 matrix 中的每個子串列，例如在第 1、2、3、4 次迴圈時，變數 row 的值分別為 [1, 2, 3]、[4, 5, 6]、[7, 8, 9]、[10, 11, 12]，而第 11 行是在遍歷一列完畢後印出換行。

- 09 ~10：內層迴圈用來遍歷一列中的每個元素，當變數 row 是 [1, 2, 3] 時，變數 element 會逐一取得 1、2、3，然後印出變數 element 和 [Tab] 鍵，不要換行，其它依此類推。

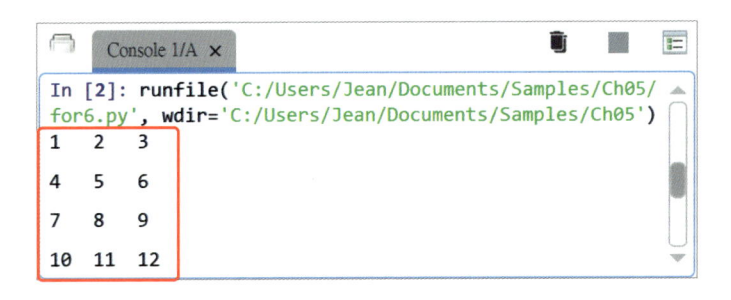

```
In [2]: runfile('C:/Users/Jean/Documents/Samples/Ch05/
for6.py', wdir='C:/Users/Jean/Documents/Samples/Ch05')
1    2    3
4    5    6
7    8    9
10   11   12
```

馬上練習

[計算偶數和] 撰寫一個 Python 程式，印出 1 到 10 之間偶數的總和。

【解答】

⭐ \Ch05\for7.py

```python
total = 0

# range(2, 11, 2) 會產生數列 2, 4, 6, 8, 10
for i in range(2, 11, 2):
    total = total + i

print('1 到 10 之間偶數的總和為 ', total)
```

迴圈次數	= 右邊的 total	i	= 左邊的 total
第 1 次	0	2	0 + 2 (2)
第 2 次	2	4	2 + 4 (6)
第 3 次	6	6	6 + 6 (12)
第 4 次	12	8	12 + 8 (20)
第 5 次	20	10	20 + 10 (30)

```
In [8]: runfile('C:/Users/Jean/Documents/Samples/
Ch05/for7.py', wdir='C:/Users/Jean/Documents/
Samples/Ch05')
1 到 10 之間偶數的總和為 30

In [9]:
```

馬上練習

[字典資料分組] 已知 Tom、Bob、May、Joy 等四個人的年齡為 25、17、19、10，請撰寫一個 Python 程式，令它以 20 歲為基準，將其分為已成年和未成年兩組，然後印出結果。

【解答】

⭐ \Ch05\for8.py

```python
people = {'Tom': 25, 'Bob': 17, 'May': 19, 'Joy': 10}
adults = []
minors = []

# 取得所有鍵值對，然後以 20 歲為基準進行分組
for name, age in people.items():
    if age >= 20:
        adults.append(name)
    else:
        minors.append(name)

print(f'已成年：{adults}')
print(f'未成年：{minors}')
```

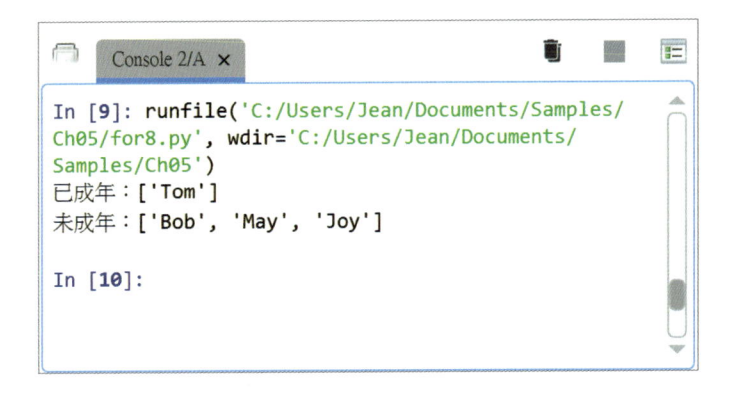

```
In [9]: runfile('C:/Users/Jean/Documents/Samples/
Ch05/for8.py', wdir='C:/Users/Jean/Documents/
Samples/Ch05')
已成年：['Tom']
未成年：['Bob', 'May', 'Joy']

In [10]:
```

5-4 while

while 是 Python 提供的另一種迴圈結構，用來重複執行一些敘述，直到條件式的結果為 False，才會離開迴圈，換句話說，只要條件式的結果為 True，迴圈裡面的敘述就會一直重複執行。

while 的語法如下，「迴圈主體」是迴圈每次重複時所要執行的程式碼，在沒有被中斷的情況下，迴圈會重複執行，直到條件式的結果為 False，才會離開迴圈。

注意條件式後面要加上冒號，迴圈主體必須以 while 關鍵字為基準向右縮排，同時縮排要對齊，表示在 while 區塊裡面。

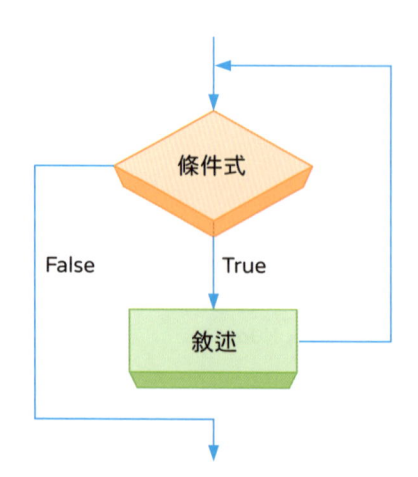

```
while 條件式：
    迴圈主體
```

關鍵字　　迴圈主體（當條件式為 True 時，就重複執行）

第 5-3-1 節有示範過如何使用 for 迴圈印出 1～5，我們也可以使用 while 迴圈改寫成如下。

⭐ \Ch05\while1.py

```python
i = 1
while i <= 5:        # 當 i 小於等於 5 時，就執行迴圈主體
    print(i)         # 印出 i 的值
    i += 1           # 將 i 的值遞增 1
```

```
In [1]: runfile('C:/Users/Jean/Documents/Samples/Ch05/
while1.py', wdir='C:/Users/Jean/Documents/Samples/Ch05')
1
2
3
4
5
```

同理，我們也可以使用 while 迴圈計算 1～5 的總和，如下。

⭐ \Ch05\while2.py

```python
i = 1
total = 0

while i <= 5:        # 當 i 小於等於 5 時，就執行迴圈主體
    total += i       # 將 i 加到總和中
    i += 1           # 將 i 的值遞增 1

print('1 ~ 5 的總和為 ', total)
```

```
In [2]: runfile('C:/Users/Jean/Documents/Samples/Ch05/
while2.py', wdir='C:/Users/Jean/Documents/Samples/Ch05')
1 ~ 5 的總和為 15
```

乍看之下，while 和 for 似乎沒什麼兩樣？其實還是有所不同，while 比較有彈性，只要條件式成立 (結果為 True)，迴圈就會重複執行，不用像 for 必須透過 range() 或其它可迭代物件來限制執行次數。

舉例來說，我們可以撰寫一個程式要求輸入「貓」的英文 (cat、Cat、CAT...無論大小寫皆可)，由於不確定要輸入幾次才會答對，所以就使用 while 迴圈來重複要求作答。

★ \Ch05\while3.py

```
01  answer = input('請輸入「貓」的英文：')
02
03  while answer.lower() != 'cat':
04      answer = input('答錯了！請輸入「貓」的英文：')
05
06  print('答對了！')
```

- 01：將輸入的字串指派給變數 answer。

- 03 ~ 04：答案不分英文字母大小寫，所以先使用 lower() 方法將變數 answer 儲存的字串轉換成全部小寫，然後和答案 'cat' 做比較，若不相等，表示答錯了，就執行迴圈主體 (第 04 行)，重複要求作答，直到答對了，才會離開迴圈。

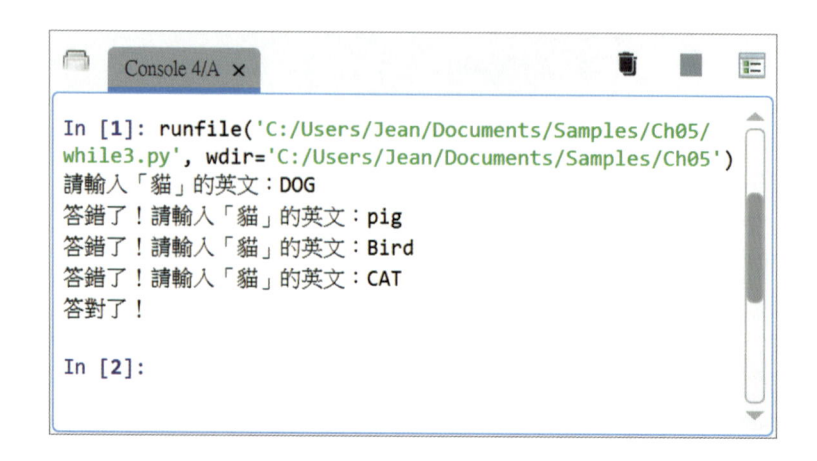

```
Console 4/A  ×

In [1]: runfile('C:/Users/Jean/Documents/Samples/Ch05/
while3.py', wdir='C:/Users/Jean/Documents/Samples/Ch05')
請輸入「貓」的英文：DOG
答錯了！請輸入「貓」的英文：pig
答錯了！請輸入「貓」的英文：Bird
答錯了！請輸入「貓」的英文：CAT
答對了！

In [2]:
```

無窮迴圈

無窮迴圈 (infinite loop) 指的是一個永遠不會結束的迴圈，當條件式恆為 True 或根本不存在時，迴圈會一直執行不會結束，此時，可以按 **[Ctrl] + [C]** 或關閉直譯器強制終止程式。

造成無窮迴圈常見的原因如下：

★ **條件式恆為 True**

以下面的敘述為例，由於條件式恆為 True，故迴圈會一直執行。

```
while 1 > 0:
    print('這是無窮迴圈')
```

★ **忘記在迴圈中改變條件變數**

以下面的敘述為例，變數 count 的初始值為 1，由於忘記在迴圈中改變條件變數的值，導致條件式 count > 0 恆為 True，故迴圈會一直執行。

```
count = 1
while count > 0:
    print(count)
```

★ **條件式設定錯誤**

以下面的敘述為例，變數 num 的初始值為 10，雖然有在迴圈中改變條件變數的值，可是無論怎麼遞增 1，條件式 num >0 恆為 True，故迴圈會一直執行。

```
num = 10
while num > 0:
    num += 1
    print(num)
```

馬上練習

1. **[數字倒數]** 撰寫一個 Python 程式,令它要求輸入一個正整數,然後顯示從該數字開始倒數 (每次減少 1),直到 1 為止。
2. **[計算數字位數]** 撰寫一個 Python 程式,令它要求輸入一個正整數,然後使用 while 迴圈計算該數字有多少位數,再印出結果。

【解答】

1.

⭐ \Ch05\while4.py

```python
num = int(input('請輸入一個正整數:'))

while num > 0:
    print(num)
    num -= 1
```

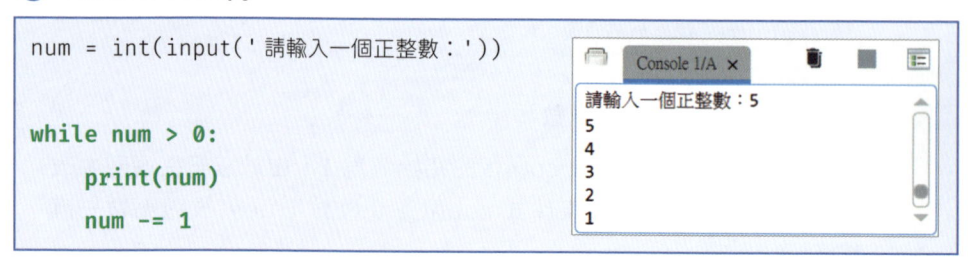

```
Console 1/A ×
請輸入一個正整數:5
5
4
3
2
1
```

2.

⭐ \Ch05\while5.py

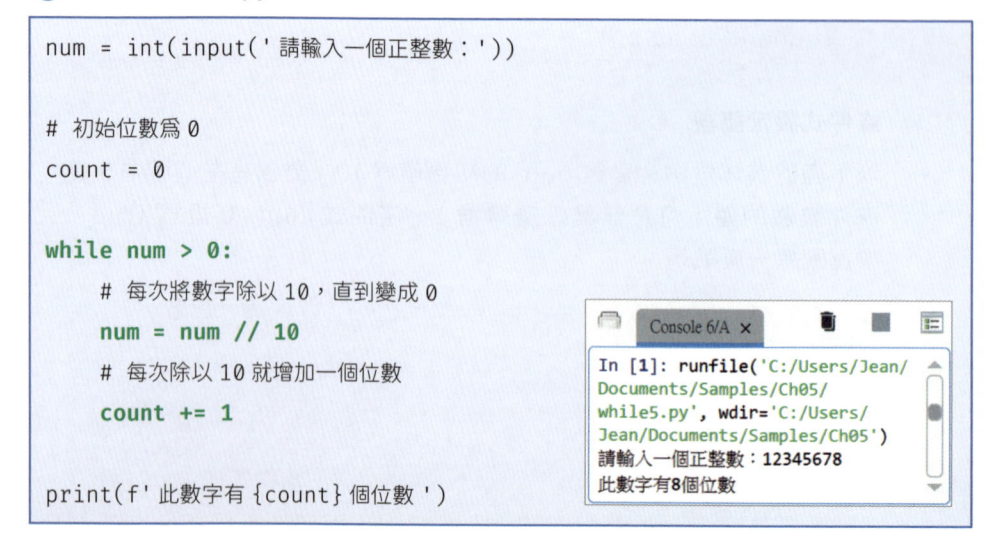

```python
num = int(input('請輸入一個正整數:'))

# 初始位數為 0
count = 0

while num > 0:
    # 每次將數字除以 10,直到變成 0
    num = num // 10
    # 每次除以 10 就增加一個位數
    count += 1

print(f'此數字有 {count} 個位數')
```

```
Console 6/A ×
In [1]: runfile('C:/Users/Jean/
Documents/Samples/Ch05/
while5.py', wdir='C:/Users/
Jean/Documents/Samples/Ch05')
請輸入一個正整數:12345678
此數字有8個位數
```

5-5 break 與 continue 敘述

原則上，在可迭代物件遍歷完畢之前或條件式為 True 的情況下，迴圈就會重複執行，若要指定在達到其它條件時就提前離開迴圈，可以使用 **break** 敘述。

下面是一個例子，假設沒有第 06 ~ 07 行的 if，那麼 while 迴圈會執行 10 次，印出變數 i 的值為 1、2、...、10，可是把 06 ~ 07 行考慮進來，一旦第 06 行的 if 檢查到變數 i 的值等於 5，就會執行第 07 行的 break，提前離開迴圈，所以只會印出 1、2、...、5。

✪ \Ch05\break.py

```
01  i = 1
02
03  while i <= 10:
04      print(i)
05      # 若 i 等於 5，就提前離開迴圈
06      if i == 5:
07          break
08      i += 1
```

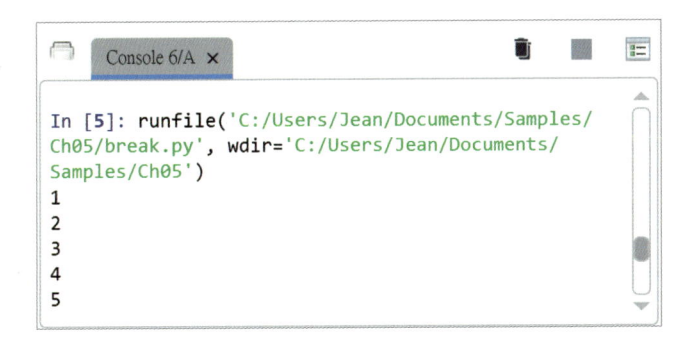

```
In [5]: runfile('C:/Users/Jean/Documents/Samples/
Ch05/break.py', wdir='C:/Users/Jean/Documents/
Samples/Ch05')
1
2
3
4
5
```

同理，你也可以在 for 迴圈中檢查其它條件，一旦達到就使用 break 敘述提前離開迴圈。

Python 提供了另一個經常使用於迴圈的 **continue** 敘述,用來跳過這次迭代剩下的程式碼,立刻返回迴圈的開頭,重新開始下次迭代,換句話說,continue 與 break 不同,continue 不會提前離開迴圈,只是跳過這次迭代的剩餘部分,直接進入下次迭代。

下面是一個例子,它會印出 1 ~ 10 之間的奇數。這個程式的重點在於第 06 ~ 07 行,一旦第 06 行的 if 檢查到變數 i 是偶數,就會執行第 07 行的 continue,跳過這次迭代剩下的第 08 行,直接進入下次迭代。

⭐ \Ch05\continue.py

```
01  i = 0
02
03  while i < 10:
04      i += 1
05      # 若 i 是偶數,就跳過這次迭代,直接進入下次迭代
06      if i % 2 == 0:
07          continue
08      print(i)
```

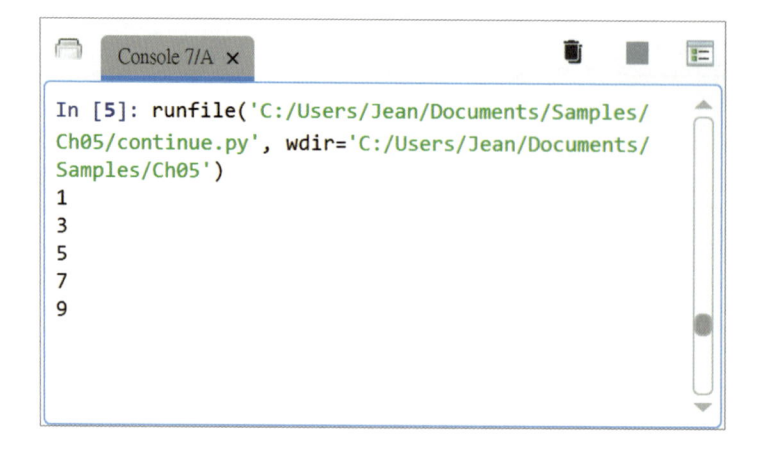

```
Console 7/A

In [5]: runfile('C:/Users/Jean/Documents/Samples/
Ch05/continue.py', wdir='C:/Users/Jean/Documents/
Samples/Ch05')
1
3
5
7
9
```

你可以試著變更第 06 行的檢查條件,例如將 if i % 2 == 0: 改成 if i % 3 == 0:,就會印出 1 ~ 10 之間不會被 3 整除的整數。

馬上練習

[判斷質數] 撰寫一個 Python 程式，令它要求輸入一個整數，然後判斷是否為質數，若是質數，就顯示「這是質數」，否則顯示「這不是質數」。

【解答】

⭐ \Ch05\prime.py

```python
# 要求輸入一個整數
n = int(input('請輸入一個整數：'))

# 小於等於 1 的整數都不是質數
if n <= 1:
    print('這不是質數')
else:
    # 2 是質數
    if (n == 2):
        print('這是質數')
    else:
        # 檢查 n 能否被 2 到 n – 1 整除，能的話就不是質數，跳出 for 迴圈
        for i in range(2, n):
            if (n % i == 0):
                print('這不是質數')
                break
        else:
            print('這是質數')
```

這是 for 迴圈搭配的 else 區塊，若 for 迴圈正常執行完畢、沒有被 break 中斷，就會執行 else 區塊，否則不會執行。

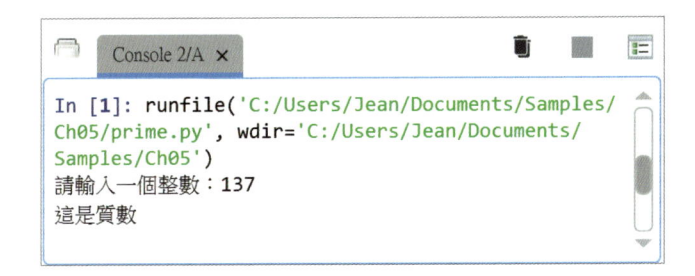

```
Console 2/A ×

In [1]: runfile('C:/Users/Jean/Documents/Samples/
Ch05/prime.py', wdir='C:/Users/Jean/Documents/
Samples/Ch05')
請輸入一個整數：137
這是質數
```

5-27

for 搭配 else 語法

在前面的馬上練習中,我們使用了 **for 搭配 else 語法**,若 for 迴圈正常執行完畢、沒有被 break 中斷,就會執行 else 區塊,否則不會執行。下面是一個例子,它會在串列 [1, 3, 5, 7, 9] 中尋找 2,然後印出結果。

★ \Ch05\forelse.py

```python
01  # 數字串列
02  numbers = [1, 3, 5, 7, 9]
03  # 要找的數字
04  target = 2
05
06  for n in numbers:
07      if n == target:
08          print(f'找到 {target}!')
09          break
10  else:
11      print(f'沒有找到 {target}!')
```

第 10 ~ 11 行是 for 迴圈搭配的 else 區塊

★ 06 ~ 09:使用 for 迴圈依序檢查串列的每個數字是否等於 2,是的話,就執行第 08 行,印出「找到 2!」,然後執行第 09 行,跳出 for 迴圈。

★ 10 ~ 11:若 for 迴圈正常執行完畢、沒有被 break 中斷,表示沒有數字等於 2,就會執行 else 區塊,印出「沒有找到 2!」。

```
In [1]: runfile('C:/Users/Jean/Documents/Samples/
Ch05/forelse.py', wdir='C:/Users/Jean/Documents/
Samples/Ch05')
沒有找到2!
```

ChatGPT 程式助理

解決流程錯誤或無窮迴圈

有時好不容易想出解決問題的流程，然後寫成程式，雖然語法都正確，但結果就是不對，陷入邏輯錯誤的窘境，又解決不了，此時可以問 ChatGPT，例如我們在 ChatGPT 輸入下列提示詞並附上一段程式碼：

```
我寫了如下程式，想要印出 1～10 之間的奇數，可是印不出來，請問錯在哪？要如何修正？
i = 0
while i < 10:
    if i % 2 == 0:
        continue
    print(i)
    i += 1
```

得到如下回答，ChatGPT 順利找到錯誤並更正程式，真是太神奇了！

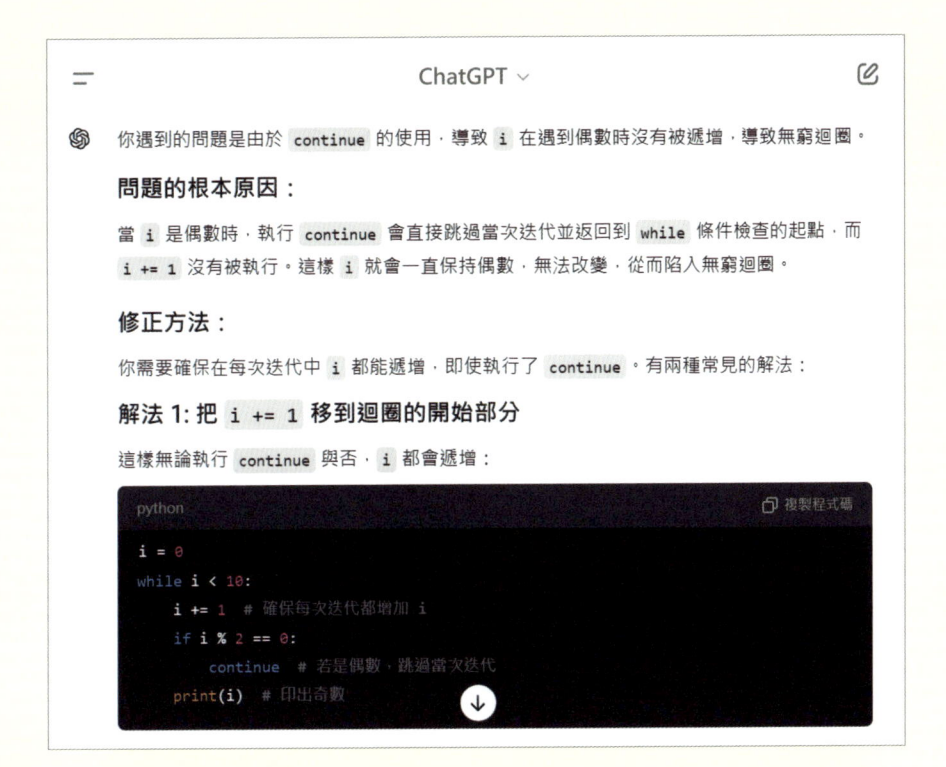

你遇到的問題是由於 `continue` 的使用，導致 `i` 在遇到偶數時沒有被遞增，導致無窮迴圈。

問題的根本原因：

當 `i` 是偶數時，執行 `continue` 會直接跳過當次迭代並返回到 `while` 條件檢查的起點，而 `i += 1` 沒有被執行。這樣 `i` 就會一直保持偶數，無法改變，從而陷入無窮迴圈。

修正方法：

你需要確保在每次迭代中 `i` 都能遞增，即使執行了 `continue`。有兩種常見的解法：

解法 1: 把 `i += 1` 移到迴圈的開始部分

這樣無論執行 `continue` 與否，`i` 都會遞增：

```python
i = 0
while i < 10:
    i += 1  # 確保每次迭代都增加 i
    if i % 2 == 0:
        continue  # 若是偶數，跳過當次迭代
    print(i)  # 印出奇數
```

ChatGPT 程式助理

撰寫邏輯複雜的程式（計算綜所稅）

在學會流程控制後，我們可以試著請 ChatGPT 撰寫功能更強大、邏輯更複雜的程式，有時光靠自己想並不是很周全，可能會有邏輯錯誤或想到腦袋打結太燒腦，此時，ChatGPT 就可以派上用場。

舉例來說，假設要計算個人綜所稅的應納稅額，於是到國稅局網站查詢最新的累進稅率，找到如下圖表 tax_rate.jpg：

級距	綜合所得淨額	稅率
1	0~590,000	5%
2	590,001~1,330,000	12%
3	1,330,001~2,660,000	20%
4	2,660,001~4,980,000	30%
5	4,980,001以上	40%

我們可以把這個圖表上傳給 ChatGPT，並輸入提示詞「**已知個人綜合所得稅的稅率級距如附圖，請撰寫一個 Python 程式，令它要求輸入綜合所得淨額，然後根據稅率級距計算應納稅額。**」，如下，若你無法上傳圖表（或許是因為免費額度用完了），可以改用文字來說明稅率級距。

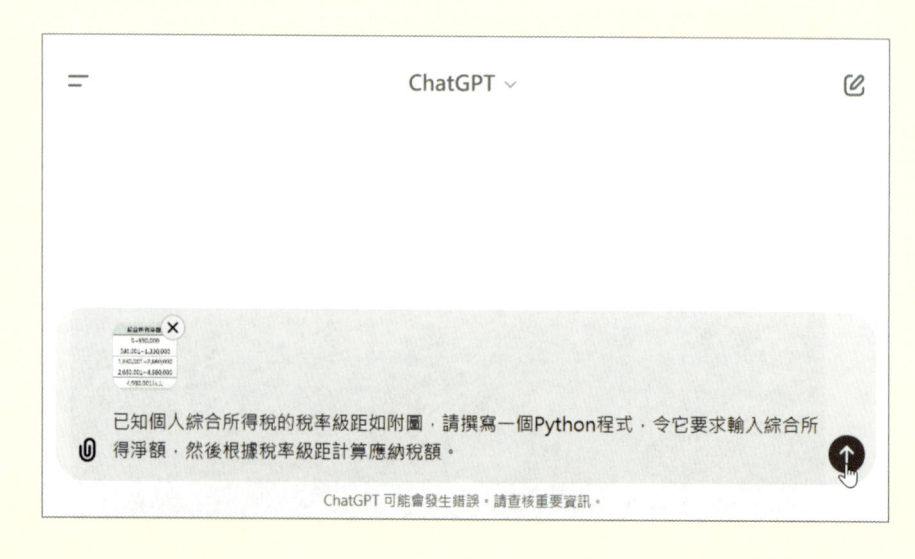

5-30

得到如下回答，裡面有程式與說明，我們將程式複製到 Spyder 做測試，並存檔為 \Ch05\tax.py 供你參考。很幸運的，經過測試後，確認程式 OK。

```python
# 定義稅率級距
tax_brackets = [
    (590000, 0.05),
    (1330000, 0.12),
    (2660000, 0.20),
    (4980000, 0.30),
    (float('inf'), 0.40)  # 無限大對應最後一級距
]

# 要求使用者輸入綜合所得淨額
income = int(input("請輸入您的綜合所得淨額: "))

# 初始化納稅額和前一級的上限
tax = 0
previous_limit = 0

# 遍歷稅率級距，計算稅額
for limit, rate in tax_brackets:
    if income > limit:
        tax += (limit - previous_limit) * rate
        previous_limit = limit
    else:
        tax += (income - previous_limit) * rate
        break

# 顯示應納稅額
print(f"應納稅額為: {tax:.2f} 元")
```

再度提醒，ChatGPT 生成的答案是隨機的，你所得到的回答不見得跟書上的相同，也不一定完全正確。**請務必對 AI 生成的程式碼保持審慎的態度，徹底了解與測試每一行程式碼**，切勿驚艷於 AI 強大的生成能力，就全盤接受，忽略了其中可能隱藏的錯誤或漏洞。也正因為需要替程式碼把關，所以你還是得學好 Python，才能看得懂程式並與 ChatGPT 有效的互動。

MEMO

CHAPTER 06 函式

- 6-1 認識函式
- 6-2 定義函式
- 6-3 函式的參數
- 6-4 return 敘述
- 6-5 lambda 運算式
- 6-6 變數的範圍
- 查詢好函式的特色
- 透過設計與撰寫函式來解決問題

6-1 認識函式

函式 (function) 是一段可以被重複使用的程式碼，用來完成某個任務，它會被賦予一個名稱，以供開發者呼叫。函式通常會接收一些輸入，稱為**參數** (parameter)，然後據此進行處理，再傳回輸出，稱為**傳回值** (return value)，例如 abs(-1) 表示呼叫 abs() 函式，參數為 -1，傳回值為 1（即 -1 的絕對值）。

以生活中的例子來比喻，假設有一台全自動咖啡機，你透過按鈕選擇咖啡類型（美式、拿鐵、卡布奇諾）與糖量（全糖、半糖、無糖），它就會根據這些選擇沖泡咖啡，因此，咖啡機是一個函式，而你選擇的咖啡類型與糖量是輸入，泡好的咖啡則是輸出。

- **函式**：Make_coffee()，其功能是根據輸入的參數沖泡咖啡。
- **輸入**：咖啡類型與糖量。
- **輸出**：一杯香醇的咖啡。

（圖片來源：ChatGPT 生成經作者修圖）

Make_coffee() 作為一個函式，它其實是封裝了下列幾個步驟：

1. **磨豆**：首先把咖啡豆磨成粉狀。
2. **煮水**：接著把水煮開。
3. **沖泡**：再來把熱水倒入裝有咖啡粉的容器中進行沖泡。
4. **出杯**：最後把沖泡好的咖啡倒入杯中。

當你呼叫 Make_coffee() 函式時，咖啡機就會自動執行這些步驟，最終送出一杯香醇的咖啡。你不用每次手動磨豆、煮水、沖泡、出杯，只要簡單呼叫函式，就能完成沖泡咖啡的任務，因此，你無須了解隱藏在咖啡機背後的運作過程，只要懂得如何操作咖啡機即可，就像我們可以直接呼叫 abs() 函式取得參數的絕對值，卻無須了解其原理。

函式在程式設計中的作用，類似我們在生活中執行的一些常規步驟、程序或自動化工具，可以根據需求重複執行相同的任務，除了咖啡機之外，其它例子還有做三明治的步驟、洗衣機、烤箱等。

函式的好處

函式的好處是提高程式的重複使用性與可讀性，讓程式碼更簡潔：

★ **重複使用性** (reusability)：函式只要定義一次，就可以在程式的不同地方多次呼叫，避免重複撰寫相同的程式碼。

★ **可讀性** (readability)：把一個複雜的任務拆分成多個小函式，讓每個函式處理特定功能，不僅比較容易撰寫，而且程式的結構更清晰、更容易理解、偵錯與維護。

有些人把函式翻譯成**函數**，有些程式語言則把函式稱為**方法** (method)、**程序** (procedure) 或**副程式** (subroutine)，而 Python 是把物件裡面的函式稱為「方法」。

6-2 定義函式

我們在前幾章中介紹過許多 Python 內建函式，例如 print()、input()、int()、float()、type()、abs()、sum()、len()、max()、min() 等，這些是 Python 自帶的函式，已經定義在標準函式庫，直接使用即可，無須匯入任何模組或做任何設定。

內建函式提供了通用的、常見的功能，方便開發者快速完成特定任務，但是對於一些需要客製化或特別的需求，就要自行定義函式。

我們可以使用 **def** 關鍵字定義函式，其語法如下，函式名稱和小括號之間不要有空白，而且小括號後面要加上冒號：

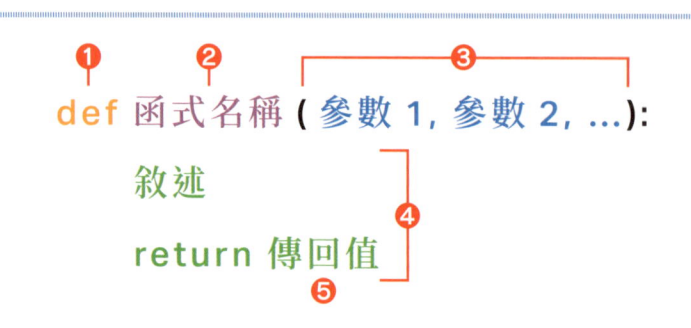

```
def 函式名稱(參數1, 參數2, ...):
    敘述
    return 傳回值
```

❶ **def** 關鍵字用來表示要定義函式。

❷ **函式名稱**的命名規則和變數相同（詳閱第 2-1-1 節），盡量能夠清晰描述函式的功能，但避免過長，可以使用適當的縮寫。

❸ **參數**用來傳遞資料給函式，可以有 0 個、1 個或多個。若沒有參數，小括號仍須保留；若有多個參數，中間以逗號分隔。

❹ **函式主體**用來執行動作，可以有 1 個或多個敘述。注意函式主體必須以 def 關鍵字為基準向右縮排，同時縮排要對齊，表示這些敘述是在 def 區塊裡面。

❺ **傳回值**是函式執行完畢的結果，可以有 0 個、1 個或多個，會傳回給呼叫函式的地方。若沒有傳回值，**return** 敘述可以省略不寫，若有多個傳回值，中間以逗號分隔。

範例 1

定義一個名稱為 add 的函式,有 x 和 y 兩個參數,以及一個傳回值,這是 x 和 y 相加的結果。

```
def add(x, y):
    return x + y
```

範例 2

定義一個名稱為 get_area1 的函式,有 radius 一個參數,沒有傳回值,會印出圓面積。

```
def get_area1(radius):
    # 印出圓面積
    print('圓面積為 ', 3.14159 * radius * radius)
```

範例 3

定義一個名稱為 get_area2 的函式,有 radius 一個參數,以及一個傳回值,這是圓面積。

```
def get_area2(radius):
    # 傳回圓面積
    return 3.14159 * radius * radius
```

函式要加以呼叫才會執行,其語法如下,若沒有參數,小括號仍須保留;若有參數,參數的個數及順序都必須正確:

> 函式名稱 (參數 1, 參數 2, ...)

若函式沒有傳回值，可以將函式呼叫視為一般的敘述。下面是一個例子，首先執行第 01 行，發現第 01 ~ 02 行是定義函式，於是將這些敘述儲存在記憶體，暫不執行；接著略過第 03 行的空白，執行第 04 行，將輸入的圓半徑轉換成浮點數型別並指派給變數 radius。

繼續執行第 05 行，呼叫 get_area1() 函式並將變數 radius 當作參數傳遞給它，此時，會去執行第 01 ~ 02 行的 get_area1() 函式，計算圓面積並印出結果，然後返回呼叫函式的地方，即第 05 行，由於後面已經沒有敘述，所以會結束程式。

⭐ \Ch06\get_area1.py

```
01  def get_area1(radius):                                    ─ 定義函式
02      print('圓面積為 ', 3.14159 * radius * radius)
03
04  radius = float(input('請輸入圓半徑：'))
05  get_area1(radius)    ● ─ 呼叫函式
```

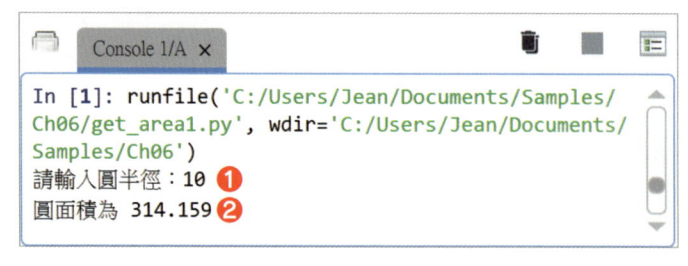

```
Console 1/A  ×

In [1]: runfile('C:/Users/Jean/Documents/Samples/
Ch06/get_area1.py', wdir='C:/Users/Jean/Documents/
Samples/Ch06')
請輸入圓半徑：10  ❶
圓面積為 314.159   ❷
```

❶ 輸入圓半徑　　❷ 印出結果

相反的，**若函式有傳回值，可以將函式呼叫視為一般的值**。下面是一個例子，它和 \Ch06\get_area1.py 的差別在於 get_area2() 函式不會印出結果，但會傳回圓面積。

同樣的，在執行到第 05 行時，會去執行第 01 ~ 02 行的 get_area2() 函式，計算圓面積並傳回結果，然後返回呼叫函式的地方，即第 05 行，將傳回值指派給變數 area，最後執行第 06 行印出結果。

\Ch06\get_area2.py

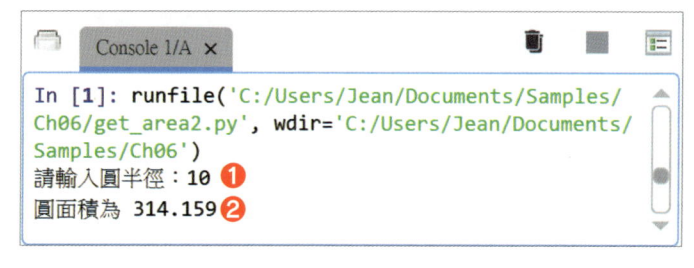

```
01  def get_area2(radius):
02      return 3.14159 * radius * radius
03
04  radius = float(input('請輸入圓半徑：'))
05  area = get_area2(radius)        ← 呼叫函式
06  print('圓面積為 ', area)
```

第 01~02 行為定義函式，第 05 行為呼叫函式。

```
In [1]: runfile('C:/Users/Jean/Documents/Samples/
Ch06/get_area2.py', wdir='C:/Users/Jean/Documents/
Samples/Ch06')
請輸入圓半徑：10  ❶
圓面積為 314.159  ❷
```

❶ 輸入圓半徑　❷ 印出結果

NOTE

★ 當函式有傳回值時，return 敘述通常寫在函式的結尾，若寫在函式的中間，那麼後面的敘述就不會被執行，這點要特別注意。

★ 當函式裡面沒有 return 敘述或 return 關鍵字後面沒有任何值時，我們習慣說它沒有傳回值，但其實是傳回預設的 **None**（空值）。

★ 當程式中有定義多個函式時，Python 並沒有規定這些定義的前後順序，只要在呼叫某個函式時，其定義已經儲存在記憶體即可。

★ 函式定義中的參數稱為**形式參數** (formal parameter) 或**參數** (parameter)，例如 \Ch06\get_area1.py 第 01 行的 radius，而函式呼叫中的參數稱為**實際參數** (actual parameter) 或**引數** (argument)，例如 \Ch06\get_area1.py 第 05 行的 radius。不過，我們通常會泛稱為參數，不會特別去區分參數和引數。

馬上練習

[字串反轉] 撰寫一個函式 reverse_string(s)，參數 s 是一個字串，傳回值是該字串的反轉版本，例如 reverse_string('happy') 會傳回 'yppah'。

【解答】

⭐ \Ch06\reverse.py

```
01  def reverse_string(s):
02      return s[::-1]
03
04  s1 = input('請輸入一個字串：')
05  s2 = reverse_string(s1)
06  print(f'{s1} 反轉後的結果為 {s2}')
```

```
Console 1/A ×

In [1]: runfile('C:/Users/Jean/Documents/Samples/
Ch06/reverse.py', wdir='C:/Users/Jean/Documents/
Samples/Ch06')
請輸入一個字串：hello ❶
hello 反轉後的結果為 olleh ❷
```

❶ 輸入字串　　❷ 印出反轉結果

第 02 行的 **s[::-1]** 使用了 **[start:end:step]** 語法，start 為開始索引（含該位置），end 為結束索引（不含該位置），step 為間隔值，用來設定每次要間隔幾個元素，預設值為 1，負數表示反向，[::-1] 表示從字串的最後一個元素開始到第一個元素，間隔值為 -1，所以能夠反轉字串。

老實說，ChatGPT 相當擅長撰寫這類功能明確的函式，我們會在本章最後的「🌀 ChatGPT 程式助理」專欄中做示範。不過，為了真正學會 Python，建議你先自己完成練習，有興趣的話，再去問 ChatGPT，看它的回答跟你自己寫的差多少。

6-8

馬上練習

[判斷回文] 撰寫一個函式 is_palindrome(s)，參數 s 是一個字串，若該字串是回文 (正著唸和反著念都相同)，就傳回 True，否則傳回 False。

【解答】

⭐ \Ch06\palindrome.py

```
01  def is_palindrome(s):
02      # 移除空白，並將字串轉換成全部小寫
03      s = s.replace(' ', '').lower()
04      # 比較字串與其反轉版本
05      return s == s[::-1]
06
07  # 測試範例
08  print(is_palindrome('racecar'))
09  print(is_palindrome('hello'))
10  print(is_palindrome('A man a plan a canal Panama'))
```

- 03：replace(' ', '') 會以空字串取代空白，也就是移除字串中的空白；而 lower() 會將字串轉換成全部小寫，確保不區分大小寫。

- 05：s[::-1] 是使用切片運算子將字串反轉，而 s == s[::-1] 是比較字串和反轉後的字串是否相等，若相等，表示為回文。

- 08 ~ 10：這些是測試範例，你也可以使用其它更多字串來做測試。

```
In [1]: runfile('C:/Users/Jean/Documents/Samples/
Ch06/palindrome.py', wdir='C:/Users/Jean/
Documents/Samples/Ch06')
True
False
True
```

6-3 函式的參數

Python 支援數種不同類型的參數,例如位置參數、預設參數值、關鍵字參數、任意參數串列等,在開始介紹之前,我們先來談談參數的傳遞方式。當傳遞的參數屬於不可改變物件時,例如數值、字串、tuple 等,無論在函式裡面如何改變參數的值,都不會影響原始物件,下面是一個例子。

⭐ \Ch06\pass1.py

```
01  def change(a):
02      a = 100
03      print('a 在函式裡面的值為 ', a)
04
05  a = 1
06  print('a 在傳遞給函式之前的值為 ', a)
07  change(a)
08  print('a 在傳遞給函式之後的值為 ', a)
```

```
In [1]: runfile('C:/Users/Jean/Documents/Samples/
Ch06/pass1.py', wdir='C:/Users/Jean/Documents/
Samples/Ch06')
a在傳遞給函式之前的值為 1
a在函式裡面的值為 100
a在傳遞給函式之後的值為 1
```

- 05:將 a 的值設定為 1,這是整數,屬於不可改變物件。

- 06:印出 a 在傳遞給函式之前的值,目前的值為 1。

- 07:呼叫 change() 函式變更並印出 a 的值為 100。

- 08:印出 a 在傳遞給函式之後的值,由於 a 屬於不可改變物件,因此,原始物件不受函式影響,仍保持原值為 1。

相反的，當傳遞的參數屬於可改變物件時，例如 list、set、dict 等，一旦在函式裡面改變參數的值，都會連帶影響原始物件，下面是一個例子。

⭐ \Ch06\pass2.py

```python
01  def change(a):
02      a.append(100)
03      print('a 在函式裡面的值爲 ', a)
04
05  a = [1, 2, 3]
06  print('a 在傳遞給函式之前的值爲 ', a)
07  change(a)
08  print('a 在傳遞給函式之後的值爲 ', a)
```

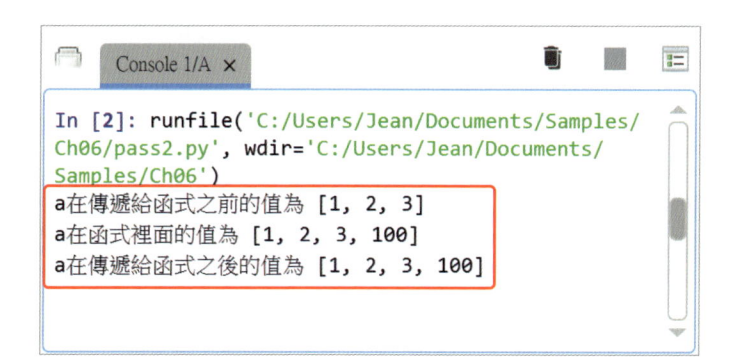

```
Console 1/A ×

In [2]: runfile('C:/Users/Jean/Documents/Samples/
Ch06/pass2.py', wdir='C:/Users/Jean/Documents/
Samples/Ch06')
a在傳遞給函式之前的值爲 [1, 2, 3]
a在函式裡面的值爲 [1, 2, 3, 100]
a在傳遞給函式之後的值爲 [1, 2, 3, 100]
```

- 05：將 a 的值設定為 [1, 2, 3]，這是 list，屬於可改變物件。

- 06：印出 a 在傳遞給函式之前的值，目前的值為 [1, 2, 3]。

- 07：呼叫 change() 函式變更並印出 a 的值為 [1, 2, 3, 100]。

- 08：印出 a 在傳遞給函式之後的值，由於 a 屬於可改變物件，因此，原始物件會受函式影響，使得值跟著變更為 [1, 2, 3, 100]。

6-3-1 預設參數值

Python 允許我們在定義函式時，為參數指定一個預設值，稱為**預設參數值** (default argument value)，其語法如下：

> def 函式名稱 (參數 1= 預設值 1, 參數 2= 預設值 2, ...):
> 　　函式主體

若在呼叫此類函式的時候沒有傳遞某些參數，這些參數將會使用預設值，稱為**選擇性參數** (optional argument)。這樣的設計可以讓我們選擇要傳遞全部或部分參數，簡化函式呼叫，使函式更靈活。

下面是一個例子，其中第 01 ~ 03 行的 trapezoid_area() 函式的參數代表梯形的上底、下底與高，用來計算梯形面積，而且第三個參數 height 是一個選擇性參數，預設值為 5，**注意選擇性參數必須放在一般參數的後面**。

⭐ \Ch06\default.py

```
01  def trapezoid_area(top, bottom, height = 5):
02      area = (top + bottom) * height / 2
03      print('梯形面積為 ', area)
04
05  trapezoid_area(10, 20, 8)  ❶
06  trapezoid_area(10, 20)  ❷
```

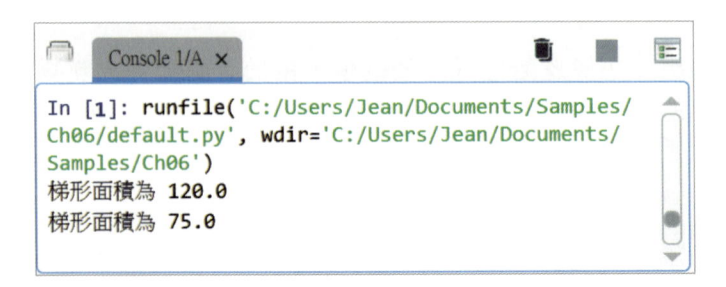

❶ 根據傳遞的三個參數去計算梯形面積
❷ 沒有傳遞第三個參數，故採取預設值 5 去計算梯形面積

```
In [1]: runfile('C:/Users/Jean/Documents/Samples/
Ch06/default.py', wdir='C:/Users/Jean/Documents/
Samples/Ch06')
梯形面積為  120.0
梯形面積為  75.0
```

6-3-2 關鍵字參數

Python 允許我們在呼叫函式時,透過**關鍵字參數** (keyword argument) 來傳遞參數,也就是直接指定參數名稱和對應的值,而不必遵循參數在函式定義中的順序,其語法如下:

> **函式名稱 (參數名稱 1= 值 1, 參數名稱 2= 值 2, …)**

當函式有多個參數時,我們可能記不清楚參數的順序,此時就可以使用關鍵字參數,明確指定參數名稱和對應的值,如此一來,不僅可讀性較高,也不用擔心寫錯順序,導致執行錯誤。

下面是一個例子,其中 trapezoid_area() 函式的參數代表梯形的上底、下底與高,用來計算梯形面積;第 05 行全部使用關鍵字參數來呼叫函式,而第 06 行混合使用一般參數和關鍵字參數來呼叫函式,一般參數又稱為**位置參數** (positional argument),**注意關鍵字參數必須放在位置參數的後面**。

✪ \Ch06\keyword.py

```
01  def trapezoid_area(top, bottom, height):
02      area = (top + bottom) * height / 2
03      print('梯形面積為 ', area)
04
05  trapezoid_area(height = 5, bottom = 20, top = 10)  ❶
06  trapezoid_area(10, height = 5, bottom = 20)  ❷
```

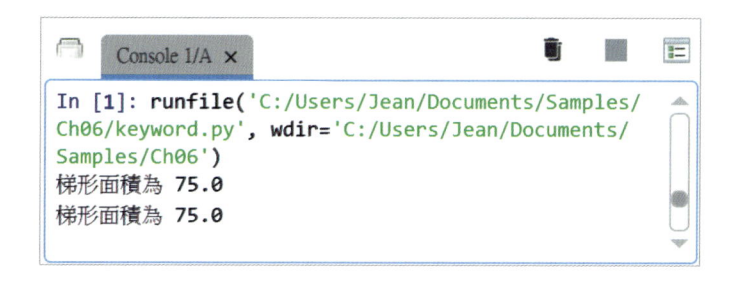

❶ 全部使用關鍵字參數
❷ 混合使用一般參數和關鍵字參數

```
In [1]: runfile('C:/Users/Jean/Documents/Samples/
Ch06/keyword.py', wdir='C:/Users/Jean/Documents/
Samples/Ch06')
梯形面積為 75.0
梯形面積為 75.0
```

6-3-3 任意參數串列

Python 允許我們在函式中接收不確定個數的參數，稱為**任意參數串列** (arbitrary argument list)，若在定義函式時，不確定未來可能會傳遞幾個參數，就可以使用任意參數串列來處理，其語法如下，**記得要在參數的前面加上星號 (*)**：

> def 函式名稱 (* 參數):
>   函式主體

下面是一個例子，其中 sum_numbers() 函式的參數 *numbers 為任意參數串列，而第 05 ~ 08 行示範了幾個函式呼叫，所傳遞的參數個數均不相同。

⭐ \Ch06\arbitrary.py

```
01  def sum_numbers(*numbers):
02      total = sum(numbers)
03      return total
04
05  print(sum_numbers())
06  print(sum_numbers(1))
07  print(sum_numbers(1, 2, 3))
08  print(sum_numbers(1, 2, 3, 4, 5))
```

```
In [1]: runfile('C:/Users/Jean/Documents/Samples/
Ch06/arbitrary .py', wdir='C:/Users/Jean/
Documents/Samples/Ch06')
0
1
6
15
```

請注意，任意參數串列通常出現在其它參數之後，而且在任意參數串列之後的參數必須以關鍵字參數的方式來傳遞。

下面是一個例子，它示範了如何混用位置參數、任意參數串列和關鍵字參數。第 07 行的函式呼叫傳遞了七個參數，對照第 01 行的函式定義可以看出，第一個參數為 1，第二個參數為 2，最後一個關鍵字參數為 'Joy'，那麼剩下的都屬於任意參數串列，而且會打包成 tuple，即 (3, 4, 5, 'May')。

⭐ \Ch06\arbitrary2.py

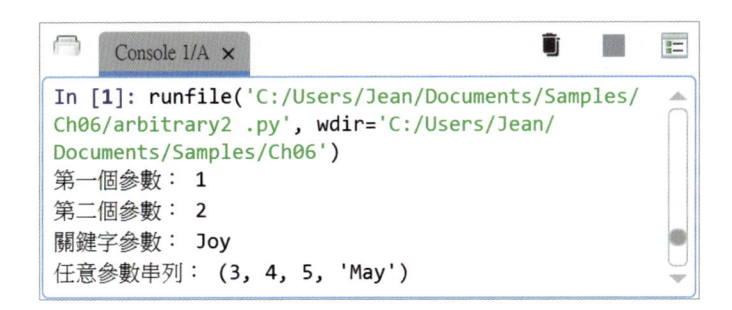

```
01  def example(arg1, arg2, *args, kwarg=None):
02      print('第一個參數：', arg1)
03      print('第二個參數：', arg2)
04      print('關鍵字參數：', kwarg)
05      print('任意參數串列：', args)
06
07  example(1, 2, 3, 4, 5, 'May', kwarg='Joy')
```

```
Console 1/A  ×
In [1]: runfile('C:/Users/Jean/Documents/Samples/
Ch06/arbitrary2 .py', wdir='C:/Users/Jean/
Documents/Samples/Ch06')
第一個參數： 1
第二個參數： 2
關鍵字參數： Joy
任意參數串列： (3, 4, 5, 'May')
```

> **TIP**
>
> 在看過本節關於參數的說明後，相信你更能理解為何之前介紹的內建函式會有不同的呼叫形式，例如 print(參數 1, ..., 參數 n, sep=' 分隔字串 ')、print(參數 1, ..., 參數 n, end=' 結束字串 ')，原來參數 1, ..., 參數 n 是任意參數串列，而參數 sep 和參數 end 是關鍵字參數，預設值為空白和換行。

6-15

馬上練習

[次方和] 撰寫一個函式 power_sum(power, *args)，計算多個數字的次方和，其中參數 power 是次方，*args 是任意個數的數字，例如 power_sum(2, 1, 2, 3, 4) 會計算 $1^2 + 2^2 + 3^2 + 4^2$，power_sum(3, 1, 2, 3) 會計算 $1^3 + 2^3 + 3^3$，power_sum(4, 1, 2) 會計算 $1^4 + 2^4$。

【解答】

⭐ \Ch06\arbitrary3.py

```python
def power_sum(power, *args):
    total = 0
    for num in args:
        total += num ** power
    return total

# 計算 1² + 2² + 3² + 4²
print(power_sum(2, 1, 2, 3, 4))

# 計算 1³ + 2³ + 3³
print(power_sum(3, 1, 2, 3))

# 計算 1⁴ + 2⁴
print(power_sum(4, 1, 2))
```

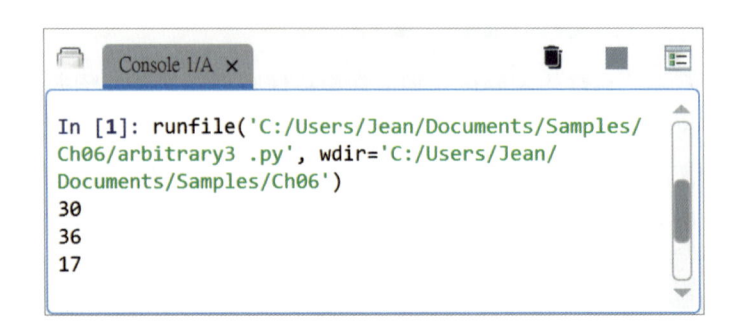

```
In [1]: runfile('C:/Users/Jean/Documents/Samples/
Ch06/arbitrary3 .py', wdir='C:/Users/Jean/
Documents/Samples/Ch06')
30
36
17
```

6-4 return 敘述

return 敘述可以用來從函式傳回結果,並結束函式的執行,return 敘述通常寫在函式的結尾,若寫在函式的中間,那麼後面的敘述就不會被執行。當函式裡面沒有 return 敘述或 return 關鍵字後面沒有任何值時,表示函式會傳回 None (空值),這是 Python 預設的傳回值。

此外,return 關鍵字後面的值可以是數值、字串、布林、list、tuple、set、dict 等,或其它函式的傳回值。當函式欲傳回多個值時,這些值會打包成 tuple。

範例 1:傳回多個值

第 01 ~ 04 行定義了一個 divide(a, b) 函式,它會利用 return 敘述傳回 a 除以 b 的商數與餘數,例如第 06 行的 divide(10, 3) 會傳回 (3, 1),這是一個 tuple,然後將 3 與 1 指派給變數 q 和 r。

★ \Ch06\return1.py

```
01  def divide(a, b):
02      quotient = a // b           # 計算商
03      remainder = a % b           # 計算餘數
04      return quotient, remainder  # 傳回商和餘數
05
06  q, r = divide(10, 3)
07  print(f'商:{q}, 餘數:{r}')
```

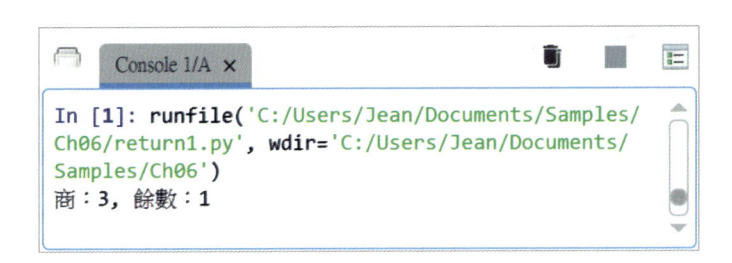

```
Console 1/A
In [1]: runfile('C:/Users/Jean/Documents/Samples/
Ch06/return1.py', wdir='C:/Users/Jean/Documents/
Samples/Ch06')
商:3, 餘數:1
```

6-17

範例 2：根據條件傳回不同結果

第 01 ~ 05 行定義了一個 check_even_odd(number) 函式，它會利用餘數運算子檢查 number 是偶數還是奇數，然後傳回結果，例如第 07、09 行的 check_even_odd(17)、check_even_odd(99) 會傳回 '奇數'，而第 11 行的 check_even_odd(56) 會傳回 '偶數'。

⭐ \Ch06\return2.py

```
01  def check_even_odd(number):
02      if number % 2 == 0:
03          return '偶數'
04      else:
05          return '奇數'
06
07  result = check_even_odd(17)
08  print(f'17是{result}')
09  result = check_even_odd(99)
10  print(f'99是{result}')
11  result = check_even_odd(56)
12  print(f'56是{result}')
```

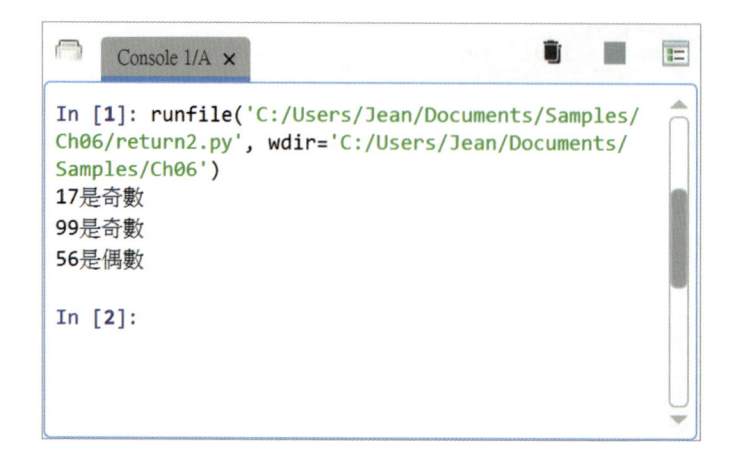

```
In [1]: runfile('C:/Users/Jean/Documents/Samples/
Ch06/return2.py', wdir='C:/Users/Jean/Documents/
Samples/Ch06')
17是奇數
99是奇數
56是偶數

In [2]:
```

6-5 lambda 運算式

lambda 運算式可以用來定義**匿名函式** (anonymous function),對 Python 來說,這是一種沒有名字、簡短的函式,只有一個運算式,適合應用在簡單、臨時且匿名的情況,以簡化程式碼。

lambda 運算式的語法如下,其中運算式的結果就是匿名函式的傳回值,不需要額外加上 return 關鍵字:

> **lambda 參數 1, 參數 2, ...: 運算式**

例如下面的敘述是定義一個匿名函式,同時傳遞了 5 和 3 兩個參數,就會得到兩個參數相加的結果為 8:

```
In [1]: (lambda a, b: a + b)(5, 3)
Out[1]: 8
```

或者,我們可以綁定一個名字給匿名函式,例如下面的敘述是令變數 add 去參照匿名函式,然後就可以透過該變數重複呼叫匿名函式:

```
In [1]: add = lambda a, b: a + b

In [2]: add(5, 3)
Out[2]: 8

In [3]: add('Hello,', ' world!')
Out[3]: 'Hello, world!'
```

乍看之下,這種用法和使用 def 關鍵字所定義的一般函式差不多,不過,lambda 受限於單一運算式,一旦遇到複雜的工作,還是得使用一般函式。

6-6 變數的範圍

在 Python 中，變數的**範圍** (scope) 指的是程式的哪些敘述可以存取變數，主要的類型如下：

- **區域範圍** (local scope)：當變數定義在某個函式內部時，其範圍僅限於該函式，只有該函式內部的敘述能夠存取，稱為**區域變數** (local variable)，換句話說，函式外部的敘述無法存取區域變數。

- **全域範圍** (global scope)：當變數定義在所有函式外部時，其範圍涵蓋整個程式，稱為**全域變數** (global variable)。程式的所有敘述都能取得全域變數，但若要在函式內部變更全域變數，則必須使用 **global** 關鍵字。

範例 1：函式外部的敘述無法存取區域變數

my_function() 函式內部定義了一個變數 x，屬於區域變數，而函式外部的 print(x) 企圖印出區域變數 x，執行結果會發生 NameError（名稱錯誤）。

```
In [1]: def my_function():
   ...:     x = 1   ❶
   ...:     return x
   ...:
   ...: print(x)   ❷

Traceback (most recent call last):

  Cell In[1], line 5
    print(x)

NameError: name 'x' is not defined
```

❶ 這是區域變數
❷ 函式外部的敘述企圖存取區域變數會發生錯誤

範例 2：函式內部的敘述可以取得全域變數

my_function() 函式外部定義了一個變數 x，屬於全域變數，而函式內部的 print(x) 企圖印出全域變數 x，執行結果會印出 1。

```
In [1]: def my_function():
   ...:     print(x) ❷
   ...:
   ...: x = 1 ❶
   ...: my_function()
1
```

❶ 這是全域變數
❷ 函式內部的敘述可以取得全域變數

範例 3：函式內部的敘述可以透過 global 變更全域變數

my_function() 函式外部定義了一個變數 x，屬於全域變數，而函式內部的 x = 2 企圖將全域變數 x 的值變更為 2，為了順利完成變更，必須先透過 **global x** 告訴直譯器目前要變更全域變數 x。

```
In [1]: def my_function():
   ...:     global x  ┐
   ...:     x = 2     ┘ ❷
   ...:
   ...: x = 1 ❶
   ...: my_function()
   ...: print(x)
2
```

❶ 這是全域變數
❷ 函式內部的敘述可以透過 global 關鍵字變更全域變數

你可以試著移除 global x 看看，一旦沒了 global 關鍵字，就無法變更全域變數 x，執行結果會印出 1。

ChatGPT 程式助理

查詢好函式的特色

在請 ChatGPT 撰寫函式之前，我們想先知道何謂好函式，於是在 ChatGPT 輸入「**說明好函式的特色**」，得到如下回答，裡面不僅條列出數個重點，還有程式碼做示範。

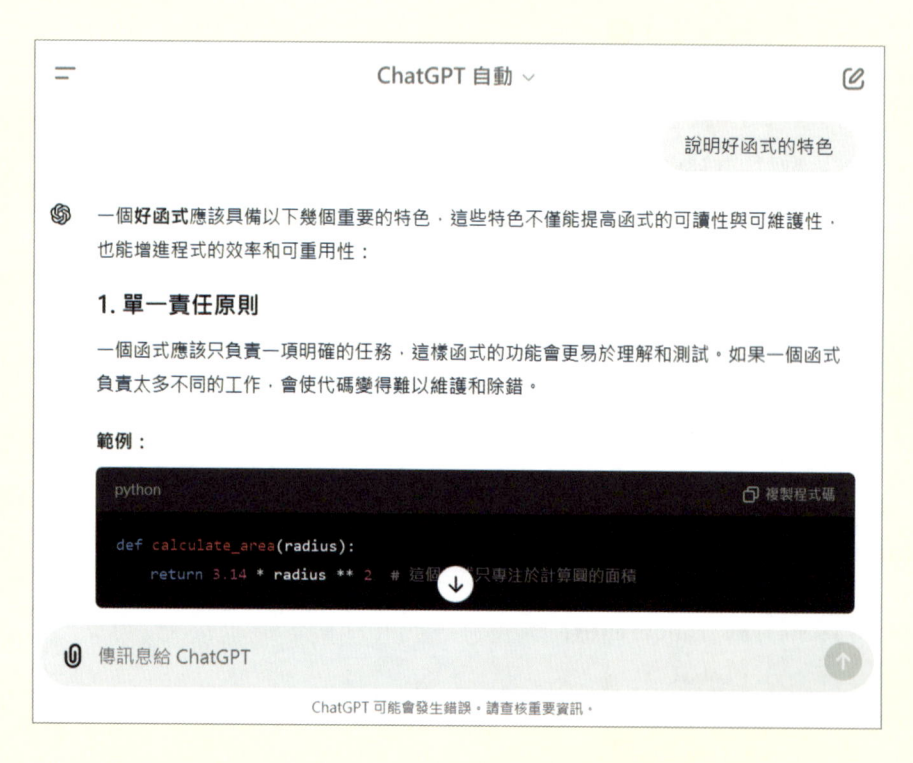

> **ChatGPT 自動**
>
> 說明好函式的特色
>
> 一個**好函式**應該具備以下幾個重要的特色，這些特色不僅能提高函式的可讀性與可維護性，也能增進程式的效率和可重用性：
>
> **1. 單一責任原則**
>
> 一個函式應該只負責一項明確的任務，這樣函式的功能會更易於理解和測試。如果一個函式負責太多不同的工作，會使代碼變得難以維護和除錯。
>
> 範例：
>
> ```python
> def calculate_area(radius):
>     return 3.14 * radius ** 2    # 這個函式只專注於計算圓的面積
> ```

我們把這些特色整理如下，建議你用心體會，有助於撰寫優質的好函式：

- ✅ **單一責任原則**

    一個函式應該只負責一項明確的任務，這樣會更容易理解與測試。若一個函式負責太多不同的工作，將使程式碼變得難以維護和除錯。

- ✅ **名稱清晰、具描述性**

    函式名稱應該具描述性，能夠準確表達該函式的功能。好的名稱讓其它開發者在不看函式實作細節的情況下，也能理解其用途。

6-22

- ✅ **避免副作用**

  函式應該盡量避免修改全域變數或外部狀態,才不會產生意料之外的結果或影響其它程式部分。

- ✅ **參數設計合理**

  好函式會接受適當數量的參數,太多參數會增加函式的複雜性,讓它難以理解與使用。盡量保持參數簡單,並適當使用預設參數值或關鍵字參數來提高函式的靈活度。

- ✅ **重複使用性**

  好函式應該盡可能通用,能夠在不同的情境下被重複使用,而不需要每次都重新實作。

- ✅ **簡潔有效率**

  好函式應該避免不必要的複雜性,保持簡潔。這樣不僅能提高程式碼的可讀性,還能提升函式的效能。

- ✅ **錯誤處理**

  好函式會包括適當的錯誤處理機制,能夠在發生例外的情況下提供有用的訊息,並防止程式崩潰。

- ✅ **註解清晰**

  好函式應該包括適當的註解,說明其功能、參數和傳回值,這樣使用者在不需要查看程式碼細節的情況下,也能了解如何使用函式。

- ✅ **測試容易**

  函式應該設計得便於測試,這意味著它應該具有明確的輸入與輸出,而不是依賴外部條件。這樣有助於進行單元測試,確保函式正確運作。

ChatGPT 程式助理

透過設計與撰寫函式來解決問題

程式設計的目的不外乎是解決問題,但要怎麼做呢?根據生活中的經驗,直接解決一個複雜的問題通常不是很容易,倒不如把問題拆分成一個個子問題,個別解決這些子問題比較有效率。同理,當我們在撰寫程式時,也可以把問題的解法拆分成函式,讓每個函式負責單純且明確的任務。

舉例來說,假設要撰寫一個程式,令它要求輸入起始值與終止值,然後印出從起始值到終止值(含)之間的質數,我們把程式拆分成三個部分:

1 首先,撰寫一個函式用來判斷參數是否為質數,在 ChatGPT 輸入「**撰寫一個函式 is_prime(num),若參數 num 為質數,就傳回 True,否則傳回 False。**」,得到如下回答,將程式碼複製到 Spyder 做測試無誤。

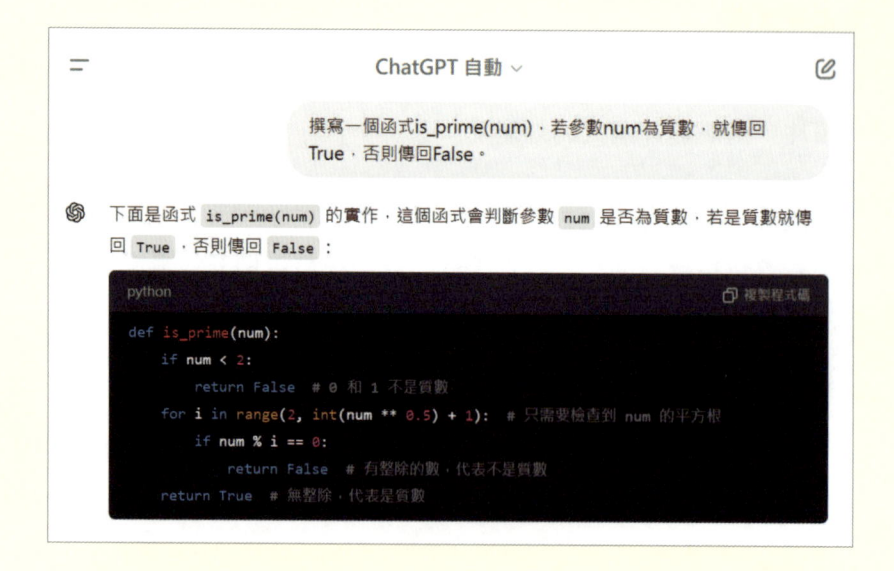

```python
def is_prime(num):
    if num < 2:
        return False  # 0 和 1 不是質數
    for i in range(2, int(num ** 0.5) + 1):  # 只需要檢查到 num 的平方根
        if num % i == 0:
            return False  # 有整除的數,代表不是質數
    return True  # 無整除,代表是質數
```

2 接著,撰寫一個函式用來印出從起始值到終止值(含)之間的質數,在 ChatGPT 輸入「**撰寫一個函式 show_prime(start, stop),令它呼叫前面撰寫的 is_prime() 函式判斷從起始值 start 到終止值 stop(含)之間的質數,然後印出結果。**」,得到如下回答,將程式碼複製到 Spyder 做測試無誤。

6-24

> 下面是函式 `show_prime(start, stop)` 的實作，這個函式會在給定的起始值 `start` 到終止值 `stop`（包含 `stop`）之間，呼叫前面撰寫的 `is_prime()` 函式來判斷範圍內的質數，並印出：

```python
def is_prime(num):
    if num < 2:
        return False  # 0 和 1 不是質數
    for i in range(2, int(num ** 0.5) + 1):  # 只需要檢查到 num 的平方根
        if num % i == 0:
            return False  # 有整除的數，代表不是質數
    return True  # 無整除，代表是質數

def show_prime(start, stop):
    for num in range(start, stop + 1):
        if is_prime(num):
            print(num)
```

③ 最後，撰寫完整程式，在 ChatGPT 輸入「**撰寫一個程式，令它要求輸入起始值與終止值，然後呼叫前面撰寫的 show_prime(start, stop) 函式，印出從起始值 start 到終止值 stop（含）之間的質數。**」，得到如下回答，將程式碼複製到 Spyder 做測試無誤。

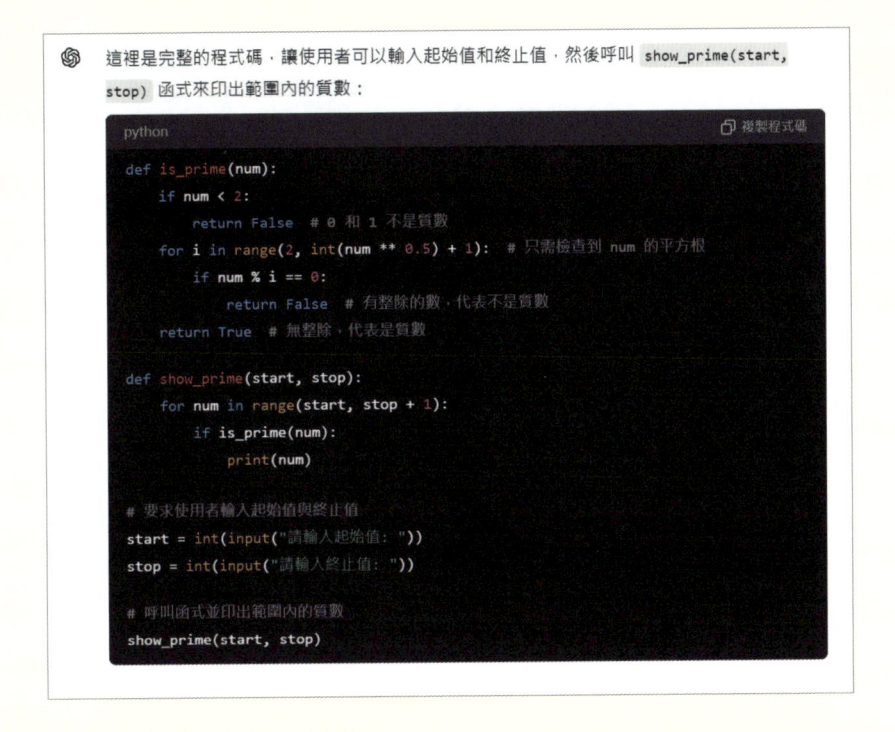

> 這裡是完整的程式碼，讓使用者可以輸入起始值和終止值，然後呼叫 `show_prime(start, stop)` 函式來印出範圍內的質數：

```python
def is_prime(num):
    if num < 2:
        return False  # 0 和 1 不是質數
    for i in range(2, int(num ** 0.5) + 1):  # 只需要檢查到 num 的平方根
        if num % i == 0:
            return False  # 有整除的數，代表不是質數
    return True  # 無整除，代表是質數

def show_prime(start, stop):
    for num in range(start, stop + 1):
        if is_prime(num):
            print(num)

# 要求使用者輸入起始值與終止值
start = int(input("請輸入起始值: "))
stop = int(input("請輸入終止值: "))

# 呼叫函式並印出範圍內的質數
show_prime(start, stop)
```

ChatGPT 程式助理

我們把整個程式複製下來,並稍作編輯,改成本書的樣式供你參考。

⭐ **\Ch06\prime.py**

```python
def is_prime(num):
    # 0 和 1 不是質數
    if num < 2:
        return False
    # 只需要檢查到 num 的平方根
    for i in range(2, int(num ** 0.5) + 1):
        if num % i == 0:
            return False   # 有整除的,代表不是質數
    return True   # 無整除的,代表是質數

def show_prime(start, stop):
    for num in range(start, stop + 1):
        if is_prime(num):
            print(num)

# 要求輸入起始值與終止值
start = int(input('請輸入起始值:'))
stop = int(input('請輸入終止值:'))

# 呼叫函式並印出範圍內的質數
show_prime(start, stop)
```

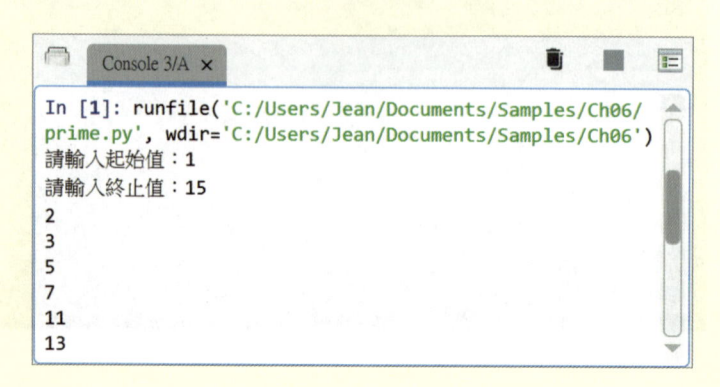

```
Console 3/A ×

In [1]: runfile('C:/Users/Jean/Documents/Samples/Ch06/
prime.py', wdir='C:/Users/Jean/Documents/Samples/Ch06')
請輸入起始值:1
請輸入終止值:15
2
3
5
7
11
13
```

6-26

CHAPTER 07 模組與套件

7-1 標準函式庫

7-2 模組

7-3 套件

7-4 第三方套件

7-5 math 模組

7-6 random 模組

7-7 datetime 模組

7-8 calendar 模組

🌀 查詢應該使用哪個模組？例如三角函數

🌀 查詢應該使用哪個套件？例如機器學習

7-1 標準函式庫

標準函式庫 (standard library) 指的是 Python 內建的模組與套件，無須額外安裝或設定就能使用，其中**模組** (module) 是一個 .py 檔案，包含變數、函式、類別等程式，而**套件** (package) 是一個包含數個模組的資料夾。事實上，「模組」和「套件」兩個名詞經常被混用，你也無需太糾結，知道如何使用它們所提供的功能即可。

標準函式庫的用途極為廣泛，例如文字處理服務、資料型別處理、數學運算、檔案與目錄存取、資料壓縮、檔案格式、加密服務、通用作業系統服務、網路通訊、網際網路資料處理、結構化標記處理工具、網際網路通訊協定、多媒體服務、圖形使用者介面等。

這麼多函式庫記不起來怎麼辦？別擔心，你只要約略知道有哪些用途就好，等真的有需要的時候，再到 Python 官方網站 (https://docs.python.org/3/library/index.html) 查看說明文件；或者，直接問 ChatGPT 也是可以的，本章最後的「ChatGPT 程式助理」專欄會做示範。

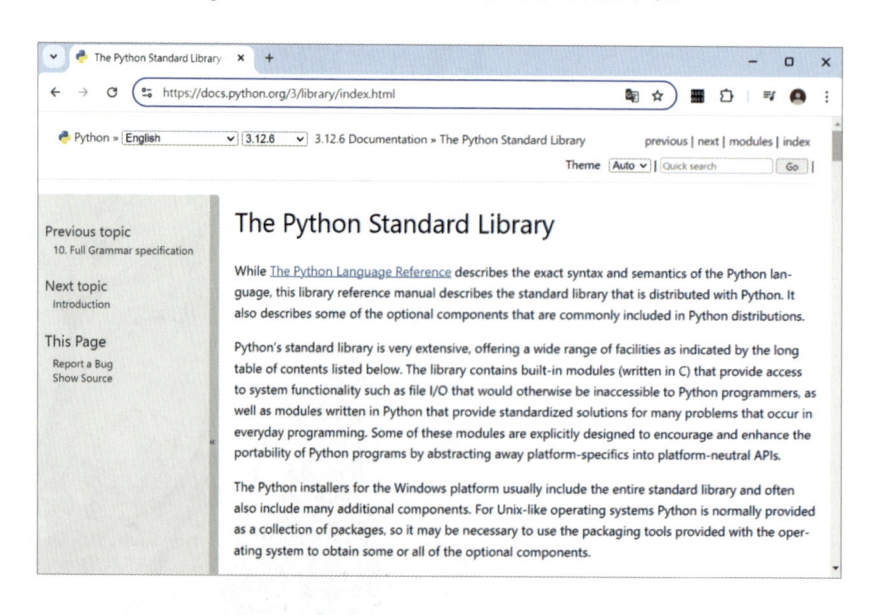

7-2 模組

模組 (module) 通常是一個 .py 檔案,包含變數、函式、類別等程式,我們只要在自己撰寫的程式裡面匯入模組,就可以使用該模組所提供的功能,無須重新定義或撰寫重複的程式碼。

舉例來說,math 模組提供了許多數學常數和數學函式,例如 math.pi (圓周率)、math.e (自然對數的底數 e) 等數學常數,以及 math.sqrt()(平方根)、math.factorial()(階乘)、math.gcd()(最大公因數) 等數學函式,我們只要匯入 math 模組,就可以使用這些現成的常數和函式,無須自行撰寫程式碼來計算平方根、階乘或最大公因數,這樣是不是輕鬆愉快多了?!

7-2-1 匯入模組

我們可以使用 **import** 關鍵字匯入模組,其語法如下:

> **import** 模組名稱

以下面的敘述為例,首先使用 import 關鍵字匯入 **math** 模組,接著可以呼叫該模組所提供的 **math.sqrt()** 和 **math.factorial()** 函式,**注意呼叫形式是在模組名稱後面加上點運算子和函式名稱**。

```
In [1]: import math        ❶

In [2]: math.sqrt(16)      ❷
Out[2]: 4.0

In [3]: math.factorial(5)  ❸
Out[3]: 120
```

❶ 匯入 math 模組
❷ 呼叫函式計算 16 的平方根
❸ 呼叫函式計算 5 的階乘

7-2-2 從模組中匯入指定的項目

我們可以使用 **from ... import ...** 語法從模組中匯入指定的項目 (例如變數、函式、類別等)，而不是整個模組。這麼做的好處是只匯入有需要的部分，讓程式碼更簡潔。

> from 模組名稱 import 項目名稱

以下面的敘述為例，首先使用 from ... import ... 語法從 math 模組中匯入 sqrt() 函式，接著可以直接呼叫 sqrt() 函式計算 16 的平方根，不需要寫出模組名稱和點運算子。

請注意，由於只從 math 模組中匯入 sqrt() 函式，所以無法呼叫 math 模組的其它函式，例如 factorial()，一旦呼叫，將會發生 NameError: name 'factorial' is not defined (名稱錯誤：名稱 'factorial' 尚未定義)，錯就錯在沒有匯入 factorial() 函式。

```
In [1]: from math import sqrt   ❶

In [2]: sqrt(16)   ❷
Out[2]: 4.0

In [3]: factorial(5)   ❸
Traceback (most recent call last):

  Cell In[3], line 1
    factorial(5)

NameError: name 'factorial' is not defined

In [4]:
```

❶ 從 math 模組中匯入 sqrt() 函式
❷ 呼叫 sqrt() 計算 16 的平方根
❸ 呼叫 factorial() 計算 5 的階乘，結果發生錯誤

從模組中匯入所有項目

from ... import ... 語法也可以用來匯入所有項目，只要以 ***（星號）**表示項目名稱即可，例如 **from math import *** 會從 math 模組中匯入所有項目，這麼一來，包括 'sqrt'、'factorial'、'gcd'、'sin'、'cos' 等數學函式的名稱都會出現在目前範圍內供我們使用，如下：

```
In [1]: from math import *  ❶

In [2]: dir()  ❷
Out[2]:
['In', 'Out', '_', '_1', '__', '___', '__builtin__',
 '__builtins__', '__doc__', '__loader__', '__name__',
 '__package__', '__spec__', '_dh', '_i', '_i1', '_i2', '_i3',
 '_i4', '_ih', '_ii', '_iii', '_oh', 'acos', 'acosh', 'asin',
 'asinh', 'atan', 'atan2', 'atanh', 'cbrt', 'ceil', 'comb',
 'copysign', 'cos', 'cosh', 'degrees', 'dist', 'e', 'erf',
 'erfc', 'exit', 'exp', 'exp2', 'expm1', 'fabs', 'factorial',
 'floor', 'fmod', 'frexp', 'fsum', 'gamma', 'gcd', 'get_ipython',
 'hypot', 'inf', 'isclose', 'isfinite', 'isinf', 'isnan',
 'isqrt', 'lcm', 'ldexp', 'lgamma', 'log', 'log10', 'log1p',
 'log2', 'modf', 'nan', 'nextafter', 'open', 'perm', 'pi',
 'pow', 'prod', 'quit', 'radians', 'remainder', 'sin', 'sinh',
 'sqrt', 'sumprod', 'tan', 'tanh', 'tau', 'trunc', 'ulp']

In [3]: sqrt(16)  ❸
Out[3]: 4.0

In [4]: factorial(5)  ❹
Out[4]: 120
```

❶ 從 math 模組中匯入所有項目
❷ 內建函式 dir() 可以傳回目前範圍內的名稱
❸ 呼叫 sqrt() 計算 16 的平方根
❹ 呼叫 factorial() 計算 5 的階乘

感覺上好像很方便，想呼叫哪個數學函式都可以，不過，我們並不推薦這種做法，因為它會把模組的所有變數、函數、類別等項目全部匯入目前的命名空間，有可能會覆蓋掉你自己定義的同名變數、函式或類別，導致難以察覺的錯誤。

7-2-3 設定模組或函式的別名

我們可以使用 **import ... as ...** 語法為匯入的模組設定別名,如下,以避免名稱衝突、簡化較長的模組名稱、或改成具描述性的模組名稱:

> import 模組名稱 as 別名

例如:

```
In [1]: import math as m    ❶

In [2]: m.sqrt(16)    ❷
Out[2]: 4.0

In [3]: m.factorial(5)    ❸
Out[3]: 120
```

❶ 匯入 math 模組並設定別名為 m
❷ 呼叫 m.sqrt() 計算 16 的平方根
❸ 呼叫 m.factorial() 計算 5 的階乘

我們亦可使用 **from ... import ... as ...** 語法為匯入的函式設定別名,如下:

> from 模組名稱 import 項目名稱 as 別名

例如下面的 In [1] 是從 math 模組中匯入 sqrt() 函式,並設定別名為 square_root,讓函式名稱更具描述性;而 In [2] 是透過此別名呼叫函式計算 16 的平方根:

```
In [1]: from math import sqrt as square_root

In [2]: square_root(16)
Out[2]: 4.0
```

7-6

找找看模組檔案在哪裡？

math 模組是 Python 內建、以 C 語言實作的模組，通常會編譯成二進位檔案，不會以 .py 檔案的形式存在於 Python 的安裝路徑。

至於其它以 Python 實作的模組，例如 random，我們可以透過其 __file__ 屬性找到 .py 檔案的路徑與檔名，**注意 __file__ 的前後分別是兩個底線**。

以下面的敘述為例，我們找到 random 模組的路徑與檔名為 C:\Users\Jean\anaconda3\Lib\random.py，其中 Jean 為使用者名稱，會因為實際情況而有所不同：

```
In [1]: import random

In [2]: print(random.__file__)
C:\Users\Jean\anaconda3\Lib\random.py
```

利用檔案總管找到這個檔案，然後以記事本或 Spyder 打開它，內容如下，裡面有很多函式定義，有興趣的讀者不妨瞧一瞧。

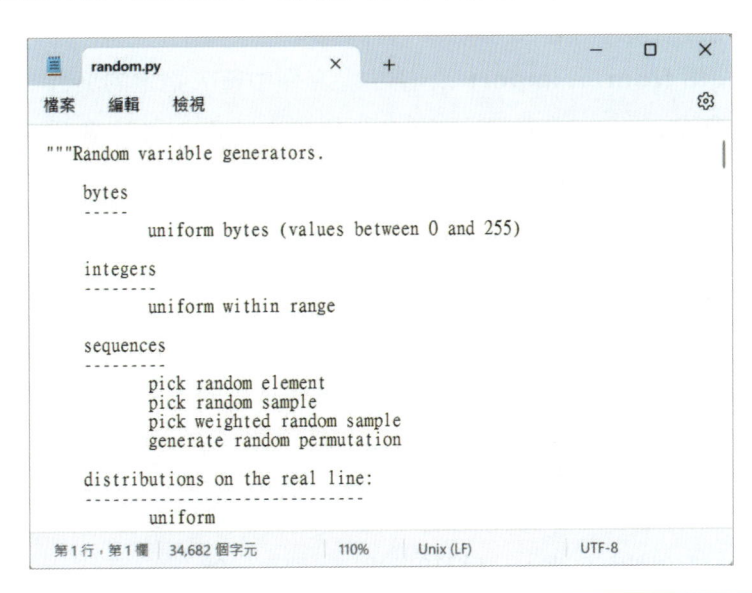

```
"""Random variable generators.

    bytes
    -----
            uniform bytes (values between 0 and 255)

    integers
    --------
            uniform within range

    sequences
    ---------
            pick random element
            pick random sample
            pick weighted random sample
            generate random permutation

    distributions on the real line:
    ------------------------------
            uniform
```

7-3 套件

套件（package）是一個包含數個模組的資料夾，裡面有一個名稱為 `__init__.py` 的檔案（注意 `__init__` 的前後分別是兩個底線），用來表示該資料夾為 Python 套件。`__init__.py` 的內容可以是空的，也可以包含套件的初始化程式碼。

Python 內建許多套件，例如 zipfile 套件用來處理 ZIP 壓縮檔、json 套件用來解析和生成 JSON 格式的資料、tkinter 用來建立圖形使用者介面程式、html 套件用來處理 HTML 內容的轉譯和解碼、email 套件用來處理電子郵件等。

我們可以使用 **import** 關鍵字匯入套件，例如下面的 In [1] 會匯入 **zipfile** 套件，而 In [2] 會呼叫該套件的 **ZipFile()** 方法開啟指定的壓縮檔，並將傳回值指派給 files 變數：

```
In [1]: import zipfile
In [2]: files = zipfile.ZipFile('E:\\sample.zip')
```

我們亦可使用 **from ... import ...** 語法從套件中匯入指定的項目，例如下面的 In [1] 會從 zipfile 套件匯入 ZipFile() 方法，而 In [2] 會呼叫該套件的 ZipFile() 方法開啟指定的壓縮檔，並將傳回值指派給 files 變數：

```
In [1]: from zipfile import ZipFile
In [2]: files = ZipFile('E:\\sample.zip')
```

此外，若要找出 zipfile 套件的路徑與檔名，可以透過 **__file__** 屬性，例如：

```
In [1]: import zipfile
In [2]: print(zipfile.__file__)
C:\Users\Jean\anaconda3\Lib\zipfile\__init__.py
```

7-4 第三方套件

第三方套件 (third-party package) 指的是由 Python 社群中的開發者所發展與維護的套件，不包含在標準函式庫，可以透過 **pip 程式**或 **PyPI - the Python Package Index 網站** (https://pypi.org/) 進行安裝。

第三方套件提供了許多強大的功能與工具，可以解決更多領域的問題或進行特定的任務，常見的如下：

- **NumPy**：支援陣列與資料運算，提供豐富的數學函式。
- **pandas**：高效的資料處理與分析。
- **SciPy**：進階的科學計算工具，包含線性代數、微積分、統計等。
- **matplotlib**：視覺化工具，用來繪製各種圖表。
- **Seaborn**：基於 matplotlib，更高層次的視覺化工具，專注於統計圖表。
- **scikit-learn、TensorFlow、Keras、PyTorch**：機器學習與深度學習。
- **NLTK、spaCy、Gensim**：自然語言處理。
- **pillow**：圖像處理。
- **OpenCV**：圖像處理、圖像辨識與電腦視覺。
- **Requests**：簡單易用的 HTTP Request 套件，可以用來抓取網頁資料。
- **Beautiful Soup**：HTML/XML 解析器，適合進行網路爬蟲和資料擷取。
- **Scrapy**：網路爬蟲套件，用來進行資料挖掘與統計。
- **Django、Flask、Pyramid、Web2py**：web 框架，用來快速開發網站。
- **SQLite3、PyMySQL、SQLAlchemy**：資料庫操作。
- **PyGame**：多媒體與遊戲軟體開發。

7-4-1 使用 pip 程式安裝第三方套件

pip 程式是 Python 的套件管理工具，Anaconda 安裝路徑的 Scripts 資料夾內就有這個程式，例如 C:\Users\Jean\anaconda3\Scripts\pip.exe。

查看已安裝的套件

如欲查看系統上已安裝的第三方套件，可以使用 **pip list** 指令。請按 **[開始] \ [Anaconda3] \ [Anaconda Prompt]**，開啟 Anaconda Prompt 視窗，在提示符號 > 後面輸入如下指令，然後按 [Enter] 鍵，就會顯示套件的名稱與版本。

```
(base) C:\Users\Jean>pip list
```

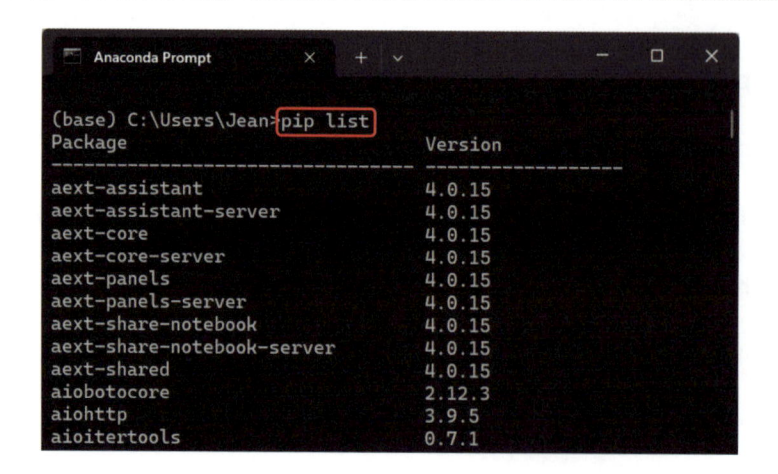

安裝套件

如欲安裝第三方套件，可以使用 **pip install** 指令＋套件名稱。舉例來說，假設要安裝 scikit-learn 套件，請開啟 Anaconda Prompt 視窗，在提示符號 > 後面輸入如下指令，然後按 [Enter] 鍵，就會安裝 scikit-learn 套件，其中套件名稱沒有英文字母大小寫之分：

```
(base) C:\Users\Jean>pip install scikit-learn
```

更新套件

如欲更新第三方套件，可以使用 **pip install --upgrade 指令＋套件名稱**。舉例來說，假設要更新 scikit-learn 套件，請開啟 Anaconda Prompt 視窗，在提示符號 > 後面輸入如下指令，然後按 [Enter] 鍵，就會更新 scikit-learn 套件：

```
(base) C:\Users\Jean>pip install --upgrade scikit-learn
```

移除套件

如欲移除第三方套件，可以使用 **pip uninstall 指令＋套件名稱**。舉例來說，假設要移除 scikit-learn 套件，請開啟 Anaconda Prompt 視窗，在提示符號 > 後面輸入如下指令，然後按 [Enter] 鍵，就會移除 scikit-learn 套件：

```
(base) C:\Users\Jean>pip uninstall scikit-learn
```

查看某個套件的資訊

如欲查看某個套件的資訊，可以使用 **pip show 指令＋套件名稱**。舉例來說，假設要查看 scikit-learn 套件的資訊，請開啟 Anaconda Prompt 視窗，在提示符號 > 後面輸入如下指令，然後按 [Enter] 鍵，就會顯示名稱、版本、摘要、官方網站、作者 email、授權、安裝路徑等資訊：

```
(base) C:\Users\Jean>pip show scikit-learn
```

```
(base) C:\Users\Jean>pip show scikit-learn
Name: scikit-learn
Version: 1.4.2
Summary: A set of python modules for machine learning and d
ata mining
Home-page: https://scikit-learn.org
Author:
Author-email:
License: new BSD
Location: C:\Users\Jean\anaconda3\Lib\site-packages
Requires: joblib, numpy, scipy, threadpoolctl
Required-by: imbalanced-learn
```

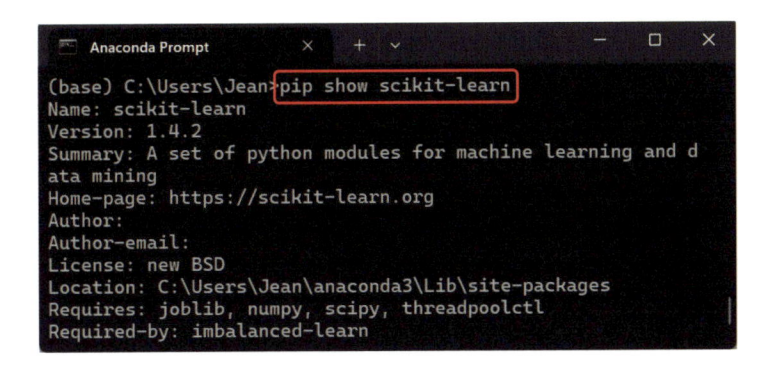

7-4-2 透過 PyPI 網站安裝第三方套件

PyPI - the Python Package Index 網站 (https://pypi.org/) 登錄了數萬個第三方套件，只要輸入套件的名稱進行搜尋，例如 scikit-learn，就能找到相關的檔案，然後將檔案下載並安裝到電腦即可。

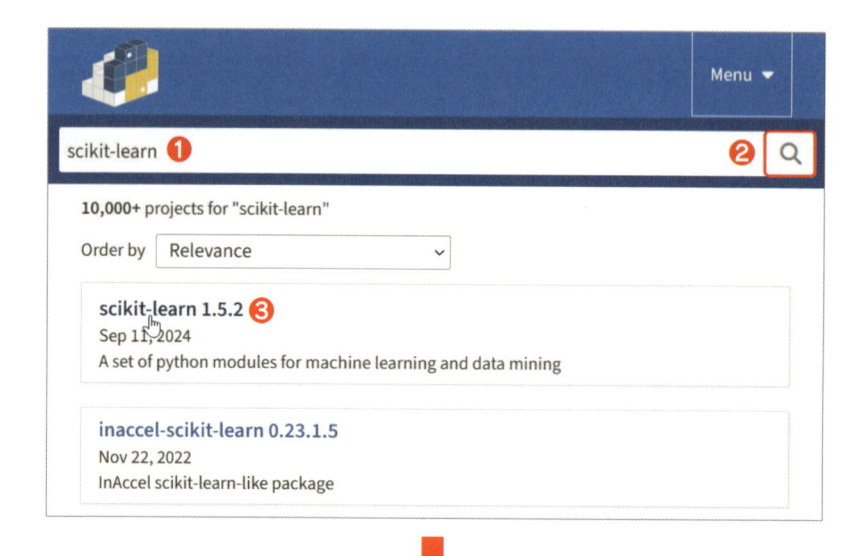

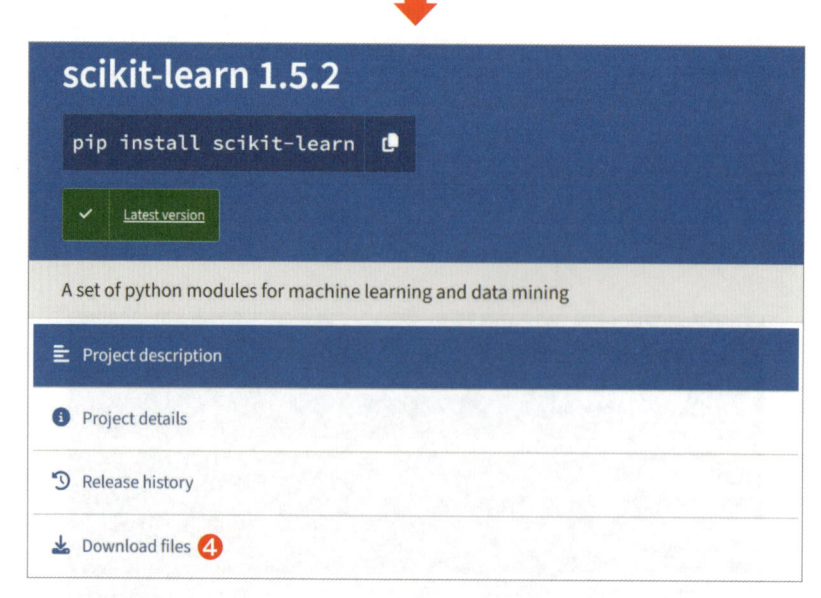

❶ 輸入套件的名稱　　❷ 按 [Search]　　❸ 選取套件　　❹ 按 [Download files]

7-12

7-5 math 模組

Python 內建許多模組與套件,功能各有不同,例如數值與數學運算、檔案與目錄存取、檔案格式、加密服務、多媒體服務、圖形使用者介面、網路存取、資料壓縮等,種類繁多不勝枚舉,有興趣的讀者可以查看說明文件 https://docs.python.org/3.14/library/index.html。

在接下來的幾節中,我們挑選了幾個模組來做介紹,包括 math (數學)、random (亂數)、datetime (日期時間) 與 calendar (日曆),其中 **math** 模組提供了許多數學常數和數學函式,能夠執行指數、對數、三角函數、最大公因數、平方根、立方根、階乘、取整數、絕對值等數學運算。下面是一些常見的常數和函式,在使用 math 模組之前,記得先使用 import 關鍵字匯入該模組。

✓ 常數

- **math.pi**:圓周率。
- **math.e**:自然對數的底數 e。
- **math.nan**:NaN (Not a Number,不是數字)。
- **math.inf**:正無限大 (負無限大為 **-math.inf**)。

```
In [1]: import math
In [2]: math.pi
Out[2]: 3.141592653589793
In [3]: math.e
Out[3]: 2.718281828459045
In [4]: math.nan
Out[4]: nan
In [5]: math.inf
Out[5]: inf
```

取整數

- **math.ceil(*x*)**：傳回向上取整數 (往正方向最靠近 *x* 的整數)。
- **math.floor(*x*)**：傳回向下取整數 (往負方向最靠近 *x* 的整數)。
- **math.trunc(*x*)**：傳回 *x* 的整數部分，去掉小數部分。

```
In [1]: math.ceil(4.8)
Out[1]: 5
In [2]: math.ceil(-4.8)
Out[2]: -4

In [3]: math.floor(4.8)
Out[3]: 4
In [4]: math.floor(-4.8)
Out[4]: -5

In [5]: math.trunc(4.8)
Out[5]: 4
```

指數與對數

- **math.exp(*x*)**：傳回 e 的 *x* 次方。
- **math.log(*x*)**：傳回 *x* 的自然對數 (以 e 為底)。
- **math.log10(*x*)**：傳回 *x* 以 10 為底的對數。

```
In [1]: math.exp(1)            # e 的 1 次方
Out[1]: 2.718281828459045
In [2]: math.log(10)           # log10
Out[2]: 2.302585092994046
In [3]: math.log10(100)        # log₁₀100
Out[3]: 2.0
```

基本數學運算 (一)

- **math.fabs(*x*)**：傳回 *x* 的絕對值。
- **math.factorial(*x*)**：傳回 *x* 的階乘。
- **math.pow(*x*, *y*)**：傳回 *x* 的 *y* 次方。
- **math.gcd(*x*, *y*)**：傳回 *x* 與 *y* 的最大公因數。

```
In [1]: math.fabs(-10.5)        # -10.5 的絕對值
Out[1]: 10.5
In [2]: math.factorial(5)       # 5 的階乘
Out[2]: 120
In [3]: math.pow(2, 10)         # 2 的 10 次方
Out[3]: 1024.0
In [4]: math.gcd(50, 625)       # 50 與 625 的最大公因數
Out[4]: 25
```

基本數學運算 (二)

- **math.sqrt(*x*)**：傳回 *x* 的平方根。
- **math.cbrt(*x*)**：傳回 *x* 的立方根。
- **math.isfinite(*x*)**：若 *x* 為有限值，就傳回 True，否則傳回 False。
- **math.isinf(*x*)**：若 *x* 為無限值，就傳回 True，否則傳回 False。

```
In [1]: math.sqrt(25)                # 25 的平方根
Out[1]: 5.0
In [2]: math.cbrt(64)                # 64 的立方根
Out[2]: 4.0
In [3]: math.isfinite(math.inf)      # math.inf 是否有限
Out[3]: False
In [4]: math.isinf(math.inf)         # math.inf 是否無限
Out[4]: True
```

馬上練習

[歐幾里得距離] 撰寫一個 Python 程式，令它要求輸入兩個點的座標 (x1, y1) 和 (x2, y2)，然後使用 math 模組的 sqrt() 函式來計算兩點之間的歐幾里得距離（提示：距離 = $\sqrt{(x2-x1)^2 + (y2-y1)^2}$）。

【解答】

⭐ \Ch07\distance.py

```python
# 匯入 math 模組
import math

# 要求輸入兩個點的座標
x1 = float(input('請輸入點 1 的 x 座標：'))
y1 = float(input('請輸入點 1 的 y 座標：'))
x2 = float(input('請輸入點 2 的 x 座標：'))
y2 = float(input('請輸入點 2 的 y 座標：'))

# 計算歐幾里得距離
distance = math.sqrt((x2 - x1)**2 + (y2 - y1)**2)

# 顯示結果
print(f'兩點之間的歐幾里得距離為：{distance}')
```

```
In [1]: runfile('C:/Users/Jean/Documents/Samples/
Ch07/distance.py', wdir='C:/Users/Jean/Documents/
Samples/Ch07')
請輸入點1的x座標：1
請輸入點1的y座標：3
請輸入點2的x座標：5
請輸入點2的y座標：6
兩點之間的歐幾里得距離為：5.0
```

7-6 random 模組

random 模組提供了一些函式可以產生亂數或進行隨機操作，同樣的，在使用 random 模組之前，記得先使用 import 關鍵字匯入該模組。

- **random.random()**

  傳回一個位於 [0.0, 1.0) 區間 (包含 0.0，不包含 1.0) 的隨機浮點數，例如：

  ```
  In [1]: random.random()          ← 每次的亂數不一定相同
  Out[1]: 0.137607840461435548
  ```

- **random.randint(x, y)**

  傳回一個位於 [x, y] 區間 (包含 x 和 y) 的隨機整數，例如：

  ```
  In [1]: random.randint(1, 10)    ← 隨機產生 1 ~ 10 的整數
  Out[1]: 3
  ```

- **random.choice(seq)**

  從序列 seq 中隨機傳回一個元素，例如：

  ```
  In [1]: L = [1, 2, 3, 4, 5]
  In [2]: random.choice(L)         ← 從串列中隨機傳回 1 個元素
  Out[2]: 3
  ```

- **random.sample(seq, k)**

  從序列 seq 中隨機傳回 k 個不重複的元素，例如：

  ```
  In [1]: L = [1, 2, 3, 4, 5]
  In [2]: random.sample(L, 3)      ← 從串列中隨機傳回 3 個元素
  Out[2]: [1, 5, 3]
  ```

7-17

馬上練習

[猜數字] 撰寫一個 Python 程式，令它隨機產生一個介於 1 ~ 3 的整數，然後要求使用者猜數字並印出結果。

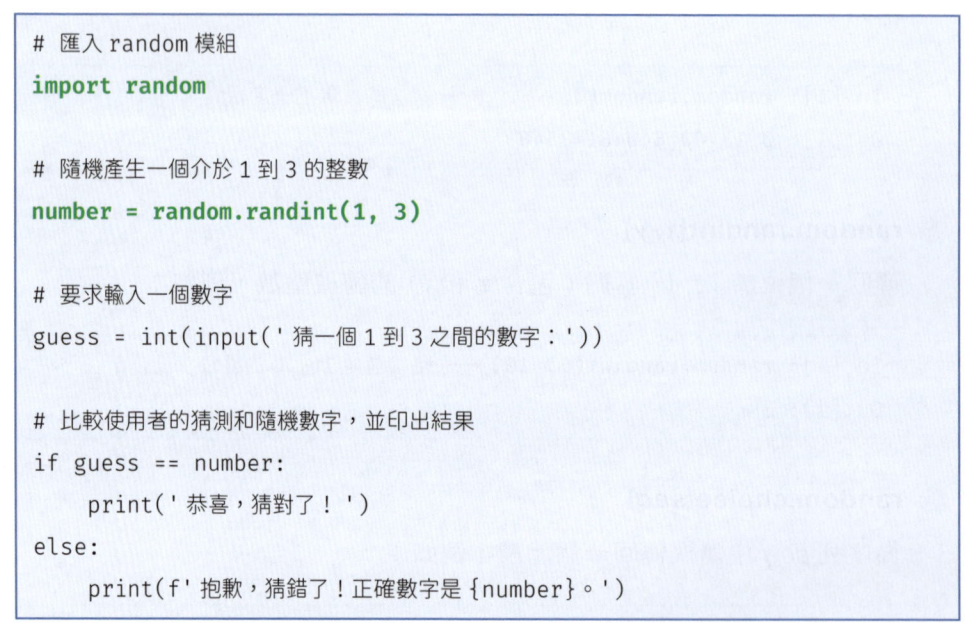

【解答】

⭐ \Ch07\guess.py

```python
# 匯入 random 模組
import random

# 隨機產生一個介於 1 到 3 的整數
number = random.randint(1, 3)

# 要求輸入一個數字
guess = int(input('猜一個 1 到 3 之間的數字：'))

# 比較使用者的猜測和隨機數字，並印出結果
if guess == number:
    print('恭喜，猜對了！')
else:
    print(f'抱歉，猜錯了！正確數字是 {number}。')
```

```
Console 4/A

In [1]: runfile('C:/Users/Jean/Documents/Samples/
Ch07/guess.py', wdir='C:/Users/Jean/Documents/
Samples/Ch07')
猜一個1到3之間的數字：2
抱歉，猜錯了！正確數字是3。

In [2]: runfile('C:/Users/Jean/Documents/Samples/
Ch07/guess.py', wdir='C:/Users/Jean/Documents/
Samples/Ch07')
猜一個1到3之間的數字：1
恭喜，猜對了！
```

雖然只有 3 個數字，也不太容易猜中，多試幾次吧！

馬上練習

[大樂透選號] 大樂透的玩法是從 1 ~ 49 中任選 6 個號碼進行投注，請撰寫一個 Python 程式，令它隨機選出 6 個不重複的號碼供玩家參考。

【解答】

⭐ \Ch07\lottery.py

```python
# 匯入 random 模組
import random

# 從 1 ~ 49 中隨機選出 6 個不重複的號碼
lottery_numbers = random.sample(range(1, 50), 6)

# 將選出的號碼加以排序
lottery_numbers.sort()

# 印出號碼
print('大樂透號碼：', lottery_numbers)
```

執行結果如下，每次所選出的 6 個號碼都不太相同，你不妨自己試試看，說不定會有幸運之神眷顧！

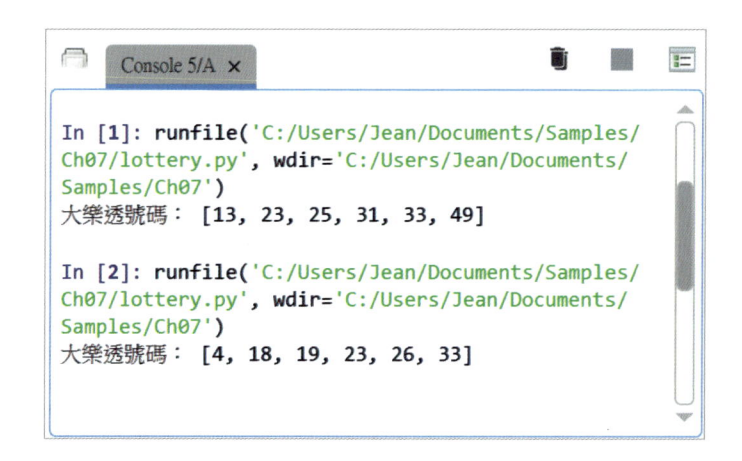

```
In [1]: runfile('C:/Users/Jean/Documents/Samples/
Ch07/lottery.py', wdir='C:/Users/Jean/Documents/
Samples/Ch07')
大樂透號碼： [13, 23, 25, 31, 33, 49]

In [2]: runfile('C:/Users/Jean/Documents/Samples/
Ch07/lottery.py', wdir='C:/Users/Jean/Documents/
Samples/Ch07')
大樂透號碼： [4, 18, 19, 23, 26, 33]
```

7-7 datetime 模組

在第 2 章和第 4 章所介紹的型別中，並沒有日期時間型別，若程式需要處理日期時間，該怎麼辦呢？例如取得目前的日期時間、將日期時間加以格式化、計算兩個日期之間相差幾天等，畢竟這些都是常見的用途，此時，可以使用 Python 內建的 datetime 模組。

datetime 模組提供了用來操作日期時間的數個類別，例如 **date**（日期，包含年、月、日）、**time**（時間，包含時、分、秒、微秒）、**datetime**（日期時間，包含年、月、日、時、分、秒、微秒）、**timedelta**（兩個日期或時間的時間差）等，雖然有支援日期時間的算術運算，但主要的重點還是在於日期時間的取得與格式化。

這幾個類別的屬性與方法很多，限於篇幅，此處不一一詳述，僅針對如何透過 datetime 類別取得與格式化日期時間做介紹，若需要更完整的資訊，可以查看說明文件 https://docs.python.org/3.14/library/datetime.html。

在使用 datetime 類別之前，記得先使用 from ... import ... 語法從 datetime 模組匯入 datetime 類別，如下：

```
In [1]: from datetime import datetime
```

取得日期時間

我們可以使用下列幾個方法取得日期時間：

- **now()**：傳回目前的日期時間，這是一個 datetime 物件。
- **date()**：傳回 datetime 物件的日期，包含年、月、日。
- **time()**：傳回 datetime 物件的時間，包含時、分、秒、微秒。

下面是一些例子，首先，In [2] 呼叫 datetime 類別的 now() 方法取得目前的日期時間；接著，In [4] 呼叫 datetime 物件的 date() 方法取得其日期部分；最後，In [6] 呼叫 datetime 物件的 time() 方法取得其時間部分。

```
In [1]: from datetime import datetime
In [2]: now_dt = datetime.now()   ❶
In [3]: print(now_dt)
2024-09-28 10:13:43.685868

In [4]: now_date = now_dt.date()   ❷
In [5]: print(now_date)
2024-09-28

In [6]: now_time1 = now_dt.time()   ❸
In [7]: print(now_time1)
10:13:43.685868
```

❶ 傳回目前的日期時間
❷ 傳回物件的日期部分
❸ 傳回物件的時間部分

格式化日期時間

若要將日期時間加以格式化，例如指定年月日或時分秒的格式，可以使用 **strftime(*format*)** 方法，其中 *format* 是格式代碼，常見的如下。

代碼	說明	代碼	說明
%Y	四位數年份 (例如 2028)	%y	兩位數年份 (例如 28)
%m	月份 (01 ~ 12)	%d	日期 (01 ~ 31)
%H	24 小時制的小時 (00 ~ 23)	%I	12 小時制的時 (01 ~ 12)
%M	分鐘 (00 ~ 59)	%S	秒數 (00 ~ 59)
%A	星期幾 (例如 Monday)	%a	縮寫的星期幾 (例如 Mon)
%B	月份 (例如 September)	%b	縮寫的月份 (例如 Sep)
%p	AM 或 PM		

下面是一些例子，其中 In [4]、In [6]、In [8] 是呼叫 datetime 物件的 strftime() 方法將日期時間格式化成「年 / 月 / 日」、「年 - 月 - 日 時：分：秒：」、「年 - 月 - 日 星期幾 時：分 AM/PM」等字串。

```
In [1]: from datetime import datetime
In [2]: now_dt = datetime.now()
In [3]: print(now_dt)
2024-09-28 11:03:41.604616

In [4]: str1 = now_dt.strftime('%Y/%m/%d')   ❶
In [5]: print(str1)
2024/09/28

In [6]: str2 = now_dt.strftime('%Y-%m-%d %H:%M:%S')   ❷
In [7]: print(str2)
2024-09-28 11:03:41

In [8]: str3 = now_dt.strftime('%Y-%m-%d %A %I:%M%p')   ❸
In [9]: print(str3)
2024-09-28 Saturday 11:03AM
```

❶ 年 / 月 / 日
❷ 年 - 月 - 日 時：分：秒
❸ 年 - 月 - 日 星期幾 時：分 AM/PM

此外，日期時間可以做運算，例如下面的 In [2]、In [3] 透過 datetime 類別根據參數建立 2028-09-27 和 2028-10-05 兩個日期；In [4] 將兩個日期相減；In [5] 透過 days 屬性取得相差天數。

```
In [1]: from datetime import datetime
In [2]: dt1 = datetime(2028, 9, 27)   ❶
In [3]: dt2 = datetime(2028, 10, 5)   ❷
In [4]: delta = dt2 - dt1   ❸
In [5]: print(f'兩個日期相距 {delta.days} 天')
                              ❹
兩個日期相距 8 天
```

❶ 建立 2028-09-27
❷ 建立 2028-10-05
❸ 兩個日期相減
❹ 取得相差天數

7-8 calendar 模組

calendar 模組提供了用來操作日曆的函式,例如取得年曆、月曆、判斷閏年、判斷星期幾等。在使用 calendar 模組之前,記得先使用 import 語法匯入 calendar 模組,如下:

```
In [1]: import calendar
```

✅ calendar.calendar(*year*)

傳回西元 *year* 年的年曆,這是一個多行字串,例如 **print(calendar.calendar(2028))** 會印出西元 2028 年的年曆。

```
In [6]: print(calendar.calendar(2028))
                                  2028

        January                  February                  March
Mo Tu We Th Fr Sa Su      Mo Tu We Th Fr Sa Su      Mo Tu We Th Fr Sa Su
                1  2          1  2  3  4  5  6             1  2  3  4  5
 3  4  5  6  7  8  9       7  8  9 10 11 12 13       6  7  8  9 10 11 12
10 11 12 13 14 15 16      14 15 16 17 18 19 20      13 14 15 16 17 18 19
17 18 19 20 21 22 23      21 22 23 24 25 26 27      20 21 22 23 24 25 26
24 25 26 27 28 29 30      28 29                     27 28 29 30 31
31
         April                     May                      June
Mo Tu We Th Fr Sa Su      Mo Tu We Th Fr Sa Su      Mo Tu We Th Fr Sa Su
                1  2       1  2  3  4  5  6  7                1  2  3  4
 3  4  5  6  7  8  9       8  9 10 11 12 13 14       5  6  7  8  9 10 11
10 11 12 13 14 15 16      15 16 17 18 19 20 21      12 13 14 15 16 17 18
17 18 19 20 21 22 23      22 23 24 25 26 27 28      19 20 21 22 23 24 25
24 25 26 27 28 29 30      29 30 31                  26 27 28 29 30

          July                    August                  September
Mo Tu We Th Fr Sa Su      Mo Tu We Th Fr Sa Su      Mo Tu We Th Fr Sa Su
                1  2          1  2  3  4  5  6                   1  2  3
 3  4  5  6  7  8  9       7  8  9 10 11 12 13       4  5  6  7  8  9 10
10 11 12 13 14 15 16      14 15 16 17 18 19 20      11 12 13 14 15 16 17
17 18 19 20 21 22 23      21 22 23 24 25 26 27      18 19 20 21 22 23 24
24 25 26 27 28 29 30      28 29 30 31               25 26 27 28 29 30

        October                 November                 December
Mo Tu We Th Fr Sa Su      Mo Tu We Th Fr Sa Su      Mo Tu We Th Fr Sa Su
                   1          1  2  3  4  5                   1  2  3
 2  3  4  5  6  7  8       6  7  8  9 10 11 12       4  5  6  7  8  9 10
 9 10 11 12 13 14 15      13 14 15 16 17 18 19      11 12 13 14 15 16 17
16 17 18 19 20 21 22      20 21 22 23 24 25 26      18 19 20 21 22 23 24
23 24 25 26 27 28 29      27 28 29 30               25 26 27 28 29 30 31
30 31
```

✅ calendar.month(*year*, *month*)

傳回西元 *year* 年 *month* 月的月曆，這是一個多行字串，例如下面的敘述會印出西元 2028 年 9 月的月曆。

```
In [1]: import calendar
In [2]: print(calendar.month(2028, 9))
   September 2028
Mo Tu We Th Fr Sa Su
            1  2  3
 4  5  6  7  8  9 10
11 12 13 14 15 16 17
18 19 20 21 22 23 24
25 26 27 28 29 30
```

✅ calendar.isleap(*year*)

若西元 *year* 年是閏年，就傳回 True，否則傳回 False，例如：

```
In [1]: calendar.isleap(2000)   ❶
Out[1]: True

In [2]: calendar.isleap(1998)   ❷
Out[2]: False
```

❶ 西元 2000 年是閏年
❷ 西元 1998 年不是閏年

✅ calendar.weekday(*year*, *month*, *day*)

傳回年月日 *year*、*month*、*day* 是星期幾，0 ~ 6 表示星期一 ~ 日，例如：

```
In [1]: print(calendar.weekday(2028, 1, 1))   ❶
Out[1]: 5

In [2]: print(calendar.weekday(2024, 9, 30))  ❷
Out[2]: 0
```

❶ 2028-01-01 是星期六
❷ 2024-09-30 是星期一

馬上練習

[月曆與星期幾] 撰寫一個 Python 程式，令它要求輸入年月日，然後顯示當月的月曆，以及該日期是星期幾。

【解答】

⭐ \Ch07\calendar.py

```python
# 匯入模組
import calendar

# 要求輸入年月日
year = int(input('請輸入年份（例如 2025）：'))
month = int(input('請輸入月份（1 ~ 12）：'))
day = int(input('請輸入日期（1 ~ 31）：'))

# 顯示當月的月曆
print('\n該月份的月曆：')
print(calendar.month(year, month))

# 判斷該日期是星期幾
weekday = calendar.weekday(year, month, day)

# 將數字對應到星期幾的名稱
weekdays = ['一', '二', '三', '四', '五', '六', '日']
weekday_name = weekdays[weekday]

# 顯示該日期是星期幾
print(f'{year}-{month:02d}-{day:02d} 是星期 {weekday_name}')
```

```
請輸入年份（例如 2025）：2025
請輸入月份（1 ~ 12）：1
請輸入日期（1 ~ 31）：1

該月份的月曆：
    January 2025
Mo Tu We Th Fr Sa Su
       1  2  3  4  5
 6  7  8  9 10 11 12
13 14 15 16 17 18 19
20 21 22 23 24 25 26
27 28 29 30 31

2025-01-01是星期三
```

由於 calendar.weekday() 函式的傳回值為 0 ~ 6，表示星期一 ~ 日，因此，我們使用了 weekdays 串列將 0 ~ 6 對應到星期幾的名稱 '一' ~ '日'，這樣比較容易理解。

ChatGPT 程式助理

查詢應該使用哪個模組？例如三角函數

由於 Python 內建許多模組，用途非常廣泛，建議你可以把自己的需求或用途告訴 ChatGPT，讓它來建議要使用哪個模組或哪個函式，例如「哪個模組可以處理 ZIP 壓縮檔案？」、「哪個模組的函式可以讓程式暫停執行幾秒鐘？」、「哪個模組可以用來操作檔案系統路徑？」等。

下面是一個例子，我們在 ChatGPT 輸入「**哪個模組可以處理三角函數？**」，得到如下回答，裡面列出了 math 模組常見的三角函式，包括 **sin(x)**、**cos(x)**、**tan(x)**、**asin(x)**、**acos(x)**、**atan(x)** 等，若想進一步了解某個函式的用法，可以繼續提問。

7-26

查詢應該使用哪個套件？例如機器學習

誠如前面所說的，「模組」和「套件」兩個名詞經常被混用，我們其實不用特地去加以區分，一樣是把自己的需求和用途告訴 ChatGPT，讓它來建議要使用哪個套件，例如「哪些套件可以用來進行網路爬蟲？」、「想要繪製圖表可以使用哪些套件？」、「哪個套件適合用來處理圖像？」、「哪個套件可以用來設計圖形使用者介面？」等。

下面是一個例子，我們在 ChatGPT 輸入「**機器學習有哪些常用的套件？**」，得到如下回答，裡面列出了 **Scikit-learn**、**TensorFlow**、**Keras**、**PyTorch** 等，若想進一步了解某個套件的用法，可以繼續提問。

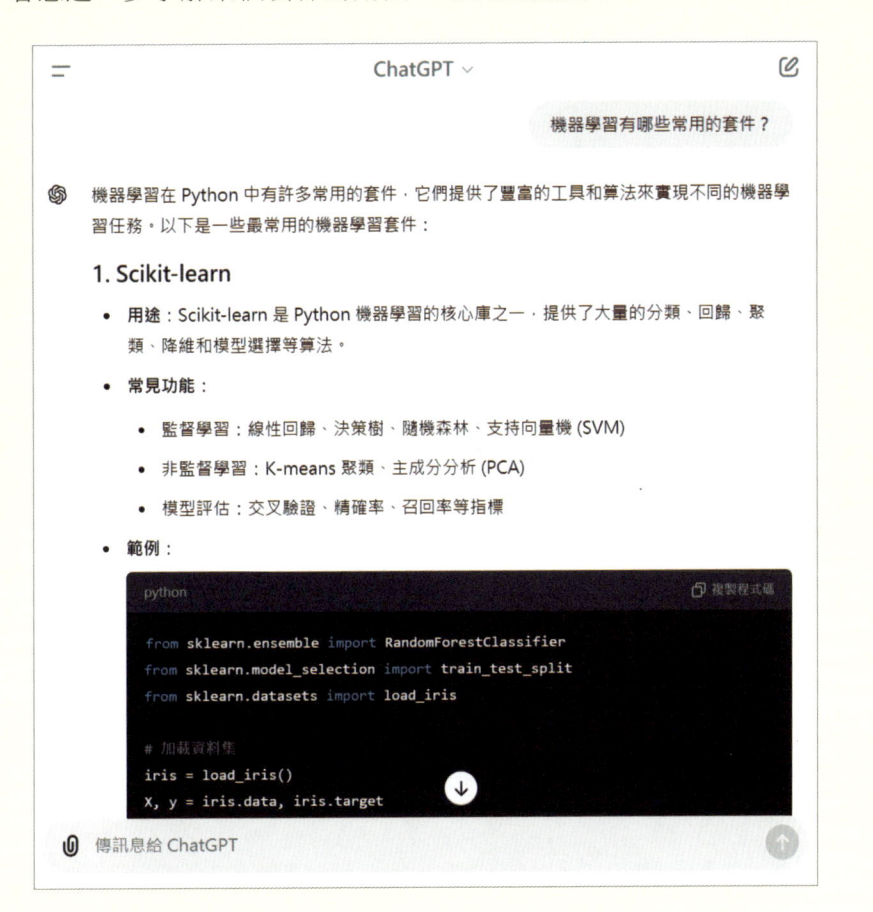

機器學習有哪些常用的套件？

機器學習在 Python 中有許多常用的套件，它們提供了豐富的工具和算法來實現不同的機器學習任務。以下是一些最常用的機器學習套件：

1. Scikit-learn

- 用途：Scikit-learn 是 Python 機器學習的核心庫之一，提供了大量的分類、回歸、聚類、降維和模型選擇等算法。
- 常見功能：
  - 監督學習：線性回歸、決策樹、隨機森林、支持向量機 (SVM)
  - 非監督學習：K-means 聚類、主成分分析 (PCA)
  - 模型評估：交叉驗證、精確率、召回率等指標
- 範例：

```python
from sklearn.ensemble import RandomForestClassifier
from sklearn.model_selection import train_test_split
from sklearn.datasets import load_iris

# 加載資料集
iris = load_iris()
X, y = iris.data, iris.target
```

7-27

MEMO

CHAPTER 08 檔案存取與例外處理

8-1 認識檔案、資料夾與路徑

8-2 讀寫檔案

8-3 with 敘述

8-4 語法錯誤與例外

8-5 try...except

🔘 查看與解決程式錯誤所造成的例外

🔘 幫程式加上 try...except 語法

8-1 認識檔案、資料夾與路徑

檔案與資料夾是在電腦系統中儲存和組織資料的重要觀念，**檔案** (file) 可以儲存不同形式的資料，例如文字、圖片、聲音、影片、程式碼等。每個檔案有各自的名稱與類型，讓使用者或程式加以識別與操作，例如 report.docx 是 Microsoft Word 文件檔案、photo.jpg 是 JPEG 圖片、song.mp3 是 MP3 音樂檔案、hello.py 是 Python 程式檔案等。

資料夾 (folder) 又稱為**目錄** (directory)，可以儲存檔案或其它資料夾，就像是用來組織和分類檔案的容器，例如使用者可能會有一個名稱為「Documents」的資料夾，裡面包含報告、圖片、影片等檔案。

資料夾具有階層式結構，又稱為**樹狀目錄** (tree directory)，最頂層為**根目錄** (root directory)，之下會有其它資料夾，稱為**子目錄** (child directory)，而子目錄的上一層為其**父目錄** (parent directory)。

你只要打開檔案總管視窗，就可以在左窗格看到樹狀目錄，而右窗格是目前目錄的內容，按一下網址列還可以看到檔案路徑。

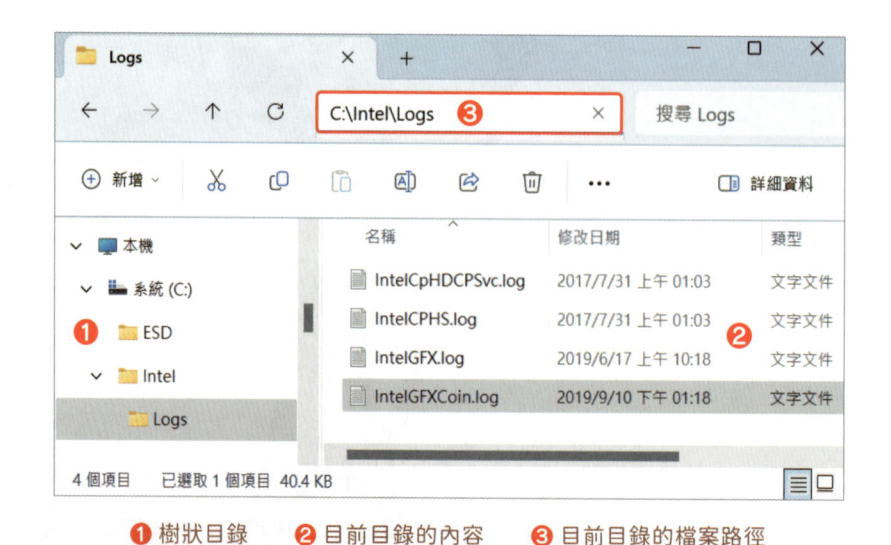

❶ 樹狀目錄　❷ 目前目錄的內容　❸ 目前目錄的檔案路徑

檔案路徑 (file path) 提供了檔案或資料夾的位置，這個位置是唯一的，使用者或程式可以透過檔案路徑找到檔案或資料夾。檔案路徑又分成下列兩種類型：

- **絕對路徑** (absolute path)：**這是從根目錄開始的路徑**，必須寫出根目錄、所經過的子目錄及檔案名稱。以下圖的文件結構為例，C:\ 為根目錄，那麼 default.htm 的絕對路徑為 C:\default.htm，email.htm 的絕對路徑為 C:\Contact\email.htm，staff.htm 的絕對路徑為 C:\Support\staff.htm，question.htm 的絕對路徑為 C:\Support\FAQ\question.htm。

- **相對路徑** (relative path)：**這是從目前目錄開始的路徑**，必須寫出目前目錄、所經過的子目錄及檔案名稱。以下圖的文件結構為例，假設目前目錄為 Support，那麼 default.html 的相對路徑為 ..\default.htm，email.htm 的相對路徑為 ..\Contact\email.htm，staff.htm 的相對路徑為 .\staff.htm，question.htm 的相對路徑為 .\FAQ\question.htm。

請注意，**".." 表示上一層目錄**，例如 ..\file.txt 是上一層目錄中的 file.txt；**"." 表示目前目錄**，例如 .\file.txt 是目前目錄中的 file.txt。

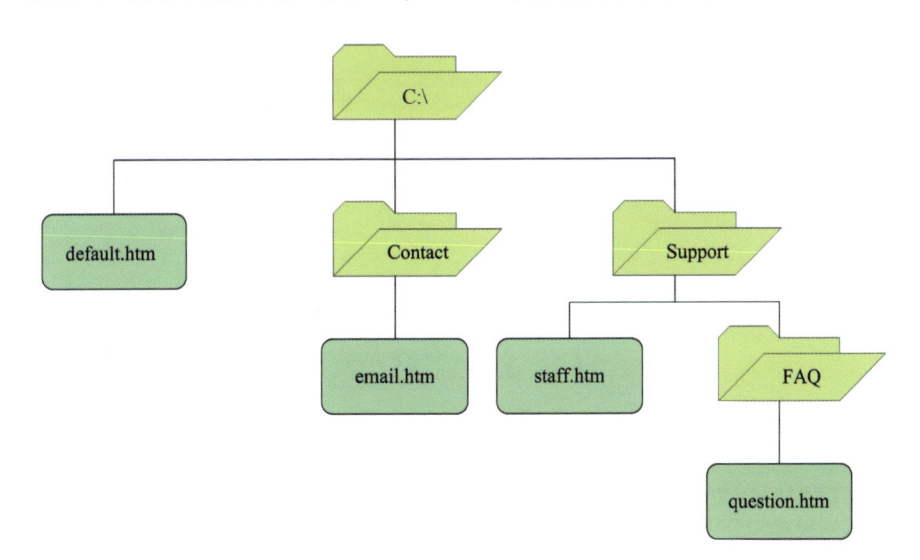

8-2 讀寫檔案

由於 Python 程式不會保留資料，一旦程式執行完畢，資料就會消失，如果需要保留資料，可以把資料寫入檔案。此外，如果需要處理大量資料，也可以先把資料儲存在檔案，然後在 Python 程式中讀取檔案的資料，這樣比較方便，也比較不會出錯。

8-2-1 開啟檔案

在讀寫檔案之前，我們要先使用內建函式 **open()** 開啟現有的檔案或建立新的檔案，其語法如下，若函式執行成功，就會傳回一個代表該檔案的檔案物件，作為讀寫的中介物件。

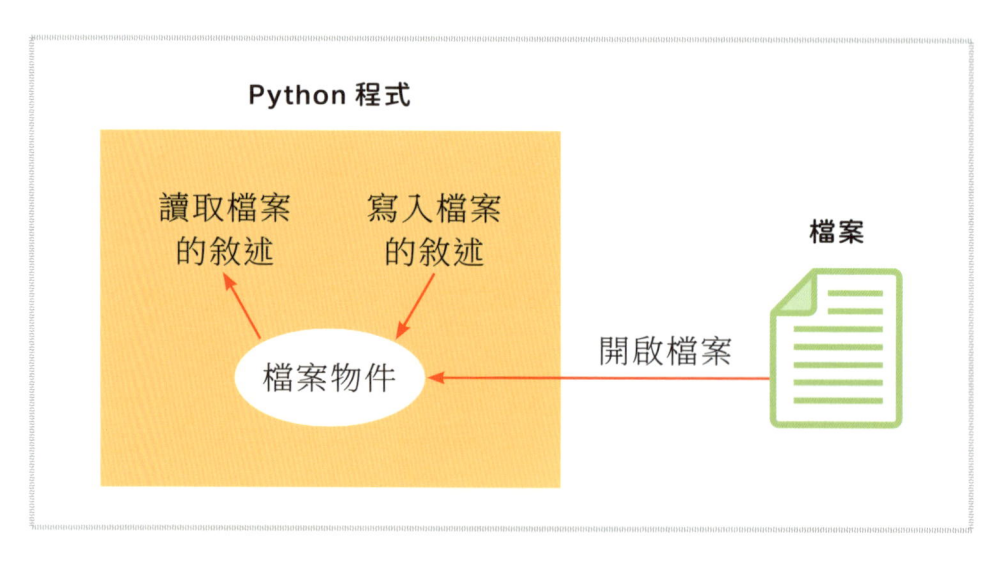

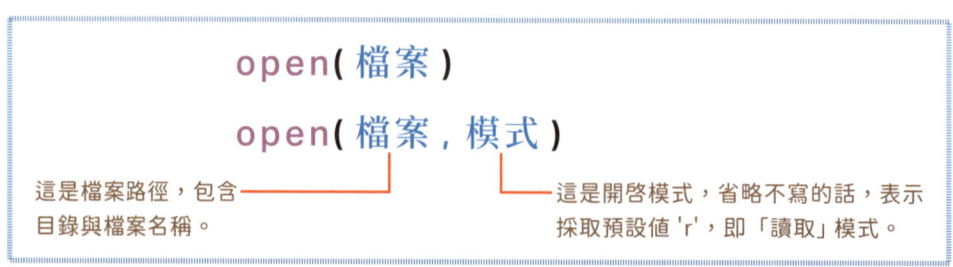

open(檔案)

open(檔案 , 模式)

這是檔案路徑，包含目錄與檔案名稱。

這是開啟模式，省略不寫的話，表示採取預設值 'r'，即「讀取」模式。

常見的開啟模式如下：

模式	說明
讀取模式 'r'	從頭讀取資料 (預設值)。若檔案不存在，就會發生錯誤。
寫入模式 'w'	從頭寫入資料，現有的資料會被覆寫。若檔案不存在，就會建立檔案。
附加模式 'a'	將資料附加到現有的資料後面。若檔案不存在，就會建立檔案。
讀寫模式 'r+'	從頭讀取資料，或從頭寫入資料，現有的資料會被覆寫。若檔案不存在，就會發生錯誤。

範例 1：以讀取模式開啓檔案

下面是以讀取模式開啟現有的檔案 E:\file1.txt，傳回值是一個檔案物件，注意第一個參數必須以逸脫字元 \\ 來表示反斜線 \：

```
In [1]: file_object = open('E:\\file1.txt', 'r')
In [2]: print(file_object)
<_io.TextIOWrapper name='E:\\file1.txt' mode='r' encoding='cp950'>
```

下面是以讀取模式開啟不存在的檔案 E:\file2.txt，會發生 FileNotFoundError：

```
In [1]: file_object = open('E:\\file2.txt', 'r')
Traceback (most recent call last):

  Cell In[1], line 1
    file_object = open('E:\\file2.txt', 'r')
  File ~\anaconda3\Lib\site-packages\IPython\core\interactiveshell.py:324 in _modified_open
    return io_open(file, *args, **kwargs)

FileNotFoundError: [Errno 2] No such file or directory: 'E:\\file2.txt'
```

範例 2：以寫入模式開啟檔案

下面是以寫入模式開啟現有的檔案 E:\file1.txt，傳回值是一個檔案物件：

```
In [1]: file_object = open('E:\\file1.txt', 'w')
In [2]: print(file_object)
<_io.TextIOWrapper name='E:\\file1.txt' mode='w' encoding='cp950'>
```

下面是以寫入模式開啟不存在的檔案 E:\\file2.txt，此時會建立新的檔案，然後傳回一個檔案物件：

```
In [1]: file_object = open('E:\\file2.txt', 'w')
In [2]: print(file_object)
<_io.TextIOWrapper name='E:\\file2.txt' mode='w' encoding='cp950'>
```

8-2-2 將資料寫入檔案

我們可以依照如下步驟將資料寫入檔案：

1 開啟檔案
使用 **open()** 函式開啟檔案，若要覆寫現有的資料，可以採取 **'w'** 模式；若要附加到現有的資料後面，可以採取 **'a'** 模式。

2 寫入資料
使用檔案物件的 **write(s)** 方法將 s 指定的字串寫入檔案，傳回值為寫入的字元個數。

3 關閉檔案
使用檔案物件的 **close()** 方法關閉檔案，避免檔案被鎖定，導致其它程式無法加以存取。

下面是一個例子,首先,第 02 行呼叫 **open()** 函式在磁碟 E:\ 以 'w' 模式開啟檔案 file1.txt;接著,第 05 ~ 07 行呼叫 **write()** 方法寫入三個字串;最後,第 10 行呼叫 **close()** 方法關閉檔案。

⭐ \Ch08\write.py

```python
01  # 開啟檔案
02  file_object = open('E:\\file1.txt', 'w')
03
04  # 寫入資料
05  file_object.write(' 神秘的魔法石 \n')
06  file_object.write(' 消失的密室 \n')
07  file_object.write(' 阿茲卡班的逃犯 \n')
08
09  # 關閉檔案
10  file_object.close()
```

利用檔案總管找到這個檔案,按兩下打開查看內容,果然成功寫入指定的三個字串。

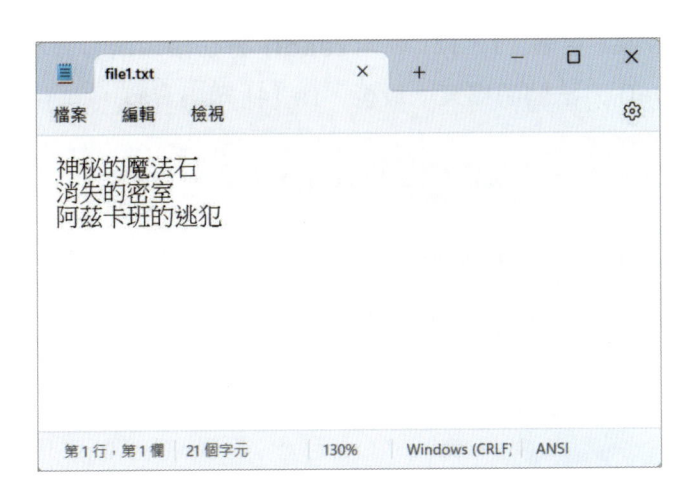

你不妨試著將第 02 行的 'w' 模式換成 'a' 模式,然後重新執行程式,這次新的資料將會附加到現有的資料後面。

8-2-3 讀取檔案的資料

我們可以依照如下步驟讀取檔案的資料：

1 開啟檔案
使用 **open()** 函式開啟檔案，若只要讀取資料，可以採取 **'r'** 模式；若要讀取或寫入資料，可以採取 **'r+'** 模式。

2 讀取資料
使用檔案物件的 **read()** 方法讀取資料。

3 關閉檔案
使用檔案物件的 **close()** 方法關閉檔案。

下面是一個例子，首先，In [1] 呼叫 **open()** 函式在磁碟 E:\ 以 'r' 模式開啟檔案 file1.txt；接著，In [2] 呼叫 **read()** 方法讀取所有資料；繼續，In [3] 呼叫 **close()** 方法關閉檔案；最後，In [4] 印出資料。

```
In [1]: file_object = open('E:\\file1.txt', 'r')   ❶

In [2]: data = file_object.read()   ❷

In [3]: file_object.close()   ❸

In [4]: print(data)   ❹

神秘的魔法石
消失的密室
阿茲卡班的逃犯
```

❶ 開啟檔案
❷ 讀取資料
❸ 關閉檔案
❹ 印出資料

檔案指標與 seek() 方法

read() 方法也可以透過參數指定要讀取幾個字,在做示範之前,我們先來說明何謂**檔案指標** (file pointer),這是一個特殊的標記,用來指向目前讀取或寫入到哪個位置,在開啟檔案時,它會指向檔案的開頭,然後隨著讀取或寫入的動作移動。

例如下面的 In [2] 呼叫 **read(2)** 方法讀取 2 個字,得到「神秘」二字,此時檔案指標會移到「神秘」後面;而 In [4] 呼叫 **read(1)** 方法讀取 1 個字,得到「的」一字,此時檔案指標會移到「的」後面。

```
In [1]: file_object = open('E:\\file1.txt', 'r')
In [2]: data1 = file_object.read(2)  ← 讀取 2 個字
In [3]: print(data1)
神秘
In [4]: data2 = file_object.read(1)  ← 讀取 1 個字
In [5]: print(data2)
的
In [6]: file_object.close()
```

若要自行移動檔案指標,可以使用 **seek(*offset*)** 方法,將之移到第 *offset* + 1 個位元組。例如下面的 In [2] 呼叫 **seek(6)** 將檔案指標移到第 7 個位元組,即第 4 個中文字(一個中文字是 2 個位元組);而 In [3] 呼叫 **read(3)** 讀取 3 個字,得到「魔法石」三字,此時檔案指標會移到「魔法石」後面。

```
In [1]: file_object = open('E:\\file1.txt', 'r')
In [2]: file_object.seek(6)  ← 將檔案指標移到第 7 個位元組
Out[2]: 6
In [3]: data = file_object.read(3)  ← 讀取 3 個字
In [4]: print(data)
魔法石
In [5]: file_object.close()
```

檢查檔案是否存在－ os.path.isfile()

當我們以讀取模式開啟不存在的檔案時，會發生 FileNotFoundError，連帶顯示一連串錯誤訊息，看起來有點嚇人，有沒有辦法提前檢查檔案是否存在呢？答案是有的，我們可以先使用 **os.path** 模組提供的 **isfile(*path*)** 函式檢查 *path* 指定的路徑是否為已經存在的檔案，是就傳回 True，否則傳回 False。

舉例來說，第 8-2-3 節的例子可以改寫成如下，先使用 os.path.isfile() 檢查檔案是否存在，是就印出檔案的資料，否則印出「檔案不存在」。

★ \Ch08\read2.py

```python
# 匯入模組
import os.path
# 檢查檔案是否存在
if os.path.isfile('E:\\file1.txt'):
    # 開啟檔案
    file_object = open('E:\\file1.txt', 'r')
    # 讀取資料
    data = file_object.read()
    # 關閉檔案
    file_object.close()
    # 印出資料
    print(data)
else:
    print(' 檔案不存在 ')
```

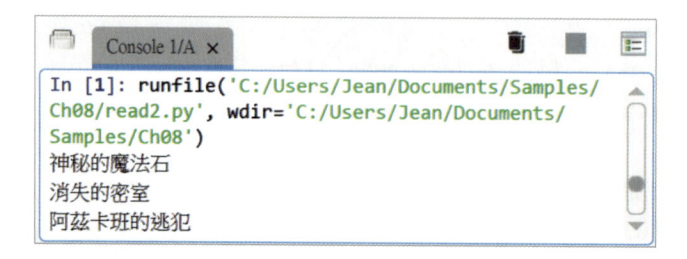

```
In [1]: runfile('C:/Users/Jean/Documents/Samples/
Ch08/read2.py', wdir='C:/Users/Jean/Documents/
Samples/Ch08')
神秘的魔法石
消失的密室
阿茲卡班的逃犯
```

馬上練習

[複製檔案] 撰寫一個 Python 程式,令它將現有的 file1.txt 檔案複製到新的 file2.txt 檔案。你可以在本書範例程式找到 file1.txt 檔案,其內容如下。

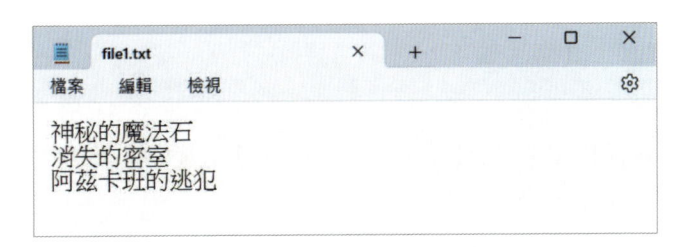

```
file1.txt
檔案   編輯   檢視

神秘的魔法石
消失的密室
阿茲卡班的逃犯
```

【解答】

⭐ \Ch08\copy.py

```python
# 設定來源檔案與目的檔案的路徑
source = 'E:\\file1.txt'
target = 'E:\\file2.txt'

# 開啟來源檔案與目的檔案
file_object1 = open(source, 'r')
file_object2 = open(target, 'w')

# 讀取來源檔案的資料
data = file_object1.read()
# 將資料寫入目的檔案
file_object2.write(data)

# 關閉來源檔案與目的檔案
file_object1.close()
file_object2.close()
# 印出結果
print('file1.txt 已經複製到 file2.txt')
```

8-3 with 敘述

Python 提供了 **with** 敘述用來簡化資源管理，比方說，在存取檔案的動作結束後，程式必須呼叫 close() 關閉檔案，要是忘了，檔案就會被鎖定，此時，可以改用 with 敘述，無論存取檔案的動作成功或失敗，with 敘述都會自動關閉檔案，其語法如下：

> with open(檔案, 模式) as 檔案物件
> ......

例如下面的 In [1] 將讀取檔案的動作寫在 with 區塊，只要離開 with 區塊，就會自動關閉檔案，不需要額外呼叫 close()。也正因為檔案已經關閉，所以 In [2] 企圖要讀取檔案的動作會發生 ValueError: I/O operation on closed file.。

```
In [1]: with open('E:\\file1.txt', 'r') as file_object:
   ...:     data = file_object.read()
   ...:     print(data)
   ...:
神秘的魔法石
消失的密室
阿茲卡班的逃犯

In [2]: file_object.read()
Traceback (most recent call last):

  Cell In[2], line 1
    file_object.read()

ValueError: I/O operation on closed file.
```

❶ 離開 with 區塊就會自動關閉檔案

❷ 檔案已經關閉，無法讀取資料

8-4 語法錯誤與例外

到目前為止,我們已經寫了不少程式,也看過不少錯誤訊息,例如企圖讀取已經關閉的檔案會發生 ValueError: I/O operation on closed file、以讀取模式開啟不存在的檔案會發生 FileNotFoundError 等。

Python 的程式錯誤大致上可以分成**語法錯誤** (syntax error) 和**例外** (exception),以下有進一步的說明。

8-4-1 語法錯誤

語法錯誤 (syntax error) 又稱為**解析錯誤** (parsing error),這是初學者最常遇到的問題之一,通常會在解析階段就被偵測出來,不會等到執行階段,下面是兩個例子。

```
In [1]: while True
   ...:     print('Hello, world!')
  Cell In[1], line 1
    while True
              ^    ← 指出錯誤位置
SyntaxError: expected ':'    ← 說明錯誤訊息

In [2]: print('hi)
  Cell In[2], line 1
    print('hi)
          ^
SyntaxError: unterminated string literal (detected at line 1)
```

❶ 直譯器偵測到 Cell In[1], line 1 (In[1] 第一行) 有錯誤,並以 ^ 指出錯誤在 while True 後面,而 SyntaxError: expected ':' 是說明該處預期一個冒號。

❷ 直譯器偵測到 Cell In[2], line 1 (In[2] 第一行) 有錯誤,並以 ^ 指出錯誤在單引號 ',而 SyntaxError: unterminated string literal 是說明該處有未結束的字串常值。

8-13

8-4-2 例外

即使程式的語法正確,也可能在執行階段發生錯誤,此時,Python 會根據錯誤的類型拋出**例外** (exception)。例如下面的敘述 **1 / 0** 雖然語法正確,但除數為 0,導致系統丟出 **ZeroDivisionError** 例外,錯誤訊息是 **division by zero**(除以零):

```
In [1]: 1 / 0
Traceback (most recent call last):
  Cell In[1], line 1  ❶
❷  1 / 0
ZeroDivisionError: division by zero  ❸
```

❶ 錯誤位置
❷ 例外類型
❸ 錯誤訊息

而下面的敘述是以讀取模式開啟不存在的檔案,導致 Python 拋出 **FileNotFoundError** 例外,錯誤訊息是 **No such file or directory**(沒有這樣的檔案或目錄):

```
In [1]: file_object = open('E:\\file2.txt', 'r')
Traceback (most recent call last):
  Cell In[1], line 1  ❶
    file_object = open('E:\\file2.txt', 'r')
  File ~\anaconda3\Lib\site-packages\IPython\core\interactiveshell.py:324 in _modified_open
❷    return io_open(file, *args, **kwargs)                              ❸
FileNotFoundError: [Errno 2] No such file or directory: 'E:\\file2.txt'
```

❶ 錯誤位置
❷ 例外類型
❸ 錯誤訊息

大部分的例外都不會被程式加以處理,一旦發生例外,程式通常會中斷執行,然後留下一長串令人困擾的錯誤訊息。比較好的做法是針對某些例外進行處理,以上面的 FileNotFoundError 例外為例,我們可以在開啟檔案的同時捕捉 FileNotFoundError 例外,一旦捕捉到此例外,就要求重新輸入正確的檔案路徑與名稱,讓程式繼續執行下去。至於要如何捕捉並處理例外,可以使用下一節所要介紹的 try...except 語法。

內建例外

當程式遇到異常情況或錯誤導致無法正常執行時，例如找不到檔案、網路中斷、連線被拒、使用者輸入無效資料、除以零等，Python 會根據錯誤的類型拋出例外，讓開發者知道程式發生什麼問題，進而採取一些機制來處理問題，防止程式掛掉。

Python 內建許多例外，下面是一些例子供你參考，若需要進一步的資訊，可以查看說明文件 https://docs.python.org/3.14/library/exceptions.html#bltin-exceptions，或問 ChatGPT，也會有相關的說明。

★ **SyntaxError**：程式的語法錯誤，直譯器無法解析。

★ **TypeError**：將運算或函式套用到型別錯誤的物件。

★ **ValueError**：運算或函式接收到型別正確但值錯誤的參數。

★ **IndexError**：序列的索引超出範圍。

★ **KeyError**：在字典中查詢不存在的鍵。

★ **NameError**：找不到名稱，例如嘗試使用尚未定義的變數或名稱。

★ **ImportError**：無法匯入模組。

★ **IndentationError**：縮排錯誤。

★ **FileNotFoundError**：找不到檔案，例如以讀取模式開啟不存在的檔案。

★ **ZeroDivisionError**：除以零，例如 1 / 0、3.5 / 0。

★ **OverflowError**：算術運算的結果太大，超過表示範圍，例如 math.exp(1000) 會發生溢位錯誤。

★ **MemoryError**：程式執行時無法分配足夠的記憶體，例如嘗試建立一個超大的串列 x = [0] * (10**10)。

8-5 try...except

Python 提供了 **try...except** 用來捕捉並處理例外，其語法如下：

```
try:
    # 可能發生例外的程式碼
except 例外型別 [as 變數]:
    # 用來處理例外的程式碼
[else: ......]
[finally: ......]
```

❶ **try 區塊**：將可能發生例外的程式碼放在 try 區塊，注意關鍵字 try 後面要加上冒號，而且程式碼要縮排並對齊。

❷ **except 區塊**：當有捕捉到例外時，就會執行對應的 except 區塊（可以有一個或多個）。如欲將例外指派給變數，可以加上 as 關鍵字和變數名稱，此為選擇性敘述，可以指定或省略。

❸ **else 區塊**：當沒有捕捉到例外時，就會執行 else 區塊。此為選擇性敘述，可以指定或省略。

❹ **finally 區塊**：無論有沒有捕捉到例外，都會執行 finally 區塊，裡面可能是一些用來釋放資源（例如關閉檔案）或清除錯誤的敘述。此為選擇性敘述，可以指定或省略。

程式使用 try...except 主要的目的是處理執行過程中可能出現的錯誤，讓程式在遇到問題時能夠進行適當的應對，而不會直接掛掉，這些應對可能包括顯示更友善的錯誤訊息、讓程式繼續執行其它部分、釋放占用的資源等。

範例 1：處理特定例外

若要處理特定例外，可以捕捉該例外。下面是一個例子，它會捕捉 **ZeroDivisionError** 例外，然後印出指定訊息。

\Ch08\except1.py

```
01  try:
02      result = 1 / 0          ┐ try 區塊
03  except ZeroDivisionError:   ┐
04      print('不能除以零！')    ┘ except 區塊
```

- 01 ~ 02：將可能發生例外的程式碼 result = 1 / 0 放在 try 區塊。

- 03 ~ 04：當 result = 1 / 0 發生 ZeroDivisionError 例外時，就會執行對應的 except 區塊，印出「不能除以零！」。

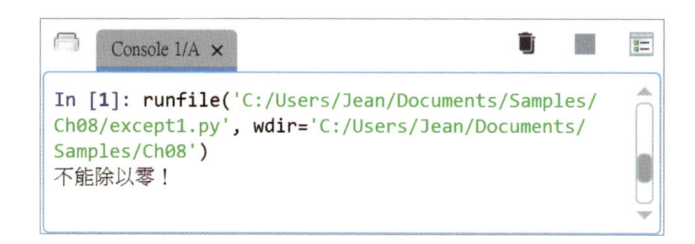

```
In [1]: runfile('C:/Users/Jean/Documents/Samples/
Ch08/except1.py', wdir='C:/Users/Jean/Documents/
Samples/Ch08')
不能除以零！
```

範例 2：處理所有例外

若要處理所有例外，可以捕捉 **Exception** 例外，這是所有例外的基底類別。下面是一個例子，它會捕捉所有例外，然後印出錯誤訊息和例外型別。

\Ch08\except2.py

```
01  try:
02      result = 1 / 0
03  except Exception as e:   ❶
04      print('錯誤訊息：', e, '\n 例外型別：', type(e))   ❷
```

❶ 捕捉所有例外並指派給變數 e
❷ 透過變數 e 印出錯誤訊息和例外型別

執行結果如下，表示捕捉到 ZeroDivisionError 例外，錯誤訊息為 division by zero。

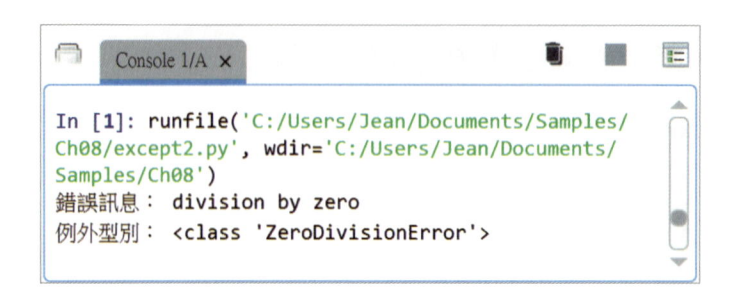

```
In [1]: runfile('C:/Users/Jean/Documents/Samples/
Ch08/except2.py', wdir='C:/Users/Jean/Documents/
Samples/Ch08')
錯誤訊息： division by zero
例外型別： <class 'ZeroDivisionError'>
```

不過，請避免捕捉所有例外，因為這有可能會捕捉到非預期的例外。事實上，有經驗的開發者通常只會捕捉特定例外，然後進行適當的錯誤處理。

範例 3：處理多種例外

若要處理多種例外，可以撰寫多個 except 區塊。下面是一個例子，它會捕捉 ZeroDivisionError 和 ValueError 例外，然後印出指定訊息；相反的，若沒有捕捉到例外，就會執行 else 區塊，印出計算結果；最後，無論有沒有捕捉到例外，都會執行 finally 區塊，印出「離開 try...except」。

⭐ \Ch08\except3.py

```
01  try:
02      num = int(input('請輸入一個整數：'))
03      result = 1 / num
04  except ZeroDivisionError:
05      print('不能除以零！')
06  except ValueError:
07      print('不是有效整數！')
08  else:
09      print(f'計算結果：{result}')
10  finally:
11      print('離開 try...except')
```

- 01 ~ 03：將可能發生例外的程式碼放在 try 區塊。

- 04 ~ 05：當捕捉到 ZeroDivisionError 例外時，就會執行這個 except 區塊，印出「不能除以零！」。

- 06 ~ 07：當捕捉到 ValueError 例外時，就會執行這個 except 區塊，印出「不是有效整數！」。

- 08 ~ 09：當沒有捕捉到例外時，就會執行 else 區塊，印出變數 result 的值。

- 10 ~ 11：無論有沒有捕捉到例外，都會執行 finally 區塊，印出「離開 try...except」。

你可以多執行幾次，輸入不同的資料，仔細觀察結果有何不同。

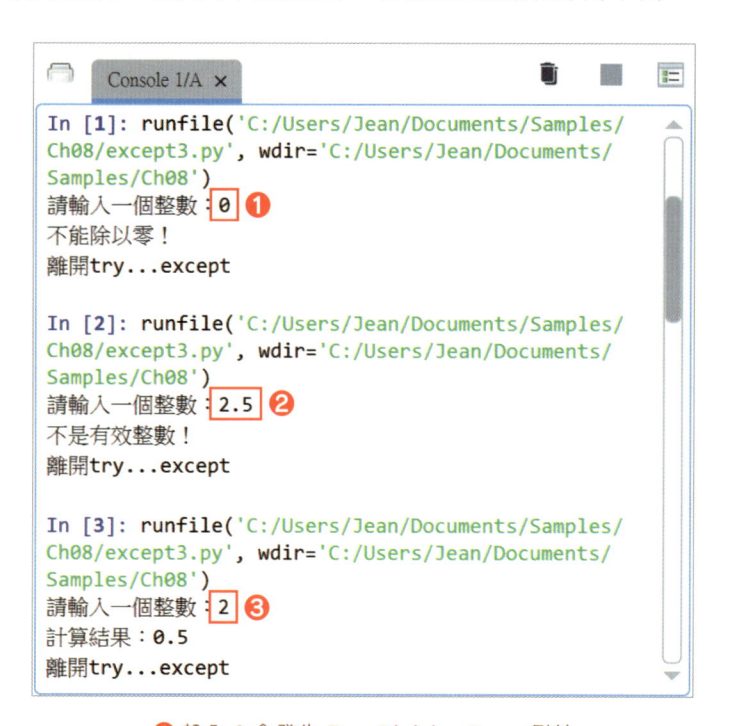

```
In [1]: runfile('C:/Users/Jean/Documents/Samples/
Ch08/except3.py', wdir='C:/Users/Jean/Documents/
Samples/Ch08')
請輸入一個整數：0  ❶
不能除以零！
離開try...except

In [2]: runfile('C:/Users/Jean/Documents/Samples/
Ch08/except3.py', wdir='C:/Users/Jean/Documents/
Samples/Ch08')
請輸入一個整數：2.5  ❷
不是有效整數！
離開try...except

In [3]: runfile('C:/Users/Jean/Documents/Samples/
Ch08/except3.py', wdir='C:/Users/Jean/Documents/
Samples/Ch08')
請輸入一個整數：2  ❸
計算結果：0.5
離開try...except
```

❶ 輸入 0 會發生 ZeroDivisionError 例外
❷ 輸入 2.5 會發生 ValueError 例外
❸ 輸入 2 會印出計算結果

馬上練習

[例外處理] 撰寫一個 Python 程式，令它要求輸入檔案名稱，然後讀取並印出檔案內容，記得利用 try...except 語法，一旦找不到檔案，就要求重新輸入，直到輸入正確檔名為止，本書範例程式有提供 file1.txt 檔案供你練習。

【解答】

⭐ \Ch08\except4.py

```python
while True:
    try:
        # 要求輸入檔案名稱
        file_name = input('請輸入檔案名稱：')
        # 嘗試開啟並讀取檔案
        with open(file_name, 'r') as file:
            data = file.read()
            print(f'\n檔案內容如下：\n{data}')
        # 成功讀取並印出檔案內容後跳出迴圈
        break
    except FileNotFoundError:
        # 當找不到檔案時，捕捉例外並要求重新輸入
        print('找不到檔案，請重新輸入！\n')
```

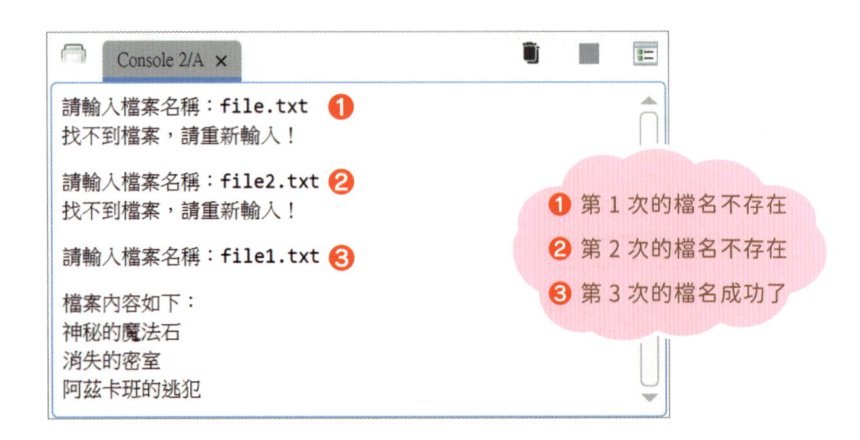

```
請輸入檔案名稱：file.txt      ❶
找不到檔案，請重新輸入！
請輸入檔案名稱：file2.txt     ❷
找不到檔案，請重新輸入！
請輸入檔案名稱：file1.txt     ❸
檔案內容如下：
神秘的魔法石
消失的密室
阿茲卡班的逃犯
```

❶ 第 1 次的檔名不存在
❷ 第 2 次的檔名不存在
❸ 第 3 次的檔名成功了

ChatGPT 程式助理

查看與解決程式錯誤所造成的例外

由於例外的類型很多,我們無法一一列舉,如果你在執行程式的時候發生錯誤,看到不認識的例外,可以問 ChatGPT,例如在 ChatGPT 輸入下列提示詞並附上一段程式碼:

```
我在執行下面的程式碼時出現 IndentationError,這是什麼?要如何解決?
while True:
print('hi')
```

得到如下回答,指出 IndentationError 是一種縮排錯誤,while 迴圈的內部程式碼需要有一致的縮排,並貼心地提供了修正後的程式碼。

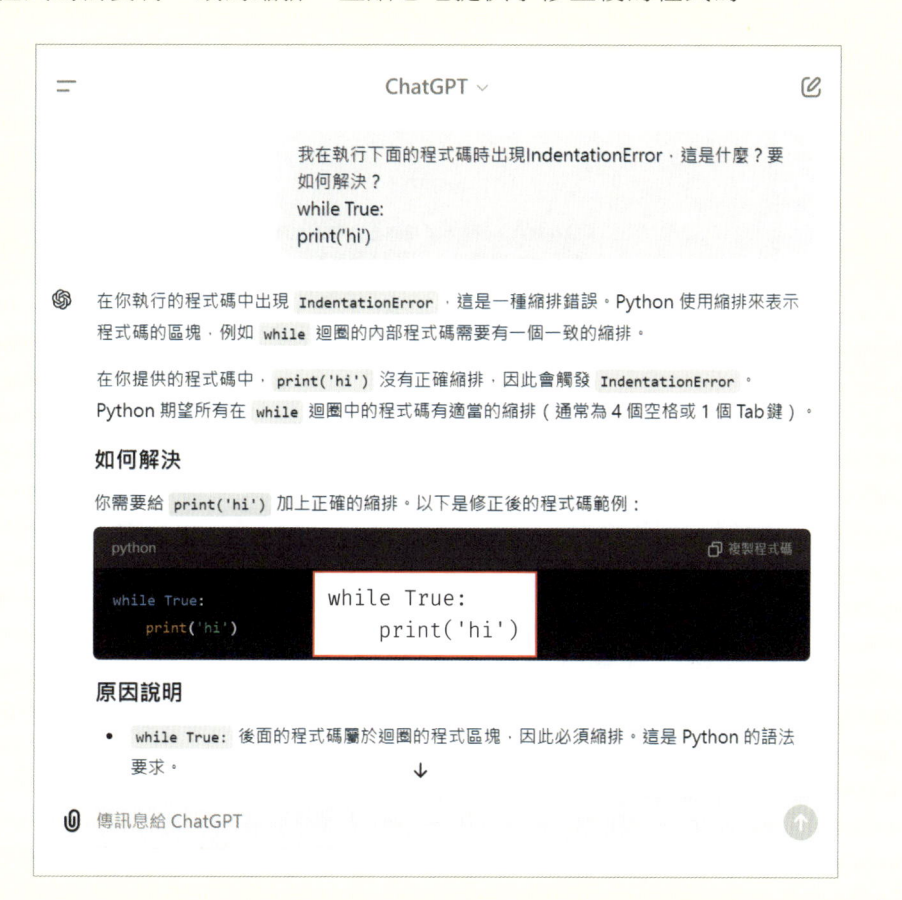

ChatGPT

我在執行下面的程式碼時出現IndentationError,這是什麼?要如何解決?
while True:
print('hi')

在你執行的程式碼中出現 `IndentationError`,這是一種縮排錯誤。Python 使用縮排來表示程式碼的區塊,例如 `while` 迴圈的內部程式碼需要有一個一致的縮排。

在你提供的程式碼中,`print('hi')` 沒有正確縮排,因此會觸發 `IndentationError`。Python 期望所有在 `while` 迴圈中的程式碼有適當的縮排(通常為 4 個空格或 1 個 Tab 鍵)。

如何解決

你需要給 `print('hi')` 加上正確的縮排。以下是修正後的程式碼範例:

```python
while True:
    print('hi')
```

原因說明

- `while True:` 後面的程式碼屬於迴圈的程式碼區塊,因此必須縮排。這是 Python 的語法要求。

8-21

ChatGPT 程式助理

幫程式加上 try...except 語法

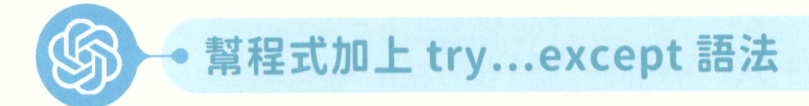

初學者有時可能無法掌握 try...except 的使用時機，那麼可以請 ChatGPT 來幫忙，例如我們在 ChatGPT 輸入下列提示詞並附上一段程式碼：

```
我在執行下面的程式碼時出現 FileNotFoundError，請幫忙加上 try...except 語法，一旦找不到檔案，就顯示「找不到檔案！」。
file_object = open('E:\\file2.txt', 'r')
data = file_object.read()
file_object.close()
print(data)
```

得到如下回答，指出可以使用 try...except 語法來捕捉 FileNotFoundError，並貼心地提供了修正後的程式碼。這樣可以避免程式因為找不到檔案而中斷，同時給予使用者有意義的錯誤訊息。

```
try:
    file_object = open('E:\\file2.txt', 'r')
    data = file_object.read()
    file_object.close()
    print(data)
except FileNotFoundError:
    print(" 找不到檔案！ ")
```

CHAPTER

09 類別與物件

9-1 認識類別與物件

9-2 使用類別與物件

9-3 繼承

🅢 查詢物件導向、類別與物件相關問題

🅢 繼承的時機？如何設計繼承階層？

9-1 認識類別與物件

對人類來說，諸如房子、汽車、電腦、學校、學生、公司、員工等真實世界中的物件是很容易理解的，但是對電腦來說，若沒有預先的定義，電腦並無法理解這些物件的意義與用途，此時，開發者可以利用資料來創造電腦能夠理解的模型，下面是幾個常見的名詞：

- 在程式設計中，生活中的物品可以使用**物件** (object) 或**實例** (instance) 來表示，而物件可能又是由多個子物件所組成。比方說，汽車是一種物件，而汽車又是由引擎、輪胎等子物件所組成；又比方說，Python 的 list 是一種容器物件，而 list 又是由數值、字串等子物件所組成。

- **屬性** (attribute) 是用來描述物件的資料，比方說，汽車是一種物件，而廠牌、年份、顏色、排氣量、行駛速度等用來描述汽車的資料就是該物件的屬性；又比方說，datetime 是 Python 內建的物件，而 year、month、day 等用來描述日期時間的資料就是該物件的屬性。

- **方法** (method) 是用來定義物件的動作，比方說，汽車是一種物件，而發動、變速等動作就是該物件的方法；又比方說，datetime 是 Python 內建的物件，而 date()、time()、strftime() 等函式就是該物件的方法。

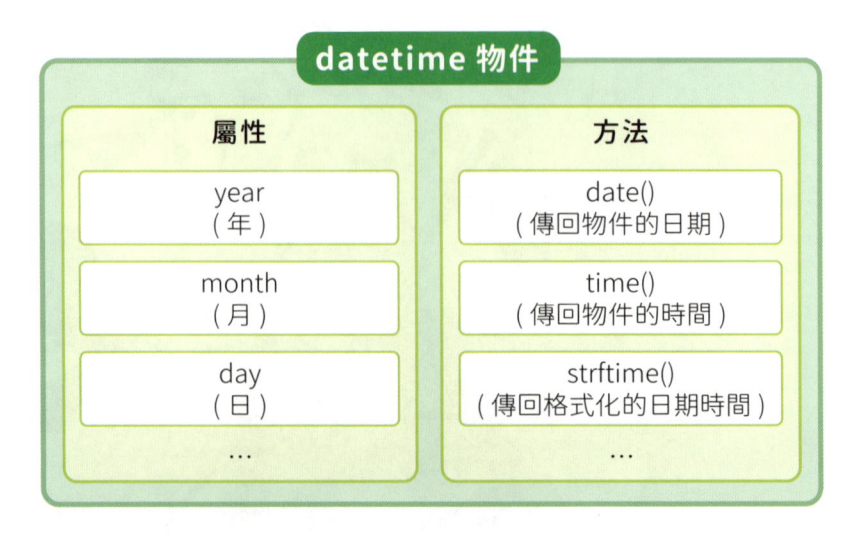

datetime 物件

屬性	方法
year（年）	date()（傳回物件的日期）
month（月）	time()（傳回物件的時間）
day（日）	strftime()（傳回格式化的日期時間）
...	...

- **類別**（class）就像物件的藍圖或樣板，定義了物件的屬性（資料）與方法（動作）。你可以將類別看作是物件的設計圖，透過類別來建立物件，例如在 Python 中，我們可以透過 datetime 類別來建立 datetime 物件，用來表示日期時間。

  以下圖為例，Car（汽車）是一個類別，它有 brand（廠牌）、speed（行駛速度）等屬性，以及 start_car()（發動）、change_speed()（變速）等方法，那麼一部靜止的 BMW 汽車就是隸屬於 Car 類別的一個物件，其 brand 屬性的值為 BMW，speed 屬性的值為 0，而且駕駛可以呼叫 start_car() 方法去發動汽車，或呼叫 change_speed() 方法去變更 speed 屬性的值，以加速或減速。至於其它廠牌的汽車（例如 BENZ、TOYOTA、MAZDA）則為 Car 類別的其它物件。

Car 類別	
屬性	方法
brand	start_car()
speed	change_speed()

  物件：BMW、BENZ、TOYOTA、MAZDA

- **物件導向程式設計**（OOP，Object-Oriented Programming）是一種程式設計方式，它將程式設計的重點放在類別與物件，將問題拆分成不同的物件來進行處理，而且物件可以在不同的程式中被重複使用，讓程式碼更具結構性、容易維護及擴展新功能。

TIP

為了加深你的理解，我們把 Python 的類別與物件概念再釐清一次。在 Python 中，所有資料都是**物件** (object)，因此，整數、浮點數、字串、日期時間等都是物件，而物件的型別是定義在**類別** (class)，例如整數、浮點數、字串、日期時間的型別是定義在 int、float、str、datetime 類別。

類別就像物件的藍圖或樣板，裡面定義了物件的資料，以及用來操作物件的函式，前者稱為**屬性** (attribute)，後者稱為**方法** (method)，換句話說，**屬性與方法就是物件裡面的變數與函式**，不同之處在於必須透過 **.運算子**存取物件的屬性與方法。舉例來說，假設 dt 是一個 datetime 物件，若要取得其年份，可以寫成 dt.year；若要呼叫其 date() 方法，可以寫成 dt.date()。

我們可以根據某個類別建立多個物件，例如根據 datetime 類別建立多個日期時間物件，這個建立物件的動作稱為**實例化** (instantiation)，而被建立的物件則是類別的**實例** (instance)。

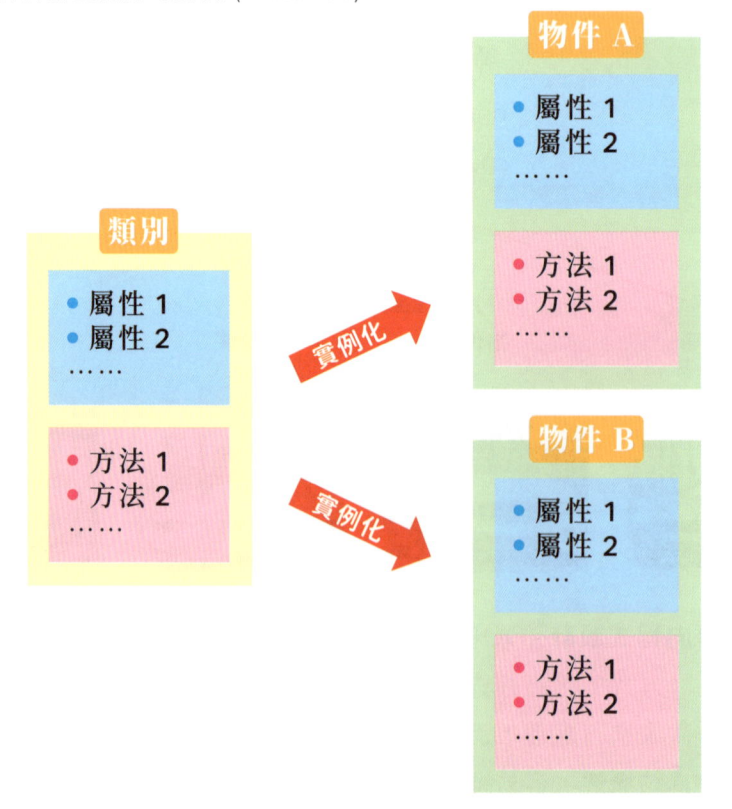

類別
- 屬性 1
- 屬性 2
  ……

- 方法 1
- 方法 2
  ……

實例化 →

物件 A
- 屬性 1
- 屬性 2
  ……

- 方法 1
- 方法 2
  ……

物件 B
- 屬性 1
- 屬性 2
  ……

- 方法 1
- 方法 2
  ……

9-2 使用類別與物件

Python 的類別可以包含下列成員：

- **屬性** (attribute)：類別裡面的變數，用來儲存資料。
- **方法** (method)：類別裡面的函式，用來操作屬性或執行某些動作。
- **建構子** (constructor)：用來初始化物件的特殊方法，當建立物件時會自動被呼叫，Python 的建構子是透過 **__init__()** 方法來實作。
- **解構子** (destructor)：用來釋放資源的特殊方法，當物件不再使用時會自動被呼叫，Python 的解構子是透過 **__del__()** 方法來實作，但很少用，因為 Python 會藉由自動的垃圾回收機制來處理記憶體。

9-2-1 定義類別

我們可以使用 **class** 關鍵字定義類別，其語法如下，__init__() 方法不一定要定義，若沒有定義，Python 會提供預設的建構子，該建構子不會執行任何初始化動作。

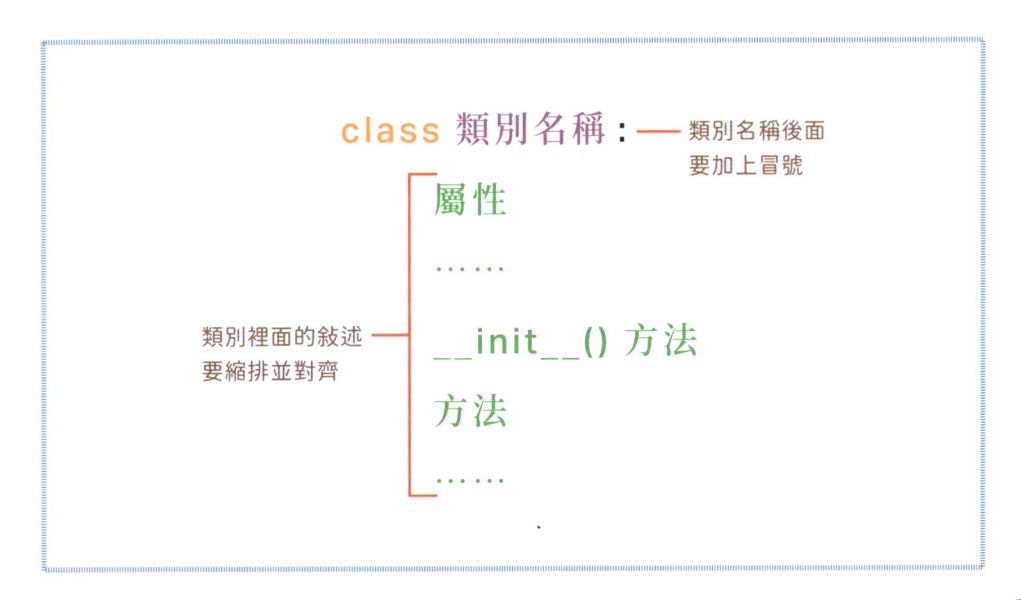

```
class 類別名稱：        ── 類別名稱後面要加上冒號
    屬性
    ……
    __init__() 方法
    方法
    ……
```

類別裡面的敘述要縮排並對齊

下面是一個例子,它示範了如何定義類別,包含屬性、方法與建構子。

```python
01  class Car:
02      # 類別屬性
03      wheels = 4
04
05      # 建構子
06      def __init__(self, brand, year):      # 第一個參數必須是 self
07          self.brand = brand      # 實例屬性
08          self.year = year        # 實例屬性
09
10      # 實例方法
11      def show_info(self):                  # 第一個參數必須是 self
12          print(f'廠牌:{self.brand},年份:{self.year}')
```

- ✅ 01:使用 **class** 關鍵字定義一個名稱為 Car 的類別,用來表示汽車。類別的命名規則和變數相同,建議採取**大駝峰式命名法**,也就是每個單字的首字大寫,例如 Car、BankAccount、MyClass 等。

- ✅ 03:定義一個名稱為 wheels、初始值為 4 的類別屬性,用來表示輪胎個數。所謂**類別屬性** (class attribute) 指的是在類別裡面、方法外面所定義的變數,**類別的所有實例會共享相同的類別屬性**。

- ✅ 06 ~ 08:定義**建構子** (constructor),這是一個名稱為 **__init__()** 的特殊方法,用來初始化物件,當建立物件時會自動被呼叫,無須另外呼叫。此例的建構子會根據參數初始化 brand 和 year 兩個實例屬性,所謂**實例屬性** (instance attribute) 指的是在方法裡面透過 **self** 參數所定義的變數,**類別的不同實例會有各自的實例屬性**。

  建構子的第一個參數通常命名為 self,用來參照類別的物件,例如第 07、08 行的 self.brand、self.year 就是物件的 brand 和 year 屬性。雖然 Python 沒有強制規定,但請依照命名慣例將該參數命名為 self,這樣其它開發者在閱讀程式碼時,便能立即明白該參數代表物件本身。

✅ 11、12：定義一個名稱為 show_info 的實例方法，用來印出汽車的廠牌與年份。所謂**實例方法** (instance method) 指的是在類別裡面所定義、且需要透過實例來呼叫的方法。

在類別裡面定義方法和定義一般函式幾乎相同，**差別在於方法的第一個參數必須是 self**，用來參照類別的物件，例如第 12 行的 self.brand、self.year 就是物件的 brand 和 year 屬性。此外，在呼叫實例方法時，**物件本身會自動作為第一個參數傳遞進去，無須寫出 self**。

9-2-2 建立物件

在定義類別後，我們可以根據類別建立物件，其語法如下，當建構子沒有 self 以外的參數時，就採取第一種語法；相反的，當建構子有 self 以外的參數時，就採取第二種語法：

> 類別名稱 **()**
> 類別名稱 **(參數)**

例如下面的敘述是建立一個隸屬於 Car 類別的物件，並指派給變數 car1，此時會自動執行建構子 __init__()，而且物件本身會自動作為第一個參數傳遞進去，無須寫出 self，只要寫出 brand 和 year 兩個參數的值即可：

```
car1 = Car('Mazda', 2023)
```
●── 建立物件時無須寫出 self 參數

在建立物件後，就可以透過 . 運算子存取物件的屬性與方法，例如下面的第一個敘述可以將 car1 物件的 brand 屬性從 'Mazda' 變更為 'BMW'，而第二個敘述可以呼叫 car1 物件的 show_info() 方法：

```
car1.brand = 'BMW'
car1.show_info()
```
●── 呼叫方法時無須寫出 self 參數

我們將前面的討論整合如下：

⭐ \Ch09\car.py

```
01  class Car:
02      # 類別屬性
03      wheels = 4
04  
05      # 建構子
06      def __init__(self, brand, year):
07          self.brand = brand    # 實例屬性
08          self.year = year      # 實例屬性
09  
10      # 實例方法
11      def show_info(self):
12          print(f'廠牌：{self.brand}, 年份：{self.year}')
13  
14  # 建立物件
15  car1 = Car('Mazda', 2023)
16  car2 = Car('Honda', 2025)
17  
18  # 存取屬性
19  print(f'第一台車的輪胎個數 {car1.wheels}')
20  print(f'第二台車的輪胎個數 {car2.wheels}')
21  
22  # 呼叫方法
23  car1.show_info()
24  car2.show_info()
```

- 01 ~ 12：定義 Car 類別。注意 __init__ 的前後是兩個底線，中間沒有空白，init 取自 initialize（初始化）的開頭，常見的初始化動作有設定資料的初始值、開啟檔案、建立資料庫連接、建立網路連線等。

- 15：建立一個隸屬於 Car 類別的物件，並指派給變數 car1，此時會自動執行 __init__()，將 brand 和 year 屬性設定為 'Mazda'、2023。

- 16：建立一個隸屬於 Car 類別的物件，並指派給變數 car2，此時會自動執行 __init__()，將 brand 和 year 屬性設定為 'Honda' 和 2025。

- 19：印出 car1 物件的 wheels 屬性，得到 4。

- 20：印出 car2 物件的 wheels 屬性，得到 4，由於這是類別屬性，因此，car1 和 car2 會共享 wheels 屬性。

- 23：呼叫 car1 物件的 show_info() 方法，印出 brand 和 year 屬性，得到 'Mazda' 和 2023。

- 24：呼叫 car2 物件的 show_info() 方法，印出 brand 和 year 屬性，得到 'Honda' 和 2025。由於這兩者是實例屬性，因此，car1 和 car2 會有各自的 brand 和 year 屬性。

執行結果如下：

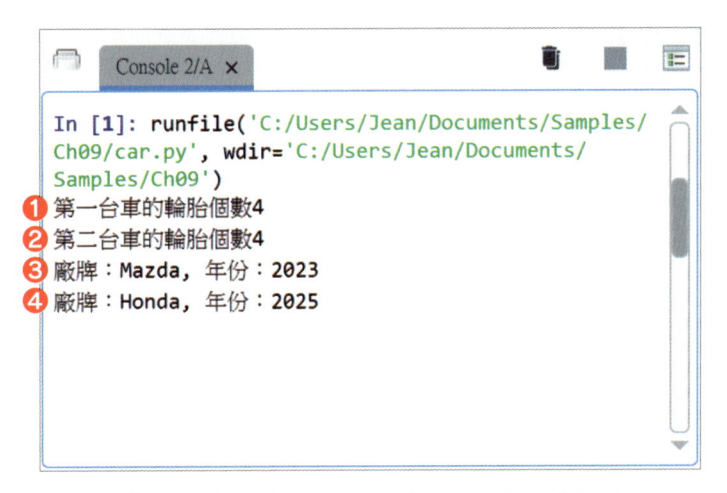

```
In [1]: runfile('C:/Users/Jean/Documents/Samples/
Ch09/car.py', wdir='C:/Users/Jean/Documents/
Samples/Ch09')
❶ 第一台車的輪胎個數4
❷ 第二台車的輪胎個數4
❸ 廠牌：Mazda, 年份：2023
❹ 廠牌：Honda, 年份：2025
```

❶ 第 19 行的執行結果　　❸ 第 23 行的執行結果
❷ 第 20 行的執行結果　　❹ 第 24 行的執行結果

9-2-3 匿名物件

Python 提供了**匿名物件** (anonymous object) 功能,可以在沒有將物件指派給變數的情況下存取物件。下面是一個例子,其中第 15、18 行建立兩個匿名物件,並呼叫其 show_info() 方法,印出廠牌與年份,這兩個物件沒有指派給任何變數,所以是匿名的,而且只分別存在於第 15、18 行執行時。

⭐ \Ch09\car.py

```
01  class Car:
02      # 類別屬性
03      wheels = 4
04
05      # 建構子
06      def __init__(self, brand, year):
07          self.brand = brand      # 實例屬性
08          self.year = year        # 實例屬性
09
10      # 實例方法
11      def show_info(self):
12          print(f'廠牌:{self.brand}, 年份:{self.year}')
13
14  # 匿名物件 1
15  Car('Mazda', 2023).show_info()
16
17  # 匿名物件 2
18  Car('Honda', 2025).show_info()
```

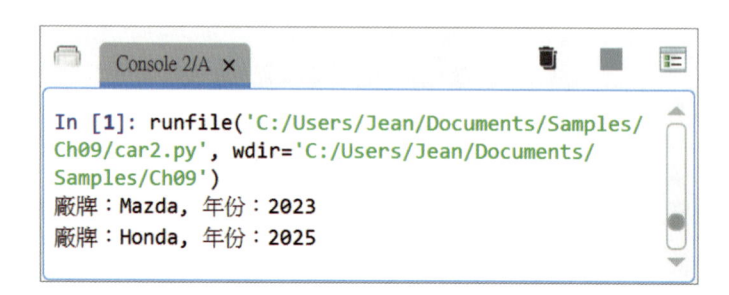

沒有將物件指派給任何變數

```
Console 2/A ×

In [1]: runfile('C:/Users/Jean/Documents/Samples/
Ch09/car2.py', wdir='C:/Users/Jean/Documents/
Samples/Ch09')
廠牌:Mazda, 年份:2023
廠牌:Honda, 年份:2025
```

9-10

9-2-4 私有屬性與私有方法

私有屬性 (private attribute) 與**私有方法** (private meyhod) 指的是名稱以 __ 開頭的屬性或方法，它們無法被類別外面的敘述直接存取或呼叫，如此一來，就可以保護某些資料或動作不被意外誤改或刻意竄改。

以下面的 User 類別為例，第 04 行的 __score 是一個私有屬性，表示使用者的分數已經被保護起來，類別外面的敘述無法直接存取：

```
01  class User:
02      def __init__(self, name, score):
03          self.name = name           # 公有屬性
04          self.__score = score       # 私有屬性
05
06      def get_score(self):           ⎫ 這個公有方法用來
07          return self.__score        ⎭ 傳回私有屬性的值
```

假設我們撰寫下面的敘述建立 user1 物件，然後企圖透過 user1.__score 取得私有屬性的值，將會發生 AttributeError（屬性錯誤）：

```
user1 = User('艾莉絲', 95)
print(user1.__score)
```

```
Console 2/A ×

Traceback (most recent call last):
  File ~\anaconda3\Lib\site-
packages\spyder_kernels\py3compat.py:356 in compat_exec
    exec(code, globals, locals)

  File c:\users\jean\documents\samples\ch09\user.py:10
    print(user1.__score)

AttributeError: 'User' object has no attribute '__score'
```

若要取得私有屬性的值，必須呼叫 user1 物件的 get_score() 方法，例如：

```
print(user1.get_score())
```

馬上練習

假設 Employee 類別如下，用來表示員工，其中 __salary 是一個私有屬性：

```python
class Employee:
    # 建構子（初始化員工姓名與薪資）
    def __init__(self, name, salary):
        self.name = name          # 公有屬性（員工姓名）
        self.__salary = salary    # 私有屬性（員工薪資）

    # 實例方法（印出員工姓名與薪資）
    def show_info(self):
        print(f'員工姓名：{self.name}，薪資：{self.__salary}元')

    # 實例方法（幫員工加薪）
    def increase_salary(self, amount):
        self.__salary += amount
        print(f'幫 {self.name} 加薪 {amount} 元')
```

試問，下面程式碼的執行結果為何？

```python
emp = Employee('小美', 50000)
emp.increase_salary(3000)
emp.show_info()
print(emp.__salary)
```

【解答】

執行結果如下，最後一個敘述企圖取得私有屬性，將會發生 AttributeError：

```
幫小美加薪 3000 元
員工姓名：小美，薪資：53000 元
AttributeError: 'Employee' object has no attribute '__salary'
```

馬上練習

假設 Cat 類別如下,用來表示貓咪,請說明 __init__()、add_trick()、show_tricks() 等三個方法的用途。

```python
class Cat:
    def __init__(self, name):
        self.name = name
        self.tricks = []

    def add_trick(self, trick):
        self.tricks.append(trick)

    def show_tricks(self):
        if self.tricks:
            print(f"{self.name}會的技巧:{', '.join(self.tricks)}")
        else:
            print(f'{self.name}不會任何技巧')
```

將 self.tricks 的元素以逗號和空白分隔,連接成一個字串

試問,下面程式碼的執行結果為何?

```python
mycat = Cat('阿虎')
mycat.add_trick('撿球')
mycat.add_trick('捲毛線')
mycat.show_tricks()
```

【解答】

這三個方法可以用來初始化貓咪物件(名字和技巧)、加入貓咪會的技巧,以及印出貓咪會的技巧,至於程式碼的執行結果則如下:

```
阿虎會的技巧:撿球,捲毛線
```

9-3 繼承

繼承 (inheritance) 是物件導向程式設計的主要特性之一，Python 允許一個類別繼承另一個類別的成員，也就是從現有的類別定義出新的類別，而不必重新撰寫相同的程式碼，有助於提升程式的重複使用性及擴展性。

我們將這個現有的類別稱為**父類別** (parent class) 或**基底類別** (base class)，而新的類別稱為**子類別** (child class) 或**衍生類別** (derived class)。子類別繼承了父類別的非私有成員，同時可以加入新的成員，或**覆蓋** (override) 繼承自父類別的方法，也就是在子類別內重新定義繼承自父類別的某個方法。

舉例來說，假設要定義兩個類別用來表示「火車」和「公車」，由於它們具有「交通工具」共同的特質與動作，為了不要重複定義，我們可以先定義具有一般性的 Transport 類別作為父類別，裡面有行車速度、動力來源、乘車人數等屬性，以及發動、停止等方法；接著可以繼承此類別，定義具有特殊性的 Train 和 Bus 兩個子類別，然後在子類別內加入獨有的特質與動作，例如火車的車廂數目、公車是否為雙層巴士等，同時可以在子類別內覆蓋發動、停止等方法，因為火車和公車的發動與停止方式不同。

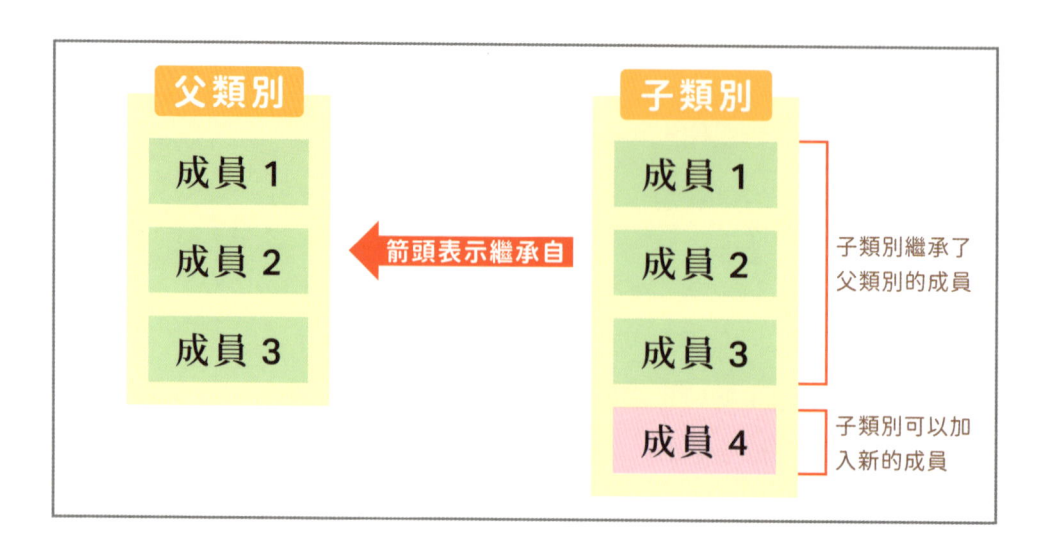

9-3-1 定義子類別

我們一樣是使用 class 關鍵字定義子類別，**差別在於子類別名稱後面要加上小括號和父類別名稱**，若父類別不只一個，中間以逗號分隔，其語法如下，子類別內的敘述可以是屬性、方法、建構子、解構子等成員：

> class 子類別 (父類別):
>   敘述
>
> class 子類別 (父類別 1, 父類別 2, …):
>   敘述

下面是一個例子，其中類別 B 是類別 A 的子類別，繼承了類別 A 的非私有成員，包括 x 屬性和 M1() 方法，同時加入新的成員 y 屬性。

★ \Ch09\inheritance1.py

```
01  class A:
02      x = '我是類別A定義的x屬性'
03
04      def M1(self):
05          print('我是類別A定義的M1()方法')
06
07  class B(A):
08      y = '我是類別B定義的y屬性'
09
10  obj = B()
11  print(obj.x)
12  print(obj.y)
13  obj.M1()
```

類別 A

類別 B 是類別 A 的子類別

透過類別 B 的物件存取 x、y、M1() 等成員

執行結果如下，雖然 x 屬性和 M1() 方法定義在類別 A，但類別 B 繼承了這兩個成員，因此，第 11、13 行能夠透過類別 B 的物件加以存取。

```
In [1]: runfile('C:/Users/Jean/Documents/Samples/
Ch09/inheritance1.py', wdir='C:/Users/Jean/
Documents/Samples/Ch09')
我是類別A定義的x屬性
我是類別B定義的y屬性
我是類別A定義的M1()方法
```

在這個例子中，父類別只有一個子類別，其**類別階層** (class hierarchy) 如 ❶ 所示。在實務上，一個父類別可以有多個子類別，如 ❷ 所示，你可以視情況靈活運用。

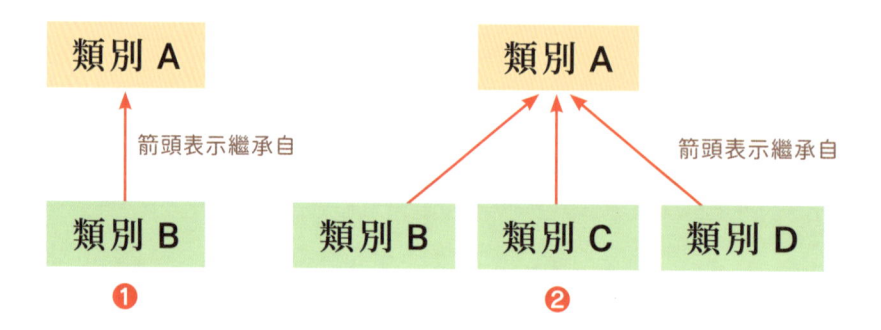

多重繼承

一個子類別也可以繼承多個父類別，稱為**多重繼承** (multiple inheritance)，例如在下面的類別階層中，類別 C 繼承了類別 A 和類別 B。

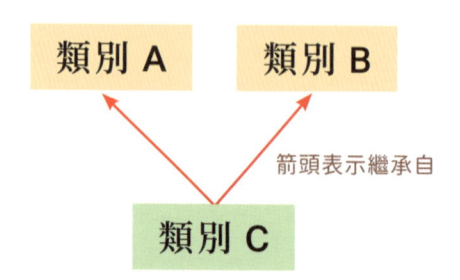

我們可以撰寫程式實作前面的類別階層：

⭐ \Ch09\inheritance2.py

```
01  class A:
02      x = '我是類別 A 定義的 x 屬性'
03
04  class B:
05      y = '我是類別 B 定義的 y 屬性'
06
07  class C(A, B):
08      z = '我是類別 C 定義的 z 屬性'
09
10  obj = C()
11  print(obj.x)
12  print(obj.y)
13  print(obj.z)
```

- 類別 A
- 類別 B
- 類別 C 是類別 A 和類別 B 的子類別
- 透過類別 C 的物件存取 x、y、z 等成員

執行結果如下，雖然 x 屬性定義在類別 A、y 屬性定義在類別 B，但類別 C 繼承了這兩個成員，因此，第 11、12 行能夠透過類別 C 的物件加以存取。

```
In [1]: runfile('C:/Users/Jean/Documents/Samples/
Ch09/inheritance2.py', wdir='C:/Users/Jean/
Documents/Samples/Ch09')
我是類別A定義的x屬性
我是類別B定義的y屬性
我是類別C定義的z屬性
```

> **NOTE**
>
> 細心的讀者可能有注意到，前面的說明曾多次提及子類別會繼承父類別的「非私有」成員，換句話說，如果父類別有「私有」成員，子類別是不會繼承到的，自然無法透過子類別的物件加以存取。
>
> 下面是一個例子，雖然類別 B 是類別 A 的子類別，但無法繼承其私有屬性，因此，第 08 行企圖透過類別 B 的物件存取類別 A 的私有變數 __x，將會發生 AttributeError: 'B' object has no attribute '__x' (屬性錯誤：物件 B 沒有屬性 __x)。
>
> ★ \Ch09\inheritance3.py
>
> ```
> 01  class A:
> 02      __x = '我是類別 A 定義的私有屬性'
> 03
> 04  class B(A):
> 05      y = '我是類別 B 定義的 y 屬性'
> 06
> 07  obj = B()
> 08  print(obj.__x)
> ```
>
> 第 07~08 行：透過類別 B 的物件存取類別 A 的私有變數
>
> ```
> In [2]: runfile('C:/Users/Jean/Documents/Samples/Ch09/inheritance3.py', wdir='C:/Users/Jean/Documents/Samples/Ch09')
> Traceback (most recent call last):
>
>   File ~\anaconda3\Lib\site-packages\spyder_kernels\py3compat.py:356 in compat_exec
>     exec(code, globals, locals)
>
>   File c:\users\jean\documents\samples\ch09\inheritance3.py:8
>     print(obj.__x)
>
> AttributeError: 'B' object has no attribute '__x'
> ```

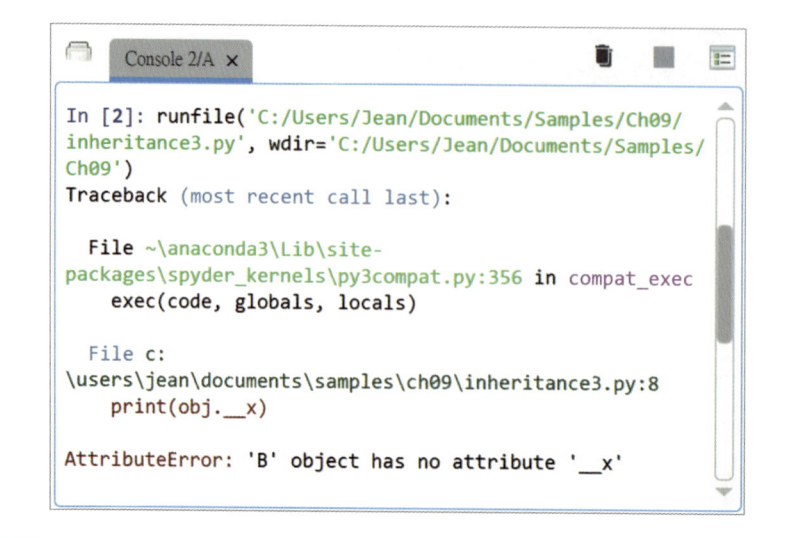

9-3-2 覆蓋繼承自父類別的方法

覆蓋 (override) 是物件導向程式設計的一個概念，指的是在子類別內重新定義繼承自父類別的某個方法，子類別的新方法會覆蓋父類別的同名方法，所以子類別的物件會優先執行新方法。

至於何時會需要使用覆蓋呢？當子類別繼承了父類別的某個方法，而這個方法卻不完全符合子類別的需求時，就可以透過覆蓋的技巧來重新定義同名方法，讓子類別得以修改或擴展父類別的方法。

下面是一個例子，其中 Dog 和 Cat 都是 Animal 的子類別，它們會各自覆蓋繼承自 Animal 類別的 speak() 方法。

★ \Ch09\animal.py (下頁續 1/2)

```python
01  class Animal:
02      def __init__(self, name):
03          self.name = name
04
05      def speak(self):
06          print(f'{self.name} 發出聲！')
07
08  class Dog(Animal):
09      def speak(self):
10          print(f'{self.name} 汪汪叫！')
11
12  class Cat(Animal):
13      def speak(self):
14          print(f'{self.name} 喵喵叫！')
15
16  # 透過 Animal 類別的物件呼叫 speak() 方法
17  animal = Animal(' 小花 ')
18  animal.speak()
19
```

- Animal 類別定義了 speak() 方法
- Dog 類別覆蓋了 speak() 方法
- Cat 類別覆蓋了 speak() 方法

★ \Ch09\animal.py (接上頁 2/2)

```python
20  # 透過 Dog 類別的物件呼叫 speak() 方法
21  dog = Dog('來福')
22  dog.speak()
23
24  # 透過 Cat 類別的物件呼叫 speak() 方法
25  cat = Cat('阿虎')
26  cat.speak()
```

- 01 ~ 06：定義 Animal 類別，裡面有建構子和 speak() 方法。

- 08 ~ 10：定義 Dog 為 Animal 的子類別，並覆蓋 speak() 方法。

- 12 ~ 14：定義 Cat 為 Animal 的子類別，並覆蓋 speak() 方法。

- 17、18：透過 Animal 類別的物件呼叫 speak() 方法，雖然子類別覆蓋了此方法，但父類別的同名方法並沒有改變，所以會印出「小花發出聲！」。

- 21、22：透過 Dog 類別的物件呼叫 speak() 方法，由於 Dog 類別覆蓋了此方法，所以會優先執行新方法，印出「來福汪汪叫！」。

- 25、26：透過 Cat 類別的物件呼叫 speak() 方法，由於 Cat 類別覆蓋了此方法，所以會優先執行新方法，印出「阿虎喵喵叫！」。

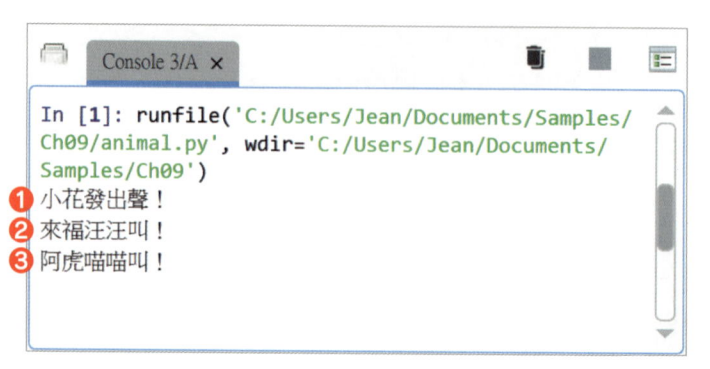

```
In [1]: runfile('C:/Users/Jean/Documents/Samples/
Ch09/animal.py', wdir='C:/Users/Jean/Documents/
Samples/Ch09')
❶ 小花發出聲！
❷ 來福汪汪叫！
❸ 阿虎喵喵叫！
```

❶ 第 18 行的執行結果　　❷ 第 22 行的執行結果　　❸ 第 26 行的執行結果

isinstance() 與 issubclass() 函式

Python 提供了兩個與繼承相關的內建函式，如下：

★ **isinstance(*object*, *classinfo*)**

若 *object* 是 *classinfo* 所指定之類別或其子類別的物件，就傳回 True，否則傳回 False，例如：

```
In [1]: class Animal:
   ...:     pass

In [2]: class Dog(Animal):
   ...:     pass

In [3]: mydog = Dog()

In [4]: isinstance(mydog, Dog)
Out[4]: True

In [5]: isinstance(mydog, Animal)
Out[5]: True
```

❶ 定義 Animal 類別 (pass 關鍵字表示什麼都不做，當需要撰寫一個結構但尚未有具體實作時，可以使用 pass 來避免語法錯誤)
❷ 定義 Dog 為 Animal 的子類別
❸ 建立 Dog 類別的物件 mydog
❹ mydog 是 Dog 類別的物件
❺ mydog 是 Animal 類別的物件

★ **issubclass(*class*, *classinfo*)**

若 *class* 是 *classinfo* 所指定之類別的子類別，就傳回 True，否則傳回 False，例如：

```
In [1]: issubclass(str, int)
Out[1]: False

In [2]: issubclass(bool, int)
Out[2]: True
```

❶ str 不是 int 的子類別
❷ bool 是 int 的子類別

馬上練習

[繼承與覆蓋] 首先，設計 Employee 類別，裡面有建構子、name 屬性（員工的名字）和 show_info() 方法，這是一個空方法，準備讓子類別來覆蓋。

接著，根據 Employee 類別設計兩個子類別：

- Manager：覆蓋 show_info() 方法，印出「姓名：XXX，職位：經理」。
- Engineer：覆蓋 show_info() 方法，印出「姓名：XXX，職位：工程師」。

最後，建立子類別的物件，並呼叫其 show_info() 方法來驗證正確性。

【解答】

⭐ \Ch09\inheritance4.py

```python
class Employee:
    def __init__(self, name):
        self.name = name
    def show_info(self):
        pass

class Manager(Employee):
    def show_info(self):
        print(f' 姓名：{self.name}，職位：經理 ')

class Engineer(Employee):
    def show_info(self):
        print(f' 姓名：{self.name}，職位：工程師 ')

manager = Manager(' 王小美 ')
engineer = Engineer(' 陳大明 ')
manager.show_info()
engineer.show_info()
```

```
姓名：王小美，職位：經理
姓名：陳大明，職位：工程師
```

ChatGPT 程式助理

查詢物件導向、類別與物件相關問題

諸如物件導向、類別、物件等都是知識量相當高的主題，區區一個章節並無法涵蓋全面的內容。如果你在閱讀本章的過程中，有什麼疑問，可以問 ChatGPT，例如「為什麼要在類別內定義私有變數？」、「類別一定要定義建構子嗎？」、「舉例說明何謂解構子？」、「我可以設計類別 B 繼承類別 A，而類別 C 又繼承類別 B 嗎？」、「子類別可以繼承父類別的哪些成員？」。

下面是一個例子，我們在 ChatGPT 輸入「**物件導向的主要特性？**」，得到如下回答，包括**封裝** (encapsulation)、**繼承** (inheritance)、**多型** (polymorphism) 與**抽象** (abstraction)，有興趣的讀者還可以進一步提問。

9-23

ChatGPT 程式助理

繼承的時機?如何設計繼承階層?

對初學者來說,繼承的概念並不難理解,困難的是在實際撰寫程式的時候,如何規劃類別之間的繼承關係,即所謂**類別階層** (class hierarchy),哪些功能應該放進父類別,而哪些功能應該放進子類別,需要事先設想清楚。

關於這些,我們也可以請 ChatGPT 提供說明,例如在 ChatGPT 輸入「**說明繼承的時機?如何設計繼承階層?**」,得到如下回答,除了有詳細的說明,還有繼承階層範例供參考。

ChatGPT

說明繼承的時機?如何設計繼承階層?

繼承的時機

繼承是物件導向程式設計中的一個重要概念,允許你基於現有類別建立新類別,以避免重複程式碼和提升程式結構的可維護性。通常會在以下幾種情況下使用繼承:

1. **避免重複程式碼**:當不同的類別有共通的屬性和方法時,可以提取這些共通特性到一個基礎類別,然後讓其他類別繼承這個基礎類別。例如,`Manager` 和 `Engineer` 都是員工,因此可以將共通的部分(如姓名)定義在 `Employee` 基礎類別中,避免在多個子類別中重複定義相同的屬性或方法。

2. **延伸或擴展現有類別**:當你想基於一個已有的類別進行擴展,增加新的功能或行為,而不需要修改原有的類別時,就可以使用繼承。這樣能保持原有類別的完整性,又能滿足新的需求。例如,你可以基於 `Employee` 類別創建新的 `Intern`(實習生)類別,並添加只有實習生才需要的屬性和方法。

3. **類別之間有明確的層級結構**:當某些類別之間存在自然的層級結構(例如「動物」是「哺乳動物」、「鳥類」等的父類別),可以使用繼承來模擬這些關係。基礎類別提供一般性行為,子類別提供更具體的實現。

4. **多態性**:使用繼承可以實現多態性,這讓不同的類別可以有相同的方法名稱,但具體行為可能不同。這在需要統一處理不同類型物件時非常有用。例如,你可以有一個 `Employee` 類別的 `get_info()` 方法,而 `Manager` 和 `Engineer` 可以有不同的實現,但可以統一調用。

如何設計繼承階層

設計繼承階層需要仔細思考類別之間的關係和責任。以下是一些設計繼承階層的建議:

1. **自上而下設計**:先確定最一般化的基礎類別,然後逐步定義更具體的子類別。例如,假設你要設計一個動物園系統,從最一般的 `Animal` 類別開始,然後根據動物類別創建具

9-24

CHAPTER 10 圖像處理－pillow

10-1 認識 pillow 套件

10-2 開啟、顯示與另存圖片

10-3 轉換色彩模式

10-4 調整大小與裁剪圖片

10-5 旋轉與翻轉圖片

10-6 濾鏡

10-7 繪製文字

pillow 套件可以用來繪製圖形嗎？

10-1 認識 pillow 套件

在歷經前幾章關於 Python 語法的鍛鍊與洗禮後，從本章開始，我們要來介紹一些有趣的、厲害的套件，而 Python 的威力正是來自其豐富的套件。

首先登場的是 **pillow**，這是從 PIL 發展出來的圖像處理套件，而 **PIL** (Python Imaging Library) 是 Fredrik Lundh 於 1995 年所開發，支援 PNG、JPEG、GIF、TIFF、BMP 等圖檔格式，並提供旋轉、裁剪、縮放、濾鏡、透明度、繪製圖形、繪製文字、圖片合併、像素操作等功能。之後 PIL 的開發與維護於 2009 年停止，改由 pillow 承襲 PIL，從 2010 年開始提供後續的支援。

或許你會問，圖像處理為何不使用 Photoshop 之類的軟體呢？這其實是要看需求，若只是要處理一張圖片，例如把下面的圖片由彩色轉換成灰階，那麼使用影像處理軟體即可，但若是要處理 100 張甚至 1000 張呢？此時，就可以撰寫 Python 程式將整批圖片進行轉換。

由於 Anaconda 內建 pillow 套件，因此，我們可以直接使用 import 指令進行匯入，例如下面的敘述是從 pillow 套件匯入 **Image** 模組，注意套件名稱為 PIL，這是為了兼顧與 PIL 的相容性：

```
In [1]: from PIL import Image
```

10-2 開啓、顯示與另存圖片

我們可以使用 pillow 套件開啟、顯示與另存圖片，下面是一個例子，它會啟動預設的程式顯示圖片 rose.png，然後另存新檔為 new_rose.jpg。

★ \Ch10\open.py

```
01  from PIL import Image      ← 匯入這個模組
02
03  # 開啓圖片（建立圖片物件）
04  im = Image.open('E:\\rose.png')
05
06  # 顯示圖片
07  im.show()
08
09  # 另存新檔
10  im.save('E:\\new_rose.jpg')
```

- 04：呼叫 Image 模組的 **open()** 函式建立圖片物件，並指派給變數 im，參數是欲開啟的圖片。

- 07：呼叫圖片物件的 **show()** 方法顯示變數 im 所參照的圖片。

- 10：呼叫圖片物件的 **save()** 方法儲存圖片，參數是新的檔名與格式。

❶ 原始圖片 rose.png　❷ 另存新檔 new_rose.jpg (轉換成 JPEG 格式)

圖片物件的屬性

我們可以透過圖片物件的屬性取得圖片的相關資訊，常見的如下：

★ **format**：圖片的格式，例如 JPEG、PNG 等。

★ **size**：圖片的尺寸，傳回值是一個 tuple，形式為 (寬度 , 高度)，例如 (800, 600) 表示寬度為 800 像素，高度為 600 像素。

★ **width**：圖片的寬度，以像素為單位。

★ **height**：圖片的高度，以像素為單位。

★ **mode**：圖片的色彩模式，例如 'RGB'、'L' (灰階)、'1' (黑白) 等。

下面是一些例子，本章的範例圖片都是以 Midjouney 生成的，你可以在本書範例程式中找到這些圖檔做練習：

```
In [1]: from PIL import Image
In [2]: im = Image.open('E:\\rose.png')

In [3]: im.format    # 圖片的格式
Out[3]: 'PNG'

In [4]: im.size      # 圖片的尺寸
Out[4]: (1024, 908)

In [5]: im.width     # 圖片的寬度
Out[5]: 1024

In [6]: im.height    # 圖片的高度
Out[6]: 908

In [7]: im.mode      # 圖片的色彩模式
Out[7]: 'RGB'
```

10-3 轉換色彩模式

我們可以使用圖片物件的 **convert()** 方法將圖片轉換成參數所指定的色彩模式，常見的有 **'1'**（黑白）、**'L'**（灰階）、**'RGB'**（真彩色）、**'RGBA'**（真彩色與透明度）、**'CMYK'**（印刷色彩，青、洋紅、黃、黑）。下面是一個例子，它會將圖片 cat.png 轉換成黑白的 new_cat1.png 和灰階的 new_cat2.png。

⭐ \Ch10\convert.py

```python
from PIL import Image

# 開啟圖片（建立圖片物件）
im = Image.open('E:\\cat.png')

# 轉換成黑白圖片（參數為 '1'）
im_bw = im.convert('1')
# 另存新檔
im_bw.save('E:\\new_cat1.png')

# 轉換成灰階圖片（參數為 'L'）
im_gray = im.convert('L')
# 另存新檔
im_gray.save('E:\\new_cat2.png')
```

❶ 原始圖片　　❷ 轉換成黑白圖片　　❸ 轉換成灰階圖片

10-4 調整大小與裁剪圖片

調整圖片大小

我們可以使用圖片物件的 **resize()** 方法調整圖片大小,參數是一個 tuple,形式為 (width, height),表示新的寬度和高度。下面是一個例子,它會將圖片 bear.png 的大小調整為寬度 800 像素和高度 600 像素,然後將圖片另存新檔為 new_bear.png。

⭐ \Ch10\resize.py

```python
from PIL import Image

# 開啟圖片（建立圖片物件）
im = Image.open('E:\\bear.png')

# 調整大小
im_resized = im.resize((800, 600))

# 另存新檔
im_resized.save('E:\\new_bear.png')
```

❶ 原始圖片大小為 1024×1024　　❷ 調整後的大小為 800×600,圖片會有些變形

裁剪圖片

我們可以使用圖片物件的 **crop()** 方法裁剪圖片的一個區域，參數是一個 tuple，形式為 (left, top, right, bottom)，表示裁剪區域的左上角座標和右下角座標。

下面是一個例子，它會從圖片 bird.png 裁剪一個區域，其中參數 (600, 650, 950, 1000) 表示左上角座標為 600, 650，右下角座標為 950, 1000，然後將圖片另存新檔為 new_bird.png。

⭐ \Ch10\crop.py

```
from PIL import Image

# 開啟圖片（建立圖片物件）
im = Image.open('E:\\bird.png')

# 裁剪一個區域
im_cropped = im.crop((600, 650, 950, 1000))

# 另存新檔
im_cropped.save('E:\\new_bird.png')
```

❶ 原始圖片 bird.png　　❷ 裁剪的區域 new_bird.png

10-5 旋轉與翻轉圖片

我們可以使用圖片物件的 **rotate()** 方法根據參數所指定的角度來旋轉圖片,例如 20 表示逆時針旋轉 20 度,-20 表示順時針旋轉 20 度。旋轉後的圖片可能有部分區域超出邊界被裁切掉,若要避免這種情況,可以加上選擇性參數 **expand=True** 自動擴展圖片,下面是一個例子,你可以從中比較有無自動擴展的效果。

⭐ \Ch10\rotate.py

```python
from PIL import Image

# 開啟圖片 (建立圖片物件)
im = Image.open('E:\\girl.png')

# 旋轉 20 度
im_rotated1 = im.rotate(20)
# 另存新檔
im_rotated1.save('E:\\new_girl1.png')

# 旋轉 20 度並自動擴展
im_rotated2 = im.rotate(20, expand=True)
# 另存新檔
im_rotated2.save('E:\\new_girl2.png')
```

❶ 原始圖片　❷ 旋轉 20 度 (部分區域被裁切掉)　❸ 旋轉 20 度並自動擴展

除了旋轉圖片，還有另一個 **transpose()** 方法，可以用來翻轉圖片，或對圖片進行簡單的角度旋轉，常見的參數值如下：

- **Image.FLIP_LEFT_RIGHT**（左右翻轉）
- **Image.FLIP_TOP_BOTTOM**（上下翻轉）
- **Image.ROTATE_90**（逆時針旋轉 90 度）、**Image.ROTATE_180**（旋轉 180 度）、**Image.ROTATE_270**（逆時針旋轉 270 度）

下面是一個例子，它會將圖片 beauty.png 左右翻轉成 new_beauty.png。

\Ch10\transpose.py

```python
from PIL import Image

# 開啟圖片（建立圖片物件）
im = Image.open('E:\\beauty.png')

# 左右翻轉
im_flipped = im.transpose(Image.FLIP_LEFT_RIGHT)

# 另存新檔
im_flipped.save('E:\\new_beauty.png')
```

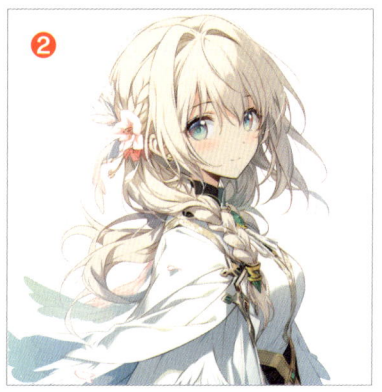

❶ 原始圖片　❷ 左右翻轉圖片（鏡像效果）

10-6 濾鏡

我們可以使用圖片物件的 **filter()** 方法對圖片加上參數所指定的濾鏡，提升視覺效果。**ImageFilter** 模組提供了一組預先定義的濾鏡，常見的如下：

- **ImageFilter.BLUR**（模糊）：模糊處理，讓圖片的細節變得不明顯。

- **ImageFilter.CONTOUR**（輪廓）：提取圖片的輪廓線條。

- **ImageFilter.DETAIL**（細節增強）：增強圖片的細節，讓邊緣和微小部分更清晰。

- **ImageFilter.EDGE_ENHANCE**（邊緣增強）：增強圖片邊緣的清晰度，讓圖片邊緣更突出。

- **ImageFilter.SHARPEN**（銳化）：銳化處理，讓圖片變得更清晰。

- **ImageFilter.SMOOTH**（平滑）：平滑圖片的細節，讓圖片變得更柔和。

- **ImageFilter.EMBOSS**（浮雕）：讓圖片呈現浮雕效果。

下面是一個例子，它示範了模糊、輪廓和浮雕等三種濾鏡。

✪ \Ch10\filter.py (下頁續 1/2)

```python
from PIL import Image, ImageFilter
# 匯入這兩個模組
# 開啟圖片（建立圖片物件）
im = Image.open('butterfly.png')


# 模糊濾鏡
blurred_im = im.filter(ImageFilter.BLUR)
# 另存新檔
blurred_im.save('E:\\blurred_im.png')
```

★ \Ch10\filter.py (接上頁 2/2)

```python
# 輪廓濾鏡
contour_im = im.filter(ImageFilter.CONTOUR)
# 另存新檔
contour_im.save('E:\\contour_im.png')

# 浮雕濾鏡
emboss_im = im.filter(ImageFilter.EMBOSS)
# 另存新檔
emboss_im.save('E:\\emboss_im.png')
```

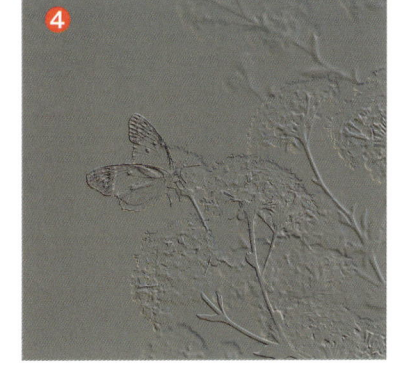

❶ 原始圖片　❷ 模糊濾鏡　❸ 輪廓濾鏡　❹ 浮雕濾鏡

10-7 繪製文字

在示範如何繪製文字之前,我們先把相關步驟歸納如下:

① 匯入需要的模組,包括 **Image**、**ImageDraw** 和 **ImageFont**。

② 使用 Image 模組的 **open()** 函式建立圖片物件 (即開啟圖片)。

③ 使用 ImageDraw 模組的 **Draw()** 函式建立繪圖物件。

④ 使用繪圖物件的 **text()** 方法在圖片上繪製文字。

下面是一個例子,它會在圖片上以黑色繪製文字「Hello, 賞櫻趣!」。

❶ 原始圖片 fuji.png   ❷ 繪製文字的圖片 new_fuji.png

⭐ \Ch10\text.py (下頁續 1/2)

```
01  from PIL import Image, ImageDraw, ImageFont
02                                      匯入這三個模組
03  # 建立圖片物件 ( 開啟圖片 )
04  im = Image.open('E:\\fuji.png')
05
06  # 建立繪圖物件
07  draw = ImageDraw.Draw(im)
```

10-12

⭐ \Ch10\text.py (接上頁 2/2)

```
08
09    # 設定文字的位置（x, y）
10    text_position = (150, 100)
11
12    # 設定文字的內容
13    text = 'Hello, 賞櫻趣！'
14
15    # 設定文字的色彩（R, G, B）
16    text_color = (0, 0, 0)
17
18    # 設定文字的字型
19    text_font = ImageFont.truetype('C:\\Windows\\Fonts\\kaiu.ttf', 100)
20
21    # 在圖片上繪製文字
22    draw.text(text_position, text, fill=text_color, font=text_font)
23
24    # 另存新檔
25    im.save('E:\\new_fuji.png')
```

✅ 07：呼叫 ImageDraw 模組的 **Draw()** 函式建立繪圖物件，並指派給變數 draw，參數是第 04 行所建立的圖片物件。

✅ 10：設定文字的位置，這是一個 tuple，形式為 (x, y)，表示文字在圖片上的橫向 (x 軸) 與縱向 (y 軸) 位置，例如 (150, 100) 表示文字的左上角距離圖片的左邊緣與上邊緣分別為 150 像素和 100 像素。圖片的座標是從左上角開始，所以左上角是 (0, 0)，x 值愈大，位置就愈靠右，y 值愈大，位置就愈靠下。

✅ 13：設定文字的內容為 'Hello, 賞櫻趣！'。

✅ 16：設定文字的色彩，這是一個 tuple，形式為 (R, G, B)，表示色彩的 R (紅)、G (綠)、B (藍) 值，例如 (0, 0, 0) 為黑色、(255, 255, 255) 為白色、(255, 0, 0) 為紅色、(0, 255, 0) 為綠色等。

- 19：設定文字的字型，呼叫 ImageFont 模組的 **truetype()** 函式建立字型物件，並指派給變數 text_font，第一個參數是字型檔，此處為 Windows 內建的標楷體，而第二個參數是字型大小，此處是設定為 100 像素。

- 22：呼叫繪圖物件的 **text()** 方法在圖片上繪製文字，其語法如下，我們已經先在第 10、13、16、19 行設定文字的位置、內容、色彩及字型，所以此處只要把這些資訊當作參數傳遞進去即可。

> text(位置, 內容, fill=色彩, font=字型)

TIP

查看色彩的 RGB 表示法

若想知道色彩的 RGB 表示法，可以在影像處理軟體中查看，也可以上網搜尋，以下是維基百科的色彩列表 (https://zh.wikipedia.org/zh-tw/ 顏色列表)。

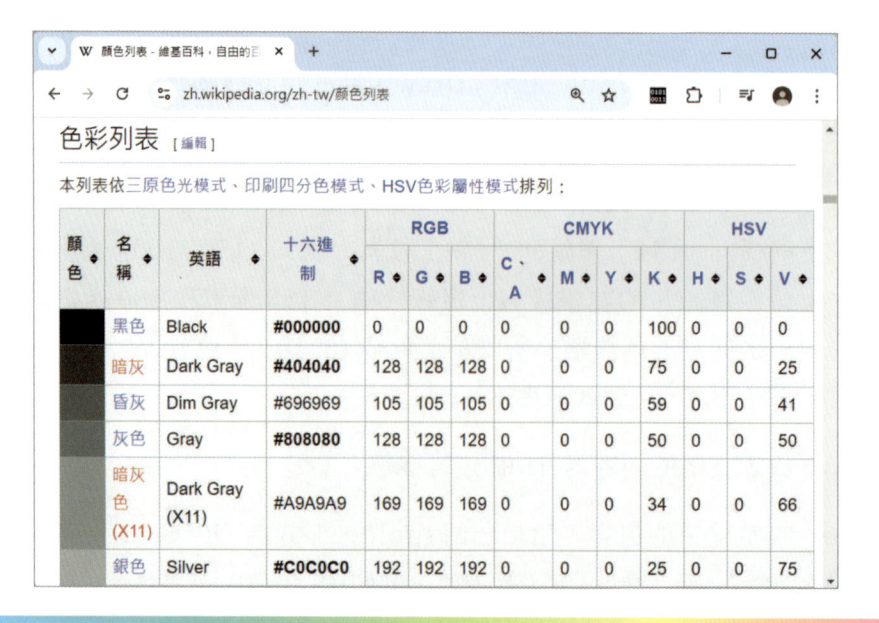

10-14

[批次轉檔] 撰寫一個 Python 程式，將多張圖片轉換成灰階並另存新檔，原始圖片為 f1.png、f2.png、f3.png、f4.png，新的檔名為 new_f1.png、new_f2.png、new_f3.png、new_f4.png。若張數更多，就更能凸顯批次轉檔的便利！

【解答】

⭐ \Ch10\batch.py

```
from PIL import Image
# 原始圖片
original_files = ['f1.png', 'f2.png', 'f3.png', 'f4.png']
# 批次轉換並另存新檔
for original in original_files:
    im = Image.open('E:\\' + original)            # 開啟圖片
    gray_im = im.convert('L')                     # 轉換成灰階
    gray_im.save('E:\\new_' + original)           # 另存新檔
```

ChatGPT 程式助理

pillow 套件可以用來繪製圖形嗎？

除了前幾節所介紹的功能之外，pillow 套件有辦法繪製圖形嗎？要怎麼做呢？關於這點，有興趣的讀者可以到 pillow 官方網站 (https://python-pillow.org/) 查看相關的語法。

若是覺得說明文件太多一時消化不了，也可以讓 ChatGPT 快速提供一些介紹和範例，例如在 ChatGPT 輸入「**pillow 套件可以用來繪製圖形嗎？**」，得到如下回答，列出了 ImageDraw 模組的 **line()**、**rectangle()**、**ellipse()**、**polygon()** 等方法，可以用來繪製直線、矩形、圓形/橢圓形、多邊形，並附上範例，若需要更多說明，可以再進一步提問。

CHAPTER 11

繪製圖表—matplotlib

11-1 認識 matplotlib 套件

11-2 繪製折線圖

11-3 設定圖表的元件

11-4 繪製散布圖

11-5 繪製長條圖

11-6 繪製直方圖

11-7 繪製圓餅圖

根據資料判斷要使用哪種類型的圖表並撰寫程式

11-1 認識 matplotlib 套件

matplotlib（唸作 /mæt'plɑtlib/）是 Python 最受歡迎的視覺化工具之一，可以用來繪製各種圖表，其主要功能如下：

- **支援多種圖表**：例如折線圖、散布圖、長條圖、直方圖、圓餅圖等。

- **支援多種輸出格式**：例如 PNG、PDF、SVG 等。

- **自訂視覺風格與布局**：使用者可以自訂線條樣式、標記、座標軸的範圍、標籤與刻度、標題、圖例、多張子圖表等。

- **兼顧與其它套件的相容性**：matplotlib 能夠與 NumPy、pandas 等資料處理套件緊密結合，繪製資料的視覺化圖表。

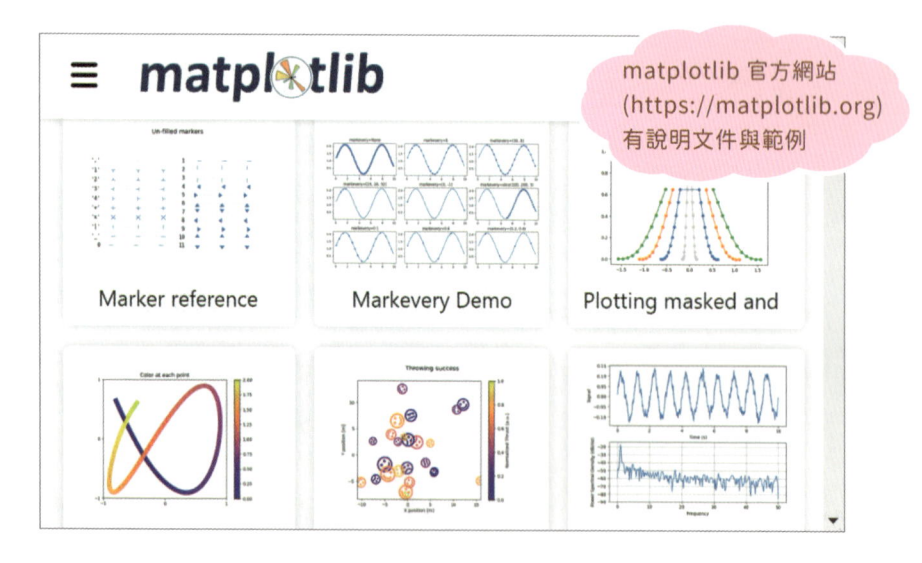

matplotlib 官方網站 (https://matplotlib.org) 有說明文件與範例

由於 Anaconda 內建 matplotlib 套件，因此，我們可以直接使用 import 指令進行匯入，例如下面的敘述是匯入 matplotlib.pyplot 模組並設定別名為 plt：

```
In [1]: import matplotlib.pyplot as plt
```

11-2 繪製折線圖

我們可以使用 **matplotlib.pyplot** 模組的 **plot()** 函式繪製折線圖,其語法如下:

> plot(**x**, **y**, 格式化字串, 選擇性參數)
>   ❶ ❷   ❸   ❹
>
> plot(**x**, **y**, 選擇性參數)
>
> plot(**y**, 格式化字串, 選擇性參數)
>
> plot(**y**, 選擇性參數)

❶ **x**:X 軸的資料,可以是數列,例如 list、tuple、NumPy 陣列等,省略不寫的話,表示採取預設值,即數列的索引。

❷ **y**:Y 軸的資料,必須和參數 x 的長度相同。

❸ **格式化字串**:設定色彩、線條樣式和標記,例如 'ro' 表示紅色圓點、'g--' 表示綠色虛線,省略不寫的話,表示採取預設值。

❹ **選擇性參數**:設定更多繪圖細節,例如 alpha 為透明度、color 為色彩、linestyle 為線條樣式、linewidth 為線條寬度、marker 為標記等。

折線圖 (line chart) 指的是以直線連接許多資料點所形成的圖表,呈現折線或曲線的形式,適用於時間序列資料,或隨著某個變量連續變化的資料。折線圖可以顯示資料在一段時間或不同階段的變化,例如每日溫度變化趨勢、每月銷售金額、某個物體在特定時間的速度等,也可以用來繪製數學函數,例如繪製 $y = 2x + 1$、$y = x^2$、$y = x^3$ 等。

下面是一個例子,它會呼叫 **plot()** 函式將座標系統中的四個點 (1, 1)、(2, 4)、(3, 9)、(4, 16) 繪製成折線圖,然後呼叫 **show()** 函式顯示圖表。

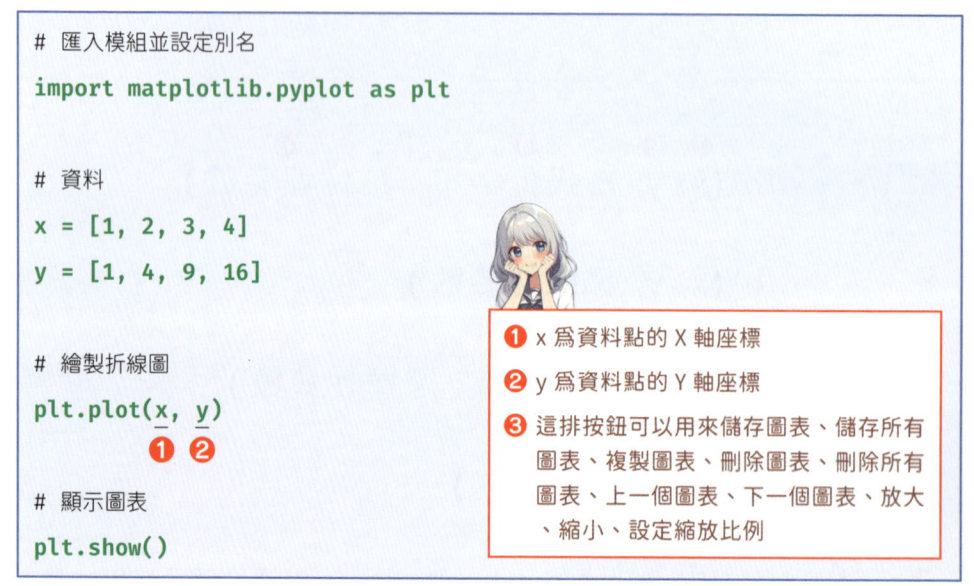

⭐ \Ch11\plot1.py

```python
# 匯入模組並設定別名
import matplotlib.pyplot as plt

# 資料
x = [1, 2, 3, 4]
y = [1, 4, 9, 16]

# 繪製折線圖
plt.plot(x, y)
#        ❶  ❷

# 顯示圖表
plt.show()
```

❶ x 為資料點的 X 軸座標
❷ y 為資料點的 Y 軸座標
❸ 這排按鈕可以用來儲存圖表、儲存所有圖表、複製圖表、刪除圖表、刪除所有圖表、上一個圖表、下一個圖表、放大、縮小、設定縮放比例

執行結果如下,預設的樣式為藍色實線,你可以點取 💾 按鈕將圖表存檔,也點取 📋 按鈕,將複製的圖表插入到自己的文件或簡報。

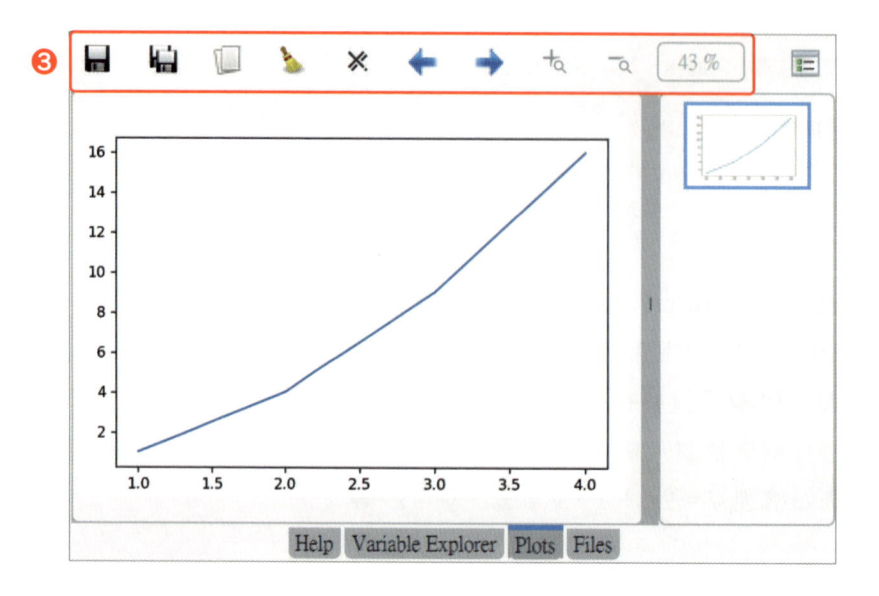

11-2-1 透過格式化字串設定標記、線條樣式與色彩

折線圖預設的樣式為藍色實線，若要加以變更，可以在呼叫 plot() 函式的同時指定格式化字串，例如 'g*' 表示綠色星號、'b--' 表示藍色虛線、'ro-' 表示紅色圓形和實線的組合等。

標記的格式化字元如下：

字元	標記
'.'	point marker (點)
','	pixel marker (像素)
'o'	circle marker (圓形)
'v'	triangle_down marker (下三角形)
'^'	triangle_up marker (上三角形)
'<'	triangle_left marker (左三角形)
'>'	triangle_right marker (右三角形)
'1'	tri_down marker (下三叉形)
'2'	tri_up marker (上三叉形)
'3'	tri_left marker (左三叉形)
'4'	tri_right marker (右三叉形)
'8'	octagon marker (八角形)
's'	square marker (正方形)
'p'	pentagon marker (五角形)
'P'	plus (filled) marker (加號 (填充))
'*'	star marker (星號)
'h'	hexagon1 marker (六邊形 1)
'H'	hexagon2 marker (六邊形 2)
'+'	plus marker (加號)
'x'	x marker (x 號)
'D'	diamond marker (鑽石形)
'd'	thin_diamond marker (細鑽石形)
'|'	vline marker (直線)
'_'	hline marker (橫線)

線條樣式的格式化字元如下:

字元	線條樣式
'-'	solid line style (實線)
'--'	dashed line style (虛線)
'-.'	dash-dot line style (虛點線)
':'	dotted line style (點線)

色彩的格式化字元如下:

字元	色彩
'r'	red (紅)
'g'	green (綠)
'b'	blue (藍)
'c'	cyan (青)
'm'	magenta (洋紅)
'y'	yellow (黃)
'k'	black (黑)
'w'	white (白)

下面是一個例子,它會根據指定的資料點與格式化字串繪製折線圖。

⭐ \Ch11\plot2.py (下頁續 1/2)

```
01  # 匯入模組並設定別名
02  import matplotlib.pyplot as plt
03
04  # 資料
05  x  = [1, 2, 3, 4]
06  y1 = [1, 2, 3, 4]
07  y2 = [1, 4, 6, 8]
08  y3 = [1, 6, 9, 12]
```

⭐ \Ch11\plot2.py (接上頁 2/2)

```
09
10   # 繪製折線圖
11   plt.plot(x, y1, 'r--')
12   plt.plot(x, y2, 'go-')
13   plt.plot(x, y3, 'bD')
14
15   # 顯示圖形
16   plt.show()
```

- 11：呼叫 **plot()** 函式將四個點 (1, 1)、(2, 2)、(3, 3)、(4, 4) 繪製成折線圖，樣式為紅色虛線。

- 12：呼叫 plot() 函式將四個點 (1, 1)、(2, 4)、(3, 6)、(4, 8) 繪製成折線圖，樣式為綠色圓形和實線的組合。

- 13：呼叫 plot() 函式將四個點 (1, 1)、(2, 6)、(3, 9)、(4, 12) 繪製成折線圖，樣式為藍色鑽石形。

執行結果如下，請仔細觀察折線圖的樣式是否都有符合設定。

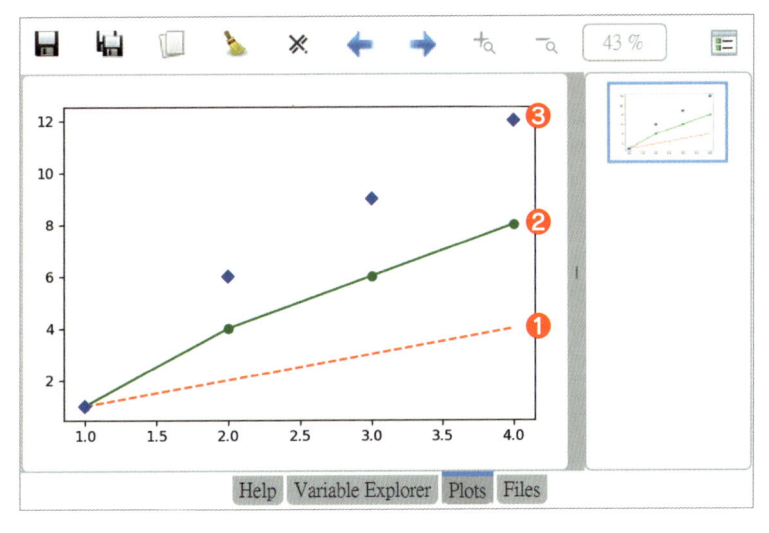

❶ 紅色虛線　❷ 綠色圓形和實線的組合　❸ 藍色鑽石形

11-2-2 透過選擇性參數設定更多繪圖細節

除了格式化字串,我們也可以在呼叫 plot() 函式的同時指定選擇性參數,以設定更多繪圖細節。常見的選擇性參數如下,完整的列表可以參考 matplotlib 官方網站的說明文件 (https://matplotlib.org/stable/api/_as_gen/matplotlib.pyplot.plot.html#matplotlib.pyplot.plot)。

選擇性參數	說明
alpha	透明度,合法值為 0.0 (透明) ~ 1.0 (不透明)。
color 或 c	色彩,可以使用前一節介紹的色彩字元、色彩名稱 (例如 'red'、'blue'、…) 或十六進位表示法 (例如 '#ff0000'、'#00ff00'、…)。
linestyle 或 ls	線條樣式,例如 '-' 或 'solid' (實線)、'--' 或 'dashed' (虛線)、'-.' 或 'dashdot' (虛點線)、':' 或 'dotted' (點線)、'' 或 'none' (無)。
linewidth 或 lw	線條寬度,以點為單位 (1 點 =1/72 英吋)。
marker	標記。
markersize 或 ms	標記大小,以點為單位。
markerfacecolor 或 mfc	標記色彩。
markeredgecolor 或 mec	標記邊緣色彩。
markeredgewidth 或 mew	標記邊緣寬度,以點為單位。

下面是一個例子,它會使用選擇性參數來設定折線圖的樣式。

⭐ \Ch11\plot3.py (下頁續 1/2)

```
01  # 匯入模組並設定別名
02  import matplotlib.pyplot as plt
03
04  # 資料
05  x  = [1, 2, 3, 4]
06  y1 = [1, 2, 3, 4]
07  y2 = [1, 4, 6, 8]
```

\Ch11\plot3.py (接上頁 2/2)

```
08  y3 = [1, 6, 9, 12]
09
10  # 繪製折線圖
11  plt.plot(x, y1, ls='dashed', linewidth=5, color='#ff0000')
12  plt.plot(x, y2, ls='solid', marker='o', color='purple')
13  plt.plot(x, y3, ls='none', marker='D', markersize=8, color='b')
14
15  # 顯示圖形
16  plt.show()
```

- 11：呼叫 plot() 函式將四個點 (1, 1)、(2, 2)、(3, 3)、(4, 4) 繪製成折線圖，樣式為虛線、寬度 5 點、紅色。

- 12：呼叫 plot() 函式將四個點 (1, 1)、(2, 4)、(3, 6)、(4, 8) 繪製成折線圖，樣式為實線、圓形標記、紫色。

- 13：呼叫 plot() 函式將四個點 (1, 1)、(2, 6)、(3, 9)、(4, 12) 繪製成折線圖，樣式為沒有線條、鑽石形標記、大小 8 點、藍色。

執行結果如下，請仔細觀察折線圖的樣式是否都有符合設定。

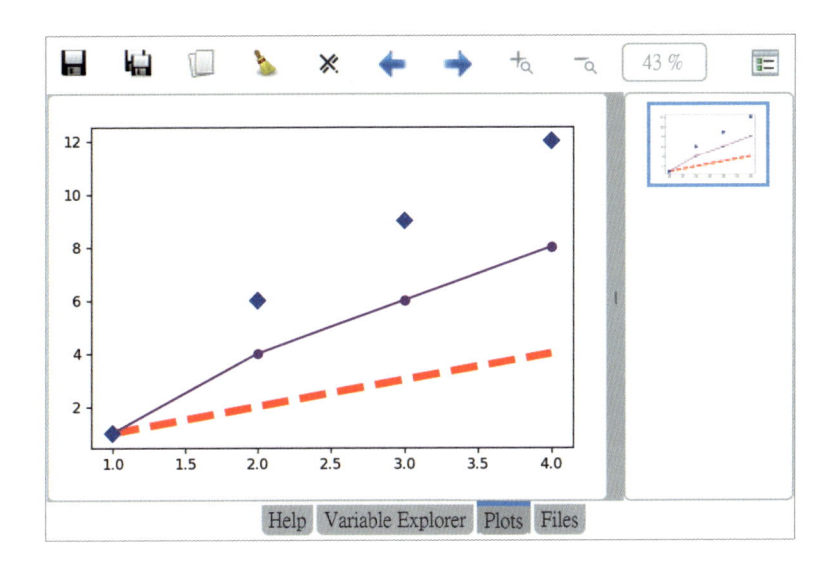

馬上練習

[繪製數學函數] 撰寫一個 Python 程式，令它繪製函數 $y = x^2$，x 是一個數列，起始值為 -10、停止值為 10、間隔值為 0.1。

【解答】

✦ \Ch11\square.py

```python
import numpy as np                    ①
import matplotlib.pyplot as plt

# 生成 x 值的數列，範圍從 -10 到 10，間隔值為 0.1
x = np.arange(-10, 10.1, 0.1)         ②
# 計算對應的 y 值
y = x ** 2                            ③
# 繪製圖表
plt.plot(x, y)
# 顯示圖表
plt.show()
```

① 匯入 NumPy 套件並設定別名為 np
② 使用 NumPy 的 arange() 函式生成起始值為 -10、停止值為 10、間隔值為 0.1 的數列，並指派給變數 x
③ 計算函數 $y = x^2$

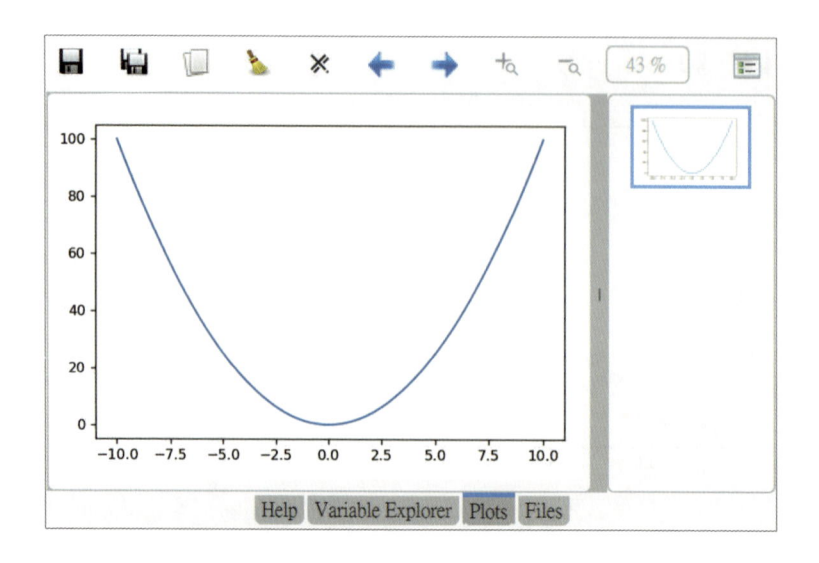

11-10

NumPy 套件與 arange() 函式

NumPy (Numeric Python,唸作 num pie) 是一個在 Python 進行科學運算的套件,提供多維陣列和遮罩陣列、矩陣等衍生物件,並針對陣列提供大量的運算函式,例如數學函式、矩陣函式、集合函式、邏輯函式、隨機取樣函式、統計函式、財務函式、檔案輸入 / 輸出、線性代數等。

我們在 \Ch11\square.py 中使用了 NumPy 的 **arange()** 函式在指定範圍內生成等差數列,其語法如下,當沒有寫出起始值與間隔值時,表示分別採取預設值 0 和 1,傳回值是一個 NumPy 陣列:

> arange(停止值)
> arange(起始值, 停止值)
> arange(起始值, 停止值, 間隔值)

```
In [1]: import numpy as np
In [2]: np.arange(5)  ❶
Out[2]: array([0, 1, 2, 3, 4])

In [3]: np.arange(0, 3)  ❷
Out[3]: array([0, 1, 2])

In [4]: np.arange(-2, 6, 2)  ❸
Out[4]: array([-2,  0,  2,  4])
```

❶ 起始值為 0、停止值為 5 (不含 5)、間隔值為 1 的陣列

❷ 起始值為 0、停止值為 3 (不含 3)、間隔值為 1 的數列

❸ 起始值為 -2、停止值為 6 (不含 6)、間隔值為 2 的數列

為何使用 NumPy 的 arange() 函式來生成數列,而不是 Python 內建的 range() 函式呢?這是因為 NumPy 陣列的效率高於 Python 原生的 list,而且 NumPy 可以直接對整個數列進行運算,例如 y = x ** 2,無須迭代 x 的每個元素。

11-3 設定圖表的元件

在說明如何設定圖表的元件之前，我們先來認識一下有哪些常見的元件，下圖取自 matplotlib 官方網站 (https://matplotlib.org/stable/users/explain/quick_start.html#a-simple-example)。

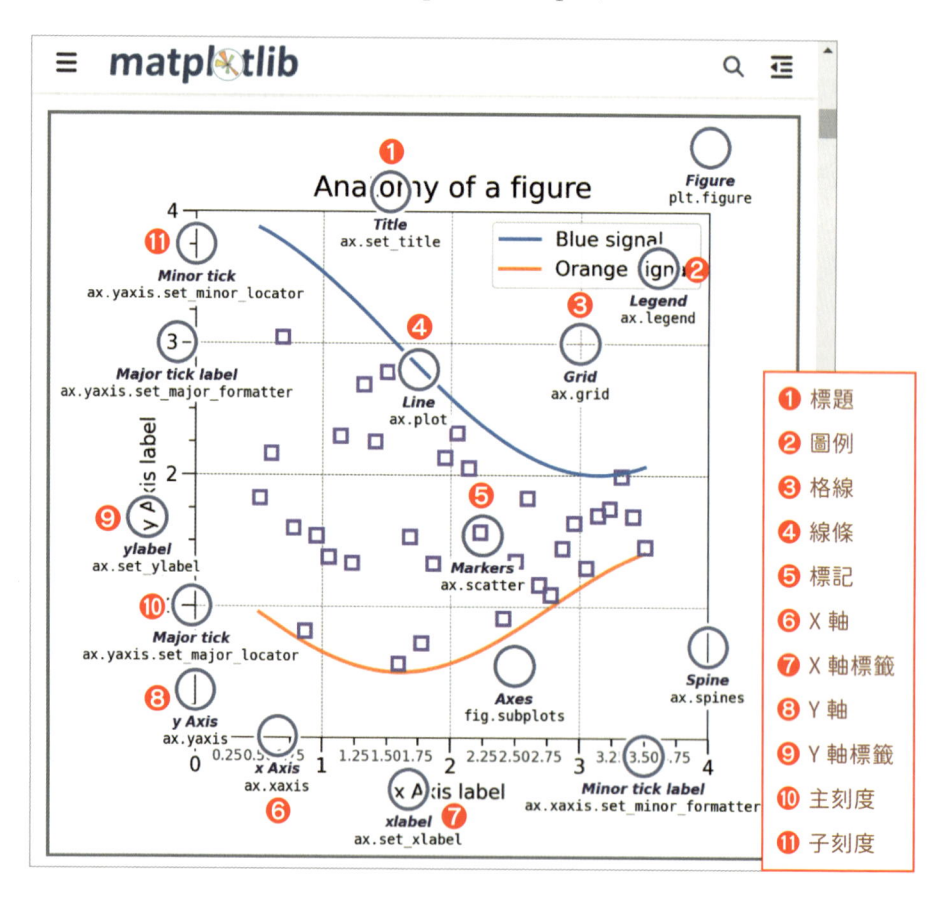

❶ 標題
❷ 圖例
❸ 格線
❹ 線條
❺ 標記
❻ X 軸
❼ X 軸標籤
❽ Y 軸
❾ Y 軸標籤
❿ 主刻度
⓫ 子刻度

11-3-1 設定標題與圖例

我們可以使用 matplotlib.pyplot 模組的 **title(s)** 函式在圖表上方顯示 *s* 所指定的標題，若要設定標題位置，可以加上選擇性參數 **loc**，預設值為 'center' (置中)，其它設定值還有 'left' (靠左) 和 'right' (靠右)。

11-12

此外，我們可以使用 **legend()** 函式在圖表內顯示圖例，至於圖例的標籤則可以透過 plot() 函式的選擇性參數 **label** 來指定。下面是一個例子，它會顯示標題與圖例。

⭐ \Ch11\title.py

```python
import numpy as np
import matplotlib.pyplot as plt

# 生成 x 值的數列，範圍從 0 到 10，間隔值為 0.5
x = np.arange(0, 10.5, 0.5)
# 計算對應的 y 值
y1 = 2 * x
y2 = 3 * x
# 繪製圖表
plt.plot(x, y1, color='blue', label='y = 2x')   ❶
plt.plot(x, y2, color='red', label='y = 3x')    ❷

# 顯示標題、圖例與圖表
plt.title('Math functions')   ❸
plt.legend()   ❹
plt.show()
```

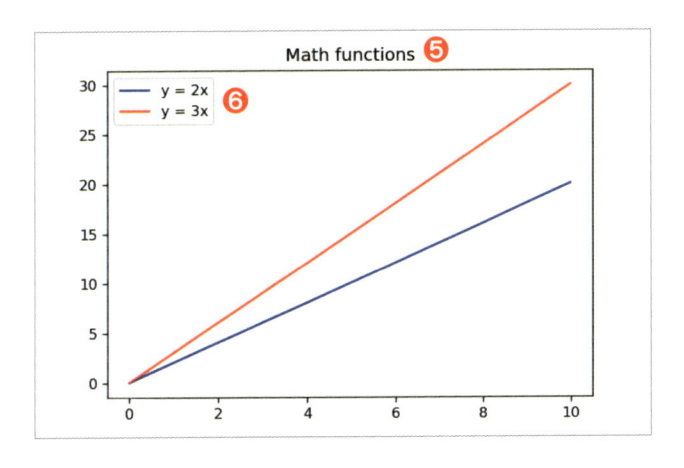

❶ 設定第 1 個圖例的標籤
❷ 設定第 2 個圖例的標籤
❸ 顯示標題
❹ 顯示圖例
❺ 標題預設為置中
❻ 圖例預設在最佳位置

11-3-2 設定座標軸的標籤、範圍、刻度與顯示格線

matplotlib.pyplot 模組提供了一些函式用來設定座標軸的標籤、範圍、刻度與顯示格線，常見的如下：

- ✅ **xlabel(s)**

  將 X 軸的標籤設定為 s 所指定的字串。

- ✅ **ylabel(s)**

  將 Y 軸的標籤設定為 s 所指定的字串。

- ✅ **xlim(left, right)**

  設定 X 軸的範圍，其中 left 為最小值，right 為最大值。

- ✅ **ylim(bottom, top)**

  設定 Y 軸的範圍，其中 bottom 為最小值，top 為最大值。

- ✅ **xticks(ticks, labels)**

  根據 ticks 和 labels 的值設定 X 軸的刻度位置與刻度標籤。

- ✅ **yticks(ticks, labels)**

  根據 ticks 和 labels 的值設定 Y 軸的刻度位置與刻度標籤。

- ✅ **minorticks_on()、minorticks_off()**

  minorticks_on() 可以顯示子刻度，若因此影響效能，可以使用 minorticks_off() 取消子刻度。

- ✅ **grid()**

  顯示 X 軸與 Y 軸的格線。若要取消格線，可以使用 grid(0)；若只要顯示 X 軸或 Y 軸的格線，可以分別使用 grid(axis='x') 和 grid(axis='y')。

範例 1

下面是一個例子,它會示範如何設定座標軸的標籤、範圍與顯示格線。

⭐ **\Ch11\grid.py**

```
import numpy as np
import matplotlib.pyplot as plt

# 生成 x 值的數列,範圍從 -10 到 10,間隔值為 0.1
x = np.arange(-10, 10.1, 0.1)

# 計算對應的 y 值
y = x ** 2

plt.plot(x, y)
plt.xlabel('X')          ❶
plt.ylabel('Y')          ❷
plt.xlim(-15, 15)        ❸
plt.ylim(-50, 150)       ❹
plt.grid()               ❺
plt.show()
```

❶ X 軸的標籤為 'X'
❷ Y 軸的標籤為 'Y'
❸ X 軸的範圍為 -15 ~ 15
❹ Y 軸的範圍為 -50 ~ 150
❺ 顯示格線
❻ X 軸的標籤顯示在此
❼ Y 軸的標籤顯示在此

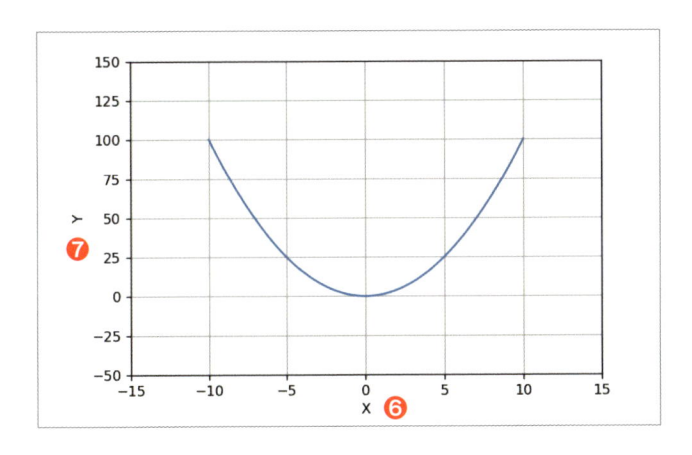

範例 2

下面是一個例子,它會示範如何設定座標軸的刻度位置與刻度標籤。

⭐ **\Ch11\ticks.py**

```python
import numpy as np
import matplotlib.pyplot as plt

# 設定 X 軸的標籤
plt.xlabel('month')

# 設定 Y 軸的標籤
plt.ylabel('sales amount')

# 設定 X 軸的刻度位置與刻度標籤
plt.xticks(np.arange(7), ('', 'Jan.', 'Feb.', 'Mar.', 'Apr.', 'May', ''))
#          ❶              ❷

# 設定 X 軸的刻度位置與刻度標籤
plt.yticks(np.arange(6), ('', '10K', '20K', '30K', '40K', ''))
#          ❸              ❹

plt.show()
```

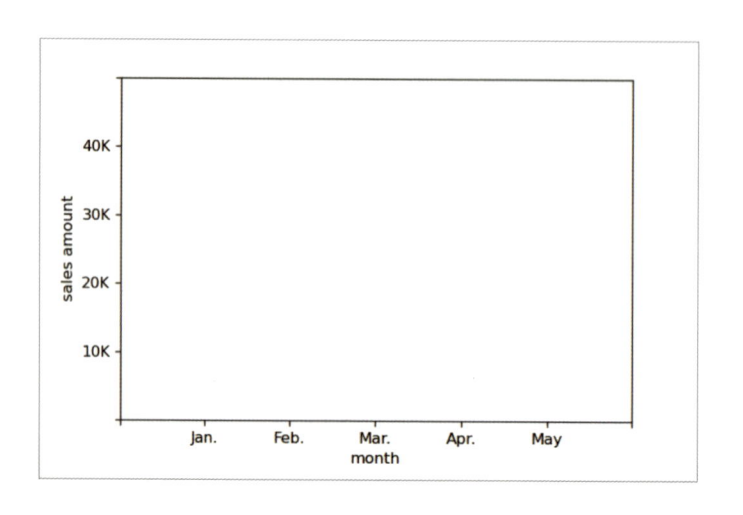

❶ 呼叫 arange() 函式生成數列 [0, 1, 2, 3, 4, 5, 6],代表 X 軸的 7 個刻度位置

❷ X 軸每個刻度對應的標籤,位置 0 和位置 6 不顯示,其它位置會顯示 Jan. 到 May

❸ 呼叫 arange() 函式生成數列 [0, 1, 2, 3, 4, 5],代表 Y 軸的 6 個刻度位置

❹ Y 軸每個刻度對應的標籤,位置 0 和位置 5 不顯示,其它位置會顯示 10K 到 40K

馬上練習

[視覺化每日運動步數] 撰寫一個 Python 程式，令它使用折線圖來呈現一週七天的運動步數，假設星期一、二～日的運動步數為 5000, 8000, 6000, 7500, 9000, 11000, 8500。

【解答】

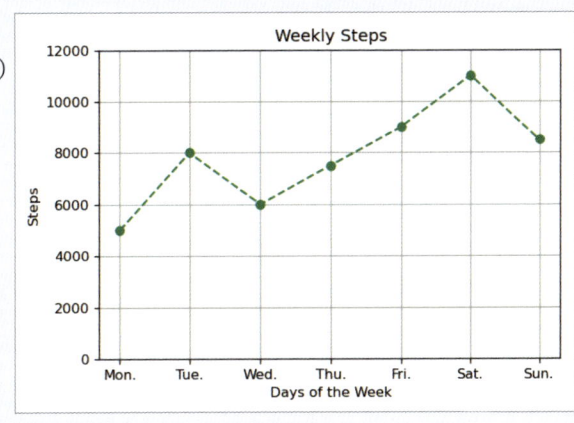

⭐ \Ch11\steps.py

```python
import matplotlib.pyplot as plt

# 資料（星期幾與步數）
days = ['Mon.', 'Tue.', 'Wed.', 'Thu.', 'Fri.', 'Sat.', 'Sun.']
steps = [5000, 8000, 6000, 7500, 9000, 11000, 8500]

# 繪製折線圖
plt.plot(days, steps, marker='o', color='green', linestyle='--')

# 設定 X 軸與 Y 軸的標籤（星期幾與步數）
plt.xlabel('Days of the Week')
plt.ylabel('Steps')

# 設定標題
plt.title('Weekly Steps')

# 設定 Y 軸的範圍
plt.ylim(0, 12000)

# 顯示格線
plt.grid()

plt.show()
```

11-3-3 多張子圖表與儲存圖表

我們可以使用 matplotlib.pyplot 模組的 **subplot()** 函式在同一個視窗中繪製多張子圖表,其語法如下:

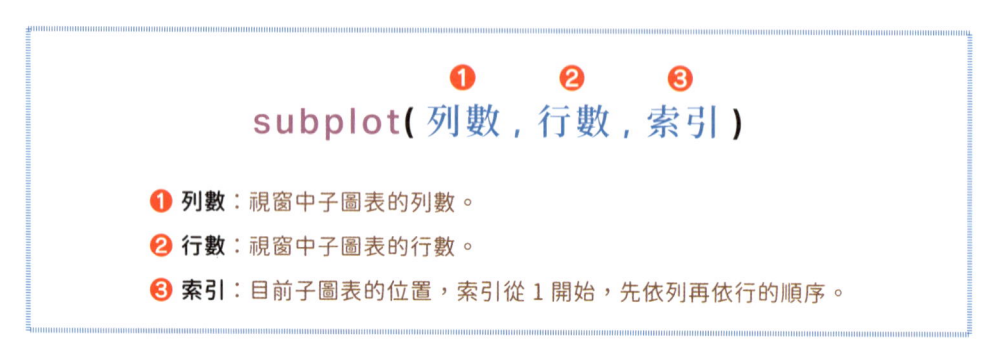

> subplot(**❶列數**, **❷行數**, **❸索引**)
>
> ❶ **列數**:視窗中子圖表的列數。
> ❷ **行數**:視窗中子圖表的行數。
> ❸ **索引**:目前子圖表的位置,索引從 1 開始,先依列再依行的順序。

下面是一個例子,它會繪製四張子圖表,然後將圖表存檔。

⭐ \Ch11\subplot.py (下頁續 1/2)

```python
01  import matplotlib.pyplot as plt
02
03  # 在 2 列 2 行的第 1 張子圖表進行繪圖
04  plt.subplot(2, 2, 1)
05  plt.plot([1, 2, 3], [1, 2, 3])      ❶
06  plt.title('Plot 1')
07
08  # 在 2 列 2 行的第 2 張子圖表進行繪圖
09  plt.subplot(2, 2, 2)
10  plt.plot([1, 2, 3], [1, 4, 9])      ❷
11  plt.title('Plot 2')
12
13  # 在 2 列 2 行的第 3 張子圖表進行繪圖
14  plt.subplot(2, 2, 3)
15  plt.plot([1, 2, 3], [1, 5, 1])      ❸
16  plt.title('Plot 3')
17
```

❶ 繪製第 1 張子圖表
❷ 繪製第 2 張子圖表
❸ 繪製第 3 張子圖表

⭐ \Ch11\subplot.py (接上頁 2/2)

```
18    # 在 2 列 2 行的第 4 張子圖表進行繪圖
19    plt.subplot(2, 2, 4)
20    plt.plot([1, 2, 3], [4, 1, 6])   ❹
21    plt.title('Plot 4')
22
23    # 自動調整布局，避免子圖表重疊
24    plt.tight_layout()   ❺
25
26    # 根據參數指定的路徑與檔名將圖表存檔
27    plt.savefig('E:\\plot.png')   ❻
28
29    # 顯示圖表
30    plt.show()
```

❹ 繪製第 4 張子圖表
❺ 自動調整布局
❻ 將圖表存檔

- 04、09、14、19：呼叫 **subplot()** 函式在視窗中繪製 2 列 2 行共四個子圖表。

- 24：呼叫 **tight_layout()** 函式自動調整布局，避免子圖表重疊。

- 27：呼叫 **savefig()** 函式根據參數指定的路徑與檔名將圖表存檔。

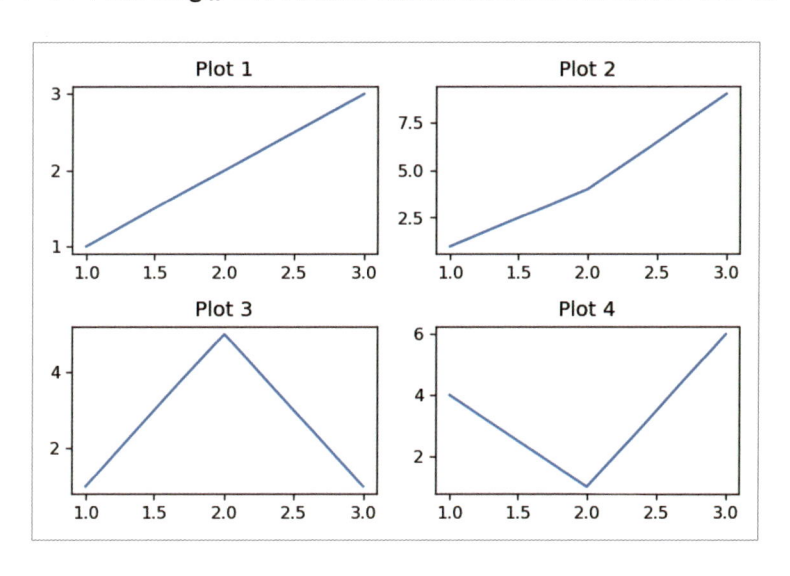

11-19

馬上練習

[繪製數學函數] 撰寫一個 Python 程式，令它在同一個視窗中繪製函數 $y = x^2$ 和 $y = x^3$，x 的值從 -10 ~ 10，然後將圖表存檔為 plot2.png。

【解答】

⭐ \Ch11\subplot2.py

```python
import numpy as np
import matplotlib.pyplot as plt

# 生成 x 值的數列，-10 ~ 10 之間均分成 100 個數
x = np.linspace(-10, 10, 100)

# 計算對應的 y 值
y1 = x ** 2
y2 = x ** 3

# 在 2 列 1 行的第 1 張子圖表進行繪圖
plt.subplot(2, 1, 1)
plt.plot(x, y1, 'b-')
plt.title('y = x^2')

# 在 2 列 1 行的第 2 張子圖表進行繪圖
plt.subplot(2, 1, 2)
plt.plot(x, y2, 'r--')
plt.title('y = x^3')

# 自動調整布局
plt.tight_layout()
# 將圖表存檔
plt.savefig('E:\\plot2.png')
# 顯示圖表
plt.show()
```

執行結果如下,裡面有兩張子圖表,分別代表函數 $y = x^2$ 和 $y = x^3$。

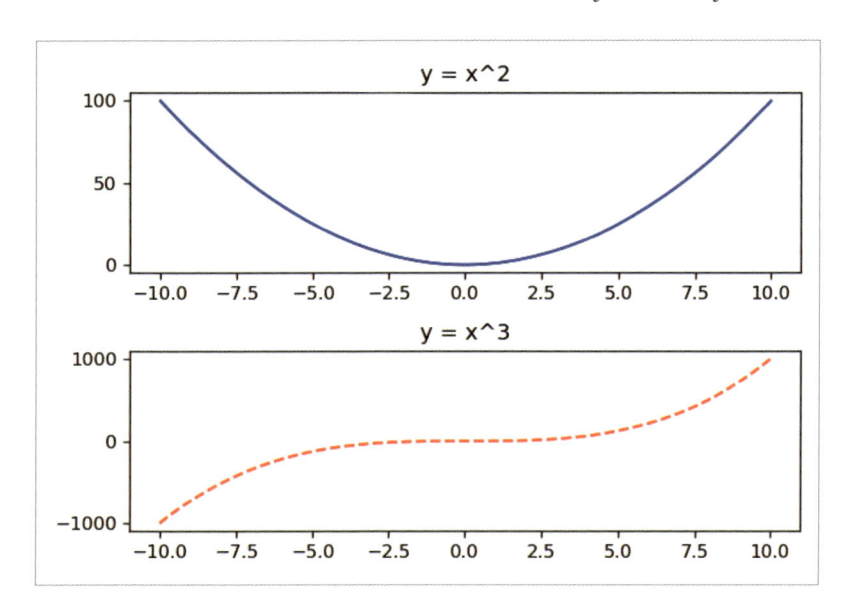

我們使用了 NumPy 的 **linspace()** 函式在指定範圍內生成等距數列,其語法如下,當沒有寫出個數時,表示採取預設值 50,傳回值是一個 NumPy 陣列:

> linspace(起始值 , 停止值)
>
> linspace(起始值 , 停止值 , 個數)

```
In [1]: import numpy as np
In [2]: np.linspace(1, 4, 6)   ❶
Out[2]: array([1. , 1.6, 2.2, 2.8, 3.4, 4. ])

In [3]: np.linspace(0, 2, 5)   ❷
Out[3]: array([0. , 0.5, 1. , 1.5, 2. ])

In [4]: np.linspace(-3, 1, 5)  ❸
Out[4]: array([-3., -2., -1.,  0.,  1.])
```

❶ 1 ~ 4 之間均分成 6 個數
❷ 0 ~ 2 之間均分成 5 個數
❸ -3 ~ 1 之間均分成 5 個數

11-4 繪製散布圖

我們可以使用 matplotlib.pyplot 模組的 **scatter()** 函式繪製散布圖，其語法如下：

> **scatter(x, y, 選擇性參數)**
>   ❶   ❷
>
> ❶ x, y：繪製散布圖的資料，x 代表自變數，y 代表應變數。
>
> ❷ 常見的選擇性參數如下：
> - **s**：標記的大小。
> - **c**：標記的色彩。
> - **marker**：標記的樣式。
> - **linewidths**：標記邊緣的線條寬度。
> - **edgecolors**：標記邊緣的色彩。

散布圖 (scatter plot) 是一種統計圖表，透過在平面上繪製點的方式，來呈現兩個計量變數之間的趨勢或相關性，其中自變數列於橫軸 (X 軸)，應變數列於縱軸 (Y 軸)，兩者可能呈現正相關 (y 隨著 x 的增加而增加)、負相關 (y 隨著 x 的增加而減少) 或零相關 (無法察覺兩者的變化趨勢)。

比方說，透過散布圖觀察身高與體重之間是否存在正相關；透過散布圖發現遠離主要群體的點，它們通常是異常值，可能是資料輸入錯誤或特殊情況；透過散布圖顯示資料的群聚情況，幫助識別不同群組的特徵等。

下面是一個例子，假設 9 位學生的學習時數為 2, 3, 4, 5, 6, 7, 8, 9, 10 (小時)，考試分數為 52, 50, 60, 63, 69, 78, 80, 92, 95 (分)，我們要據此繪製散布圖，藉以觀察學習時數 (X 軸) 與考試分數 (Y 軸) 的相關性。

⭐ \Ch11\scatter.py

```python
import matplotlib.pyplot as plt

# 定義 X 軸為學習時數，Y 軸為考試分數
hours  = [2, 3, 4, 5, 6, 7, 8, 9, 10]
scores = [52, 50, 60, 63, 69, 78, 80, 92, 95]

# 繪製散布圖
plt.scatter(hours, scores, color='red', marker='o')

# 設定標題與軸標籤
plt.title('Study Hours vs. Exam Scores')
plt.xlabel('Study Hours')
plt.ylabel('Exam Scores')
# 顯示子刻度
plt.minorticks_on()
# 顯示圖形
plt.show()
```

執行結果如下，透過此散布圖，我們觀察到學習時數愈長，考試分數也愈高，呈現正相關的趨勢。

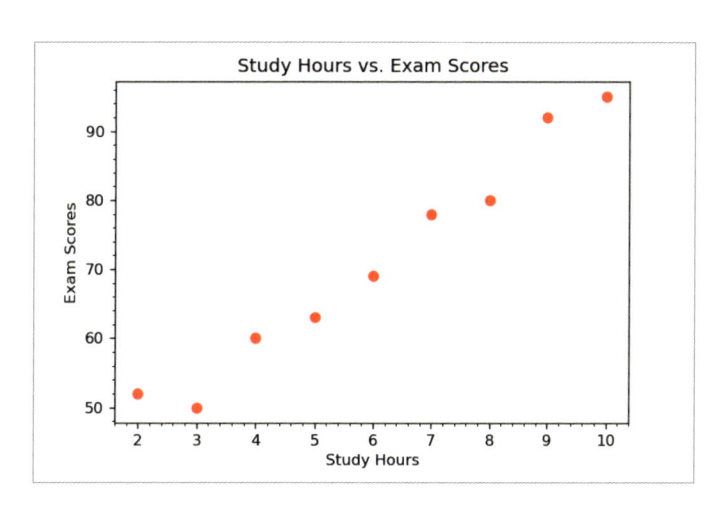

11-5 繪製長條圖

我們可以使用 matplotlib.pyplot 模組的 **bar()** 函式繪製長條圖,其語法如下:

> bar(x, height, 選擇性參數)
> ❶   ❷   ❸
>
> ❶ x:長條的 X 軸位置。
>
> ❷ height:長條的 Y 軸位置 (高度),即每個長條的資料值。
>
> ❸ 常見的選擇性參數如下:
> - width:長條的寬度,預設值為 0.8。
> - bottom:長條底部的 Y 軸座標,預設值為 0。
> - align:長條的對齊方式,預設值為 'center' (中央)。
> - color:長條的色彩。
> - label:圖例的標籤。

長條圖 (bar chart) 是以長條的形式來視覺化離散或分類資料,每個長條的高度或長度代表資料值的大小,適合用來比較不同類別之間的差異,例如不同城市的平均氣溫。下面是一個例子,我們記錄了小美於一週內花費在不同活動的時間,然後據此繪製長條圖,來視覺化活動的時間分配。

活動	花費時間 (小時)
Work (工作)	50
Sleep (睡眠)	48
Exercise (運動)	3
Entertainment (娛樂)	12
Study (學習)	10

⭐ \Ch11\bar.py

```python
import matplotlib.pyplot as plt

# 活動與花費時間（以小時為單位）
activities = ['Work', 'Sleep', 'Exercise', 'Entertainment', 'Study']
hours = [50, 48, 3, 12, 10]

# 繪製長條圖
plt.bar(activities, hours, color='skyblue')

# 設定標題與軸標籤
plt.title('Weekly Time Allocation')
plt.xlabel('Activities')
plt.ylabel('Hours')

# 顯示圖表
plt.show()
```

執行結果如下，透過此長條圖，我們可以比較各項活動所花費的時間，例如發現睡眠和工作占據了大部分時間，因而進行評估，看是否需要調整時間以平衡其它活動。

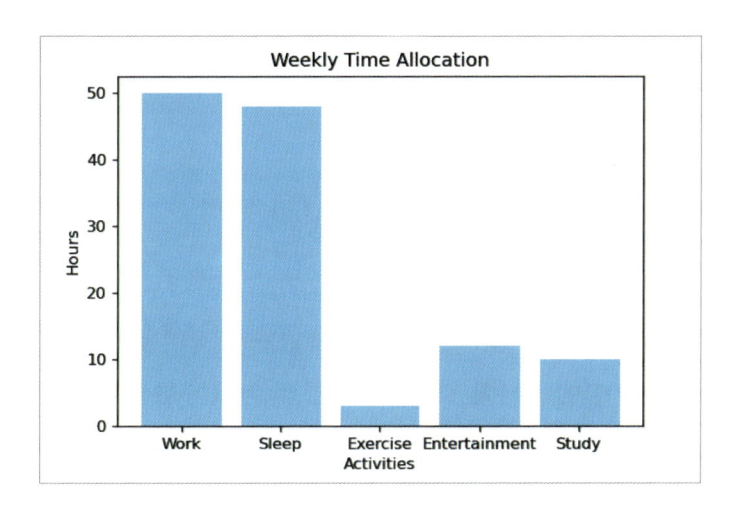

11-6 繪製直方圖

我們可以使用 matplotlib.pyplot 模組的 **hist()** 函式繪製直方圖，其語法如下：

hist(x, 選擇性參數)
　　　❶　　❷

❶ x：繪製直方圖的資料。

❷ 常見的選擇性參數如下：

- **bins**：分組的數量或自行定義分組，預設值為 10，例如 bins=5 表示分成 5 組。

- **range**：直方圖的最小值與最大值範圍，格式為 (min, max)。

- **weights**：資料的權重 (和參數 x 的長度相同)。

- **histtype**：直方圖的類型，預設值為 'bar' (長條)，其它設定值還有 'barstacked' (重疊長條)、'step' (線條)、'stepfilled' (填滿的線條)。

- **align**：長條的水平對齊方式，預設值為 'mid' (置中)，其它設定值還有 'left' (靠左)、'right' (靠右)。

- **orientation**：直方圖的方向，預設值為 'vertical' (垂直)，水平則為 'horizontal'。

- **color**：直方圖的色彩。

- **label**：圖例的標籤。

- **rwidth**：長條的寬度比例 (0 ~ 1)，例如 0.8 表示組距的 0.8，預設值為 None，表示和組距相同。

直方圖 (histogram) 是一種用來呈現資料分布情況的圖表，X 軸通常是分組，而 Y 軸是該分組的資料量，例如將學生的考試分數分成 5 組 (0 ~ 20、21 ~ 40、41 ~ 60、61 ~ 80、81 ~ 100)，然後統計每個分組的人數。

下面是一個例子,假設有一家公司想要了解顧客的年齡分布,以更精準地調整產品和行銷策略,於是蒐集顧客的年齡樣本資料,然後分組並繪製成直方圖,從執行結果可以看出,顧客的年齡是集中在 20 ~ 40 歲。

✪ \Ch11\hist.py

```python
import matplotlib.pyplot as plt

# 顧客的年齡樣本資料
ages = [18, 21, 25, 25, 26, 27, 28, 29, 34, 35, 35, 36, 37, 38, 40,
45, 47, 50, 55, 60, 70, 72, 81]
# 自行定義分組
bins = [10, 20, 30, 40, 50, 60, 70, 80, 90]
# 繪製直方圖
plt.hist(ages, bins, color='pink')

# 設定標題與軸標籤
plt.title('Customer Age Distribution')
plt.xlabel('Age Groups')
plt.ylabel('Number of Customers')
# 顯示圖表
plt.show()
```

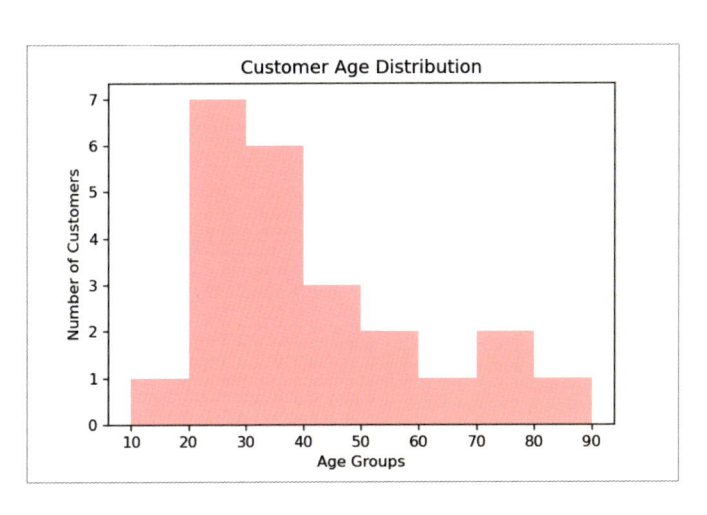

11-7 繪製圓餅圖

我們可以使用 matplotlib.pyplot 模組的 **pie()** 函式繪製圓餅圖，其語法如下：

pie(x, 選擇性參數)
　　❶　　　❷

❶ x：繪製圓餅圖的資料。

❷ 常見的選擇性參數如下：

- **colors**：扇形的色彩，預設值為 None (無)。
- **labels**：扇形的標籤，預設值為 None (無)。
- **frame**：是否顯示座標軸，預設值為 False。
- **shadow**：是否在扇形下方顯示陰影，預設值為 False。
- **counterclock**：是否為逆時針方向，預設值為 True。
- **startangle**：圓餅圖的起始角度，預設值為 None (無)，表示從 X 軸往逆時針方向開始繪製圓餅圖。
- **radius**：圓餅圖的半徑，預設值為 1。
- **center**：圓餅圖的中心點座標，預設值為 (0, 0)。
- **autopct**：扇形的比例格式，可以使用格式化字串或格式化函式，預設值為 None。
- **explode**：各個扇形與中心的偏移量，預設值為 None。

圓餅圖 (pie chart) 是一種圓形圖表，將資料按比例分割成不同角度的扇形，每個扇形代表一個類別的比例，加總起來是 100%，適合用來觀察不同類別在整體中的占比，例如產品市占率、財務支出比例、人口分布比例等。

下面是一個例子,假設快樂農莊飼養的豬隻、乳牛、綿羊、馬匹的數量為 35, 30, 25, 10,我們要據此繪製圓餅圖,藉以觀察這些動物在整體的占比。

⭐ \Ch11\pie.py

```python
import matplotlib.pyplot as plt

# 圓餅圖的資料(此例為動物的數量)
sizes  = [35, 30, 25, 10]
# 扇形的標籤(此例為動物的類別)
labels = ['Pigs', 'Cows', 'Sheeps', 'Horses']
# 扇形的色彩
colors = ['pink', 'lightblue', 'lightyellow', 'lightgreen']

# 繪製圓餅圖                                           ❶
plt.pie(sizes, labels=labels, colors=colors, shadow=True,
autopct='%1.1f%%', explode=(0, 0, 0, 0.1))
        ❷                    ❸
# 設定標題
plt.title('Happy Farm')
# 顯示圖形
plt.show()
```

❶ 在扇形下方顯示陰影
❷ 小數點後面一位、浮點數、百分比格式
❸ 最後一個扇形有 0.1 的偏移量

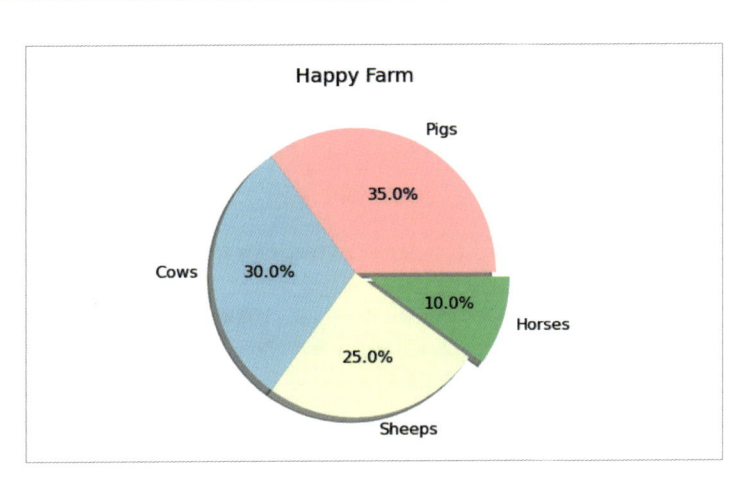

ChatGPT 程式助理

根據資料判斷要使用哪種類型的圖表並撰寫程式

ChatGPT 擅長對資料進行統計分析，然後繪製圖表，我們就實際操作一遍，你可以舉一反三、靈活運用：

1 取得資料：在 ChatGPT 輸入「**請給我東京，巴黎，台北三個城市 1 ~ 6 月的平均氣溫**」，得到如下回答，要是你有自己的資料，直接把資料輸入到 ChatGPT 也是可以的。

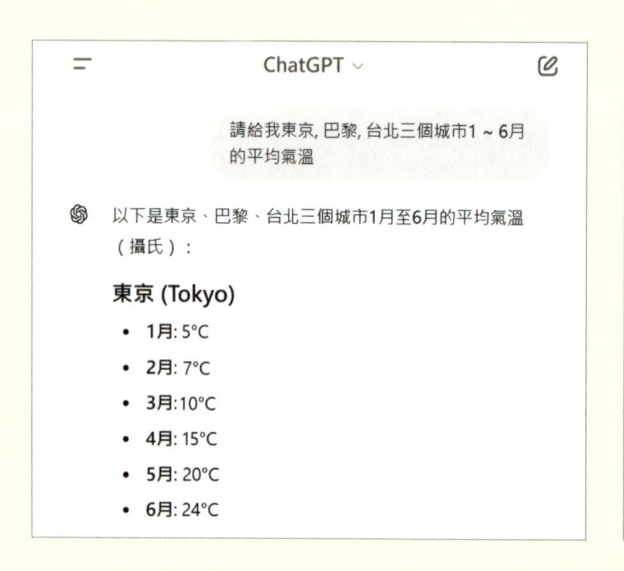

> **ChatGPT**
>
> 請給我東京，巴黎，台北三個城市1～6月的平均氣溫
>
> 以下是東京、巴黎、台北三個城市1月至6月的平均氣溫（攝氏）：
>
> **東京 (Tokyo)**
> - 1月: 5°C
> - 2月: 7°C
> - 3月: 10°C
> - 4月: 15°C
> - 5月: 20°C
> - 6月: 24°C
>
> **巴黎 (Paris)**
> - 1月: 3°C
> - 2月: 5°C
> - 3月: 9°C
> - 4月: 12°C
> - 5月: 18°C
> - 6月: 22°C
>
> **台北 (Taipei)**
> - 1月: 16°C
> - 2月: 17°C
> - 3月: 20°C
> - 4月: 24°C
> - 5月: 27°C
> - 6月: 30°C

2 詢問圖表類型：在 ChatGPT 輸入「**請建議適合使用哪種圖表來呈現這些資料的走勢與差異**」，得到如下回答，有**折線圖和群組化的長條圖**。

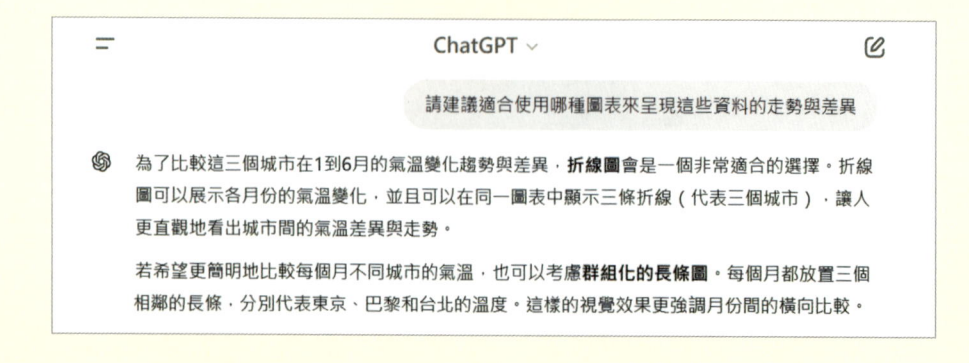

> **ChatGPT**
>
> 請建議適合使用哪種圖表來呈現這些資料的走勢與差異
>
> 為了比較這三個城市在1到6月的氣溫變化趨勢與差異，**折線圖**會是一個非常適合的選擇。折線圖可以展示各月份的氣溫變化，並且可以在同一圖表中顯示三條折線（代表三個城市），讓人更直觀地看出城市間的氣溫差異與走勢。
>
> 若希望更簡明地比較每個月不同城市的氣溫，也可以考慮**群組化的長條圖**。每個月都放置三個相鄰的長條，分別代表東京、巴黎和台北的溫度。這樣的視覺效果更強調月份間的橫向比較。

11-30

3. **撰寫程式**：在 ChatGPT 輸入「**撰寫一個 Python 程式，令它繪製折線圖來比較這三個城市在 1 到 6 月的氣溫變化趨勢。**」，得到如下回答，我們將程式複製到 Spyder 做測試，稍作編輯並存檔為 \Ch11\temp.py 供你參考。

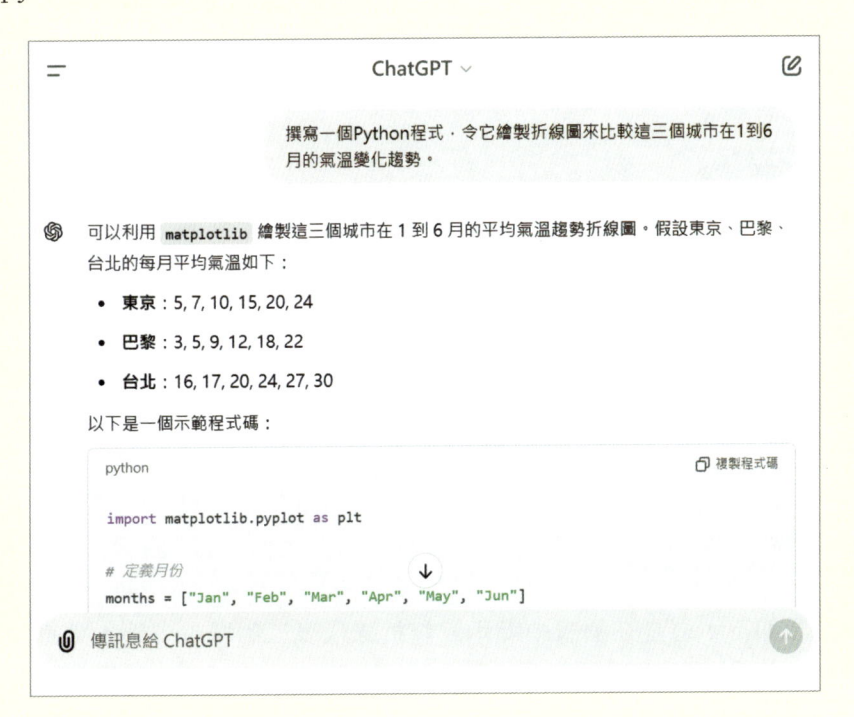

> **ChatGPT**
>
> 撰寫一個Python程式，令它繪製折線圖來比較這三個城市在1到6月的氣溫變化趨勢。
>
> 可以利用 `matplotlib` 繪製這三個城市在 1 到 6 月的平均氣溫趨勢折線圖。假設東京、巴黎、台北的每月平均氣溫如下：
>
> - 東京：5, 7, 10, 15, 20, 24
> - 巴黎：3, 5, 9, 12, 18, 22
> - 台北：16, 17, 20, 24, 27, 30
>
> 以下是一個示範程式碼：
>
> ```python
> import matplotlib.pyplot as plt
>
> # 定義月份
> months = ["Jan", "Feb", "Mar", "Apr", "May", "Jun"]
> ```

⭐ \Ch11\temp.py (下頁續 1/2)

```
import matplotlib.pyplot as plt

# 定義月份
months = ['Jan', 'Feb', 'Mar', 'Apr', 'May', 'Jun']

# 各城市的平均氣溫資料
tokyo_temps  = [5, 7, 10, 15, 20, 24]
paris_temps  = [3, 5, 9, 12, 18, 22]
taipei_temps = [16, 17, 20, 24, 27, 30]
```

11-31

⭐ \Ch11\temp.py (接上頁 2/2)

```
# 繪製折線圖
plt.plot(months, tokyo_temps,  marker='o', label='Tokyo', color='blue')
plt.plot(months, paris_temps,  marker='o', label='Paris', color='green')
plt.plot(months, taipei_temps, marker='o', label='Taipei', color='red')

# 設定標籤和標題
plt.xlabel('Months')
plt.ylabel('Average Temperature (°C)')
plt.title('Average Monthly Temperature')

# 顯示圖例
plt.legend()

# 顯示圖表
plt.show()
```

執行結果如下，這是在圖表中顯示三條折線代表三個城市，讓人更直觀地看出城市之間的氣溫差異與走勢。你也可以要求 ChatGPT 撰寫程式，改以群組化的長條圖來凸顯三個城市在相同月份之間的橫向比較。

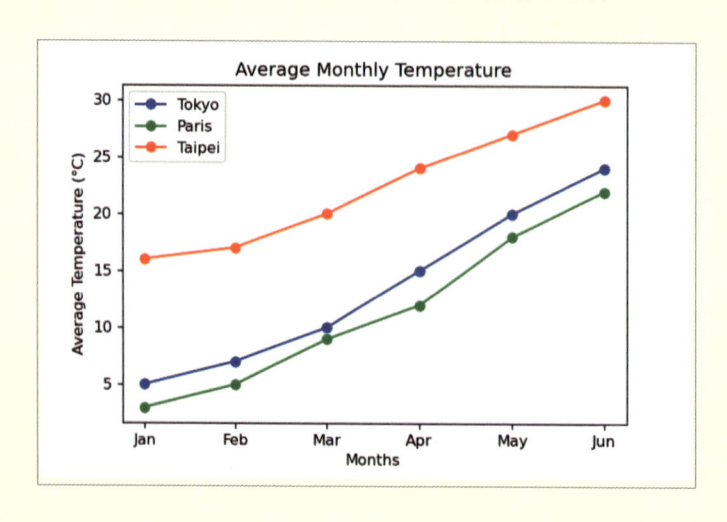

CHAPTER 12 圖形使用者介面－tkinter

12-1 認識 tkinter 套件

12-2 GUI 元件

　　根據附圖與文字敘述撰寫 GUI 程式

12-1 認識 tkinter 套件

tkinter（唸作 tk-inter）是 Tool Kit Interface 的縮寫，這是一個跨平台的 GUI (Graphical User Interface，圖形使用者介面) 套件，能夠在 UNIX、Linux、Windows、Mac 等平台開發 GUI 程式。

tkinter 的功能齊全，提供了標籤、按鈕、輸入方塊、核取按鈕、選項按鈕、對話方塊、功能表等多種元件，可以讓開發者輕鬆設計桌面應用程式，例如資料輸入表單、計算機、文件編輯器等。

tkinter 內建於 Python 標準函式庫，無須額外安裝，可以直接使用 import 指令進行匯入。馬上來試用一下，請在 Python 直譯器輸入如下敘述：

```
In [1]: import tkinter as tk
In [2]: window = tk.Tk()
In [3]: window.mainloop()
```

- ✓ In [1]：匯入 tkinter 套件並設定別名為 tk。

- ✓ In [2]：建立一個隸屬於 **Tk 類別**的物件，並指派給變數 window，Tk 類別用來表示視窗，上面可以放置標籤、按鈕、輸入方塊、功能表、捲軸等元件。

- In [3]：呼叫視窗物件的 **mainloop()** 方法，讓視窗進入等待與處理事件的狀態，如下，直到使用者關閉視窗為止。

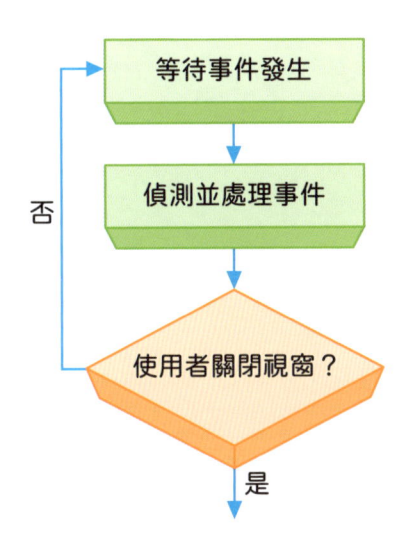

```
        等待事件發生
             ↓
        偵測並處理事件
             ↓
   否   使用者關閉視窗？
             ↓ 是
```

> **NOTE**
>
> ### 事件與事件驅動
>
> **事件** (event) 指的是在某些情況下所發生的訊息，舉例來說，當使用者按一下按鈕時，會發生對應的事件，我們可以針對該事件撰寫處理程式，例如將使用者輸入的資料進行運算、查詢或寫入資料庫等。
>
> 在 Windows 系統中，每個視窗都有一個唯一的代碼，系統會持續監控每個視窗，一旦發生事件，例如按一下按鈕、改變視窗的大小、移動視窗等，該視窗就會傳送訊息給系統，然後系統會將訊息傳送給關聯的程式，這些程式再根據訊息做處理，此種運作模式就叫做**事件驅動** (event driven)。
>
> 使用 tkinter 開發 GUI 程式的運作模式也是事件驅動，不過，它會自動負責低階的訊息處理工作，因此，我們只要針對可能發生的事件撰寫處理程式即可。當 GUI 程式執行時，它會等待事件發生，一旦偵測到事件，就執行我們針對該事件所撰寫的處理程式，待處理程式執行完畢後，再繼續等待下一個事件發生，直到使用者關閉視窗為止。

下面是一個例子，它會建立一個視窗，並設定視窗的標題列、大小與位置、最大大小。圖❶為原始大小（寬度 250 像素、高度 100 像素），圖❷為最大大小（寬度 400 像素、高度 150 像素）。

★ \Ch12\gui.py

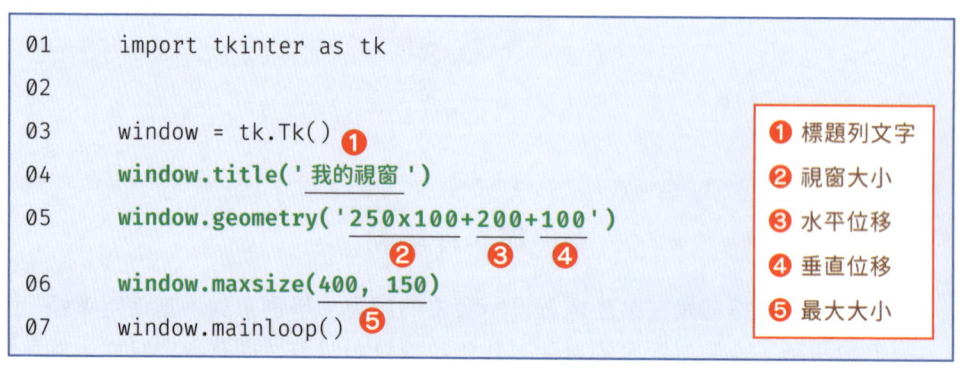

```
01    import tkinter as tk
02
03    window = tk.Tk()
04    window.title('我的視窗')
05    window.geometry('250x100+200+100')
06    window.maxsize(400, 150)
07    window.mainloop()
```

❶ 標題列文字
❷ 視窗大小
❸ 水平位移
❹ 垂直位移
❺ 最大大小

✓ 04：呼叫 **title(文字)** 方法設定視窗的標題列，此處是將標題列設定為 '我的視窗'。

✓ 05：呼叫 **geometry(寬度 x 高度 + 水平位移 + 垂直位移)** 方法設定視窗的大小與位置，此處的 250x100 是將寬度和高度設定為 250、100 像素，而 +200 和 +100 是將視窗到螢幕左邊及頂端的距離設定為 200、100 像素。

✓ 06：呼叫 **maxsize(寬度 , 高度)** 方法設定視窗的最大大小，此處是將最大寬度和最大高度設定為 400、150 像素。若要設定視窗的最小大小，可以使用 **minsize(寬度 , 高度)** 方法；若要禁止使用者改變視窗的大小，可以使用 **resizable(0, 0)** 方法。

12-2 GUI 元件

在前一節的例子中，我們示範了如何建立一個視窗，接下來，我們可以在視窗上面放置 **GUI 元件** (widget)，例如：

- Frame (視窗區域)
- LabelFrame (標籤式視窗區域)
- Label (標籤)
- Entry (輸入方塊)
- Text (文字區域)
- Button (按鈕)
- Checkbutton (核取按鈕)
- Radiobutton (選項按鈕)
- Listbox (清單方塊)
- Menu (功能表)
- Menubutton (功能表按鈕)
- Scrollbar (捲軸)
- Scale (滑桿)
- Spinbox (調整鈕)
- messagebox (對話方塊)
- PhotoImage (圖形)

由於元件的種類很多，我們會挑選一些常見的做介紹，其它沒有介紹到的可以參考說明文件 (https://docs.python.org/3.14/library/tk.html)。

不同的元件有各自的類別，例如標籤是 Label 類別、按鈕是 Button 類別，如欲在視窗上面放置元件，只要根據元件類別建立物件即可，其語法如下：

> **元件類別 (父物件 , 選擇性參數)**
>   ❶   ❷
>
> ❶ **父物件**：這指的是元件要放在什麼物件上面，假設要在視窗上面放置按鈕，那麼元件類別為 Button，父物件為視窗。
>
> ❷ **選擇性參數**：用來設定元件，不同的元件有各自的選擇性參數。

12-2-1 Label (標籤)

Label(標籤)可以用來顯示無法由使用者編輯的文字,例如顯示文字要求進行指定的動作。我們可以透過 Label 類別建立標籤,其語法如下:

> Label(父物件 , 選擇性參數)
> ❶   ❷
>
> ❶ **父物件**:這指的是 Label (標籤) 要放在什麼物件上面。
>
> ❷ **常見的選擇性參數如下**:
> - **text**:標籤的文字。
> - **width**:標籤的寬度。
> - **height**:標籤的高度。
> - **bg** 或 **background**:標籤的背景色彩。
> - **fg** 或 **foreground**:標籤的前景色彩。
> - **font**:標籤的字型名稱與字型大小,例如 ('標楷體', 12)。
> - **underline**:加底線的字元,預設值為 -1,表示全部不加底線,0 表示第一個字元,1 表示第二個字元,其它依此類推。
> - **image**:標籤要顯示的圖片。

下面是一個例子,其中第 04 ~ 06 行是建立三個標籤,30 字元寬度,背景色彩分別為淺黃、淺藍、淺灰;第 07 ~ 09 行是呼叫標籤物件的 **pack()** 方法,將標籤由上到下排列。

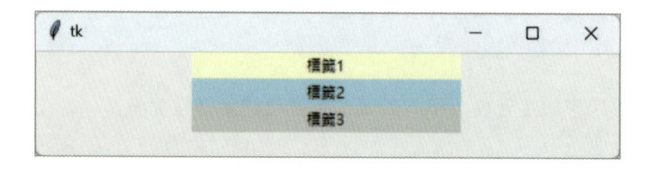

⭐ \Ch12\label1.py

```
01  import tkinter as tk
02
03  window = tk.Tk()
04  label1 = tk.Label(window, text='標籤1', width=30, bg='lightyellow')
05  label2 = tk.Label(window, text='標籤2', width=30, bg='lightblue')
06  label3 = tk.Label(window, text='標籤3', width=30, bg='lightgray')
07  label1.pack()
08  label2.pack()
09  label3.pack()
10  window.mainloop()
```

❶ 建立三個標籤
❷ 將標籤由上到下排列

設定布局方式－pack() 方法

pack() 方法可以用來設定元件的布局方式，常見的參數如下：

參數	說明
side	元件要對齊的邊，預設值為 TOP (由上到下)，其它還有 BOTTOM (由下到上)、LEFT (由左到右)、RIGHT (由右到左)。
padx、pady	元件的水平外部填充、垂直外部填充 (以像素為單位)。
ipadx、ipady	元件的水平內部填充、垂直內部填充 (以像素為單位)。

假設將 \Ch12\label1.py 的第 07 ~ 09 行改寫成如下，排列方式就會改變：

```
07  label1.pack()                          ❶
08  label2.pack(side=tk.RIGHT)             ❷
09  label3.pack(side=tk.LEFT)              ❸
```

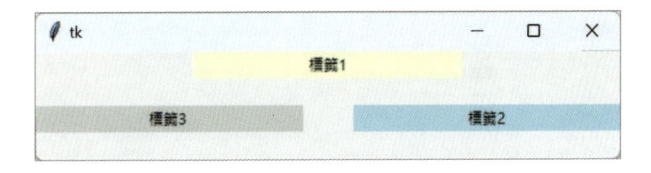

❶ 由上到下排列
❷ 由右到左排列
❸ 由左到右排列

設定布局方式－ grid() 方法

除了 pack() 方法之外，我們也可以使用 **grid()** 方法設定元件的布局方式，常見的參數如下：

參數	說明
row	元件所在的列索引 (從 0 開始)。
column	元件所在的行索引 (從 0 開始)。
padx、pady	元件的水平外部填充、垂直外部填充 (以像素為單位)。
ipadx、ipady	元件的水平內部填充、垂直內部填充 (以像素為單位)。

你可以將視窗想像成由橫列與直行所構成的表格，就像 Excel 試算表那樣，然後透過第幾列第幾行的方式來設定元件的布局。下面是一個例子，它會建立三個標籤，然後呼叫 grid() 方法將標籤放置在第 1 列第 1 行、第 2 列第 1 行、第 2 列第 2 行，外部填充均為 10 像素。

⭐ \Ch12\label2.py

```
import tkinter as tk

window = tk.Tk()
label1 = tk.Label(window, text=' 標籤 1', width=30, bg='lightyellow')
label2 = tk.Label(window, text=' 標籤 2', width=30, bg='lightblue')
label3 = tk.Label(window, text=' 標籤 3', width=30, bg='lightgray')
label1.grid(row=0, column=0, padx=10, pady=10)
label2.grid(row=1, column=0, padx=10, pady=10)
label3.grid(row=1, column=1, padx=10, pady=10)
window.mainloop()
```

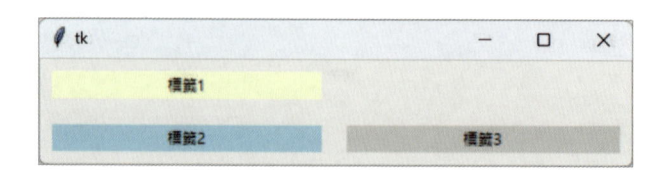

12-2-2 Button (按鈕)

Button (按鈕) 可以用來執行、終止或中斷動作，當使用者按一下按鈕時，會發生對應的事件。若要在此時執行某個動作，可以將這個動作寫進按鈕的事件處理程式。我們可以透過 Button 類別建立按鈕，其語法如下：

> **Button(父物件 , 選擇性參數)**
>   ❶   ❷
>
> ❶ 父物件：這指的是 Button (按鈕) 要放在什麼物件上面。
>
> ❷ 常見的選擇性參數如下：
>
> - **text**：按鈕的文字。
> - **width**：按鈕的寬度。
> - **height**：按鈕的高度。
> - **bg 或 background**：按鈕的背景色彩。
> - **fg 或 foreground**：按鈕的前景色彩。
> - **padx**：按鈕內文字的水平填充。
> - **pady**：按鈕內文字的垂直填充。
> - **font**：按鈕的字型名稱與字型大小，例如 ('標楷體', 12)。
> - **underline**：加底線的字元，預設值為 -1，表示全部不加底線，0 表示第一個字元，1 表示第二個字元，其它依此類推。
> - **image**：按鈕要顯示的圖片。
> - **textvariable**：文字變數，用來取得或設定按鈕的文字。
> - **command**：當使用者按一下按鈕時，會呼叫此參數所指定的函式。
> - **state**：按鈕的狀態，例如 NORMAL (預設值)、DISABLED (禁用)。

下面是一個例子，當使用者按一下「顯示訊息」按鈕時，會在按鈕下面顯示「Hello, world!」。

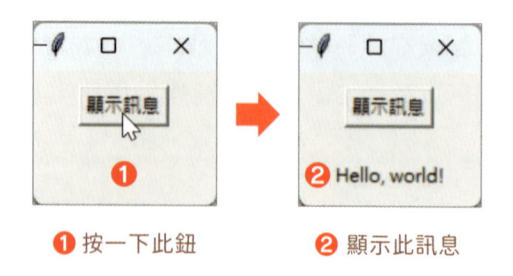

❶ 按一下此鈕　　❷ 顯示此訊息

⭐ \Ch12\button.py

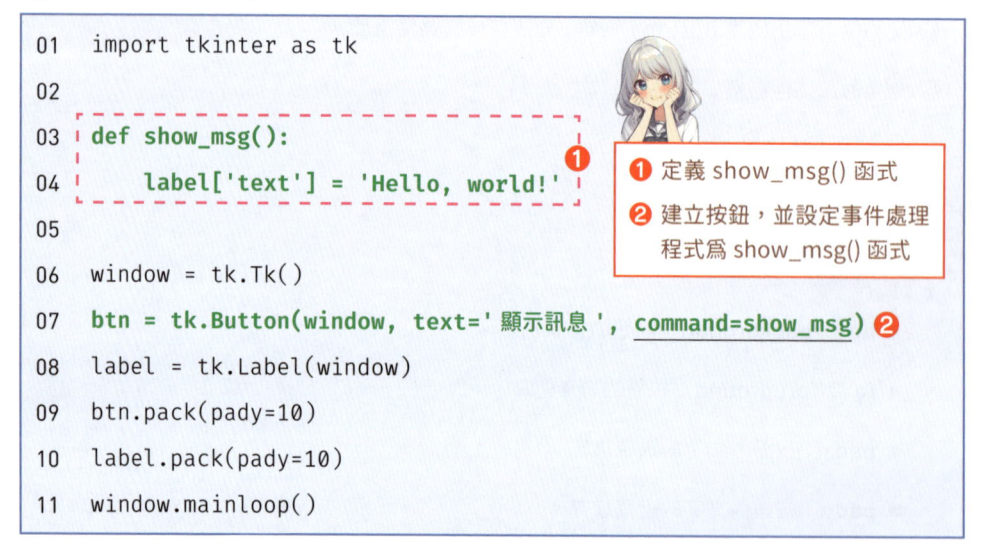

```
01  import tkinter as tk
02
03  def show_msg():
04      label['text'] = 'Hello, world!'
05
06  window = tk.Tk()
07  btn = tk.Button(window, text=' 顯示訊息 ', command=show_msg)
08  label = tk.Label(window)
09  btn.pack(pady=10)
10  label.pack(pady=10)
11  window.mainloop()
```

❶ 定義 show_msg() 函式
❷ 建立按鈕，並設定事件處理程式為 show_msg() 函式

- 03 ~ 04：定義 show_msg() 函式，當使用者按一下按鈕時，會呼叫此函式，將標籤的文字設定為 'Hello, world!'。

- 07：建立按鈕，上面的文字為「顯示訊息」，並透過 command 參數設定事件處理程式為 show_msg() 函式。

- 08：建立標籤，當使用者按一下按鈕時，會在此顯示「Hello, world!」。

- 09 ~ 10：呼叫 pack() 方法將按鈕與標籤由上到下排列，並透過 pady 參數設定垂直外部填充為 10 像素，這樣就不會擠在一起。

12-2-3 Entry (輸入方塊)

Entry（輸入方塊）可以用來取得使用者輸入的資料，通常是字串或數字等簡短的資料。我們可以透過 Entry 類別建立輸入方塊，其語法如下：

> **Entry(** 父物件 , 選擇性參數 **)**
>   ❶   ❷
>
> ❶ **父物件**：這指的是 Entry (輸入方塊) 要放在什麼物件上面。
>
> ❷ 常見的選擇性參數如下：
>
> - **width**：輸入方塊的寬度。
> - **bg** 或 **background**：輸入方塊的背景色彩。
> - **fg** 或 **foreground**：輸入方塊的前景色彩。
> - **font**：輸入方塊的字型名稱與字型大小，例如 (' 標楷體 ', 12)。
> - **state**：輸入方塊的狀態，例如 NORMAL (預設值)、DISABLED (禁用)。
> - **show**：用來隱藏輸入的字元，例如 show='*' 會顯示星號，而不會顯示輸入的資料，適合輸入密碼。
> - **textvariable**：文字變數，用來取得或設定輸入方塊的資料。

下面是一個例子，當使用者在前兩個輸入方塊輸入數字並按一下「=」按鈕時，就會在第三個輸入方塊顯示兩個數字相加的結果。

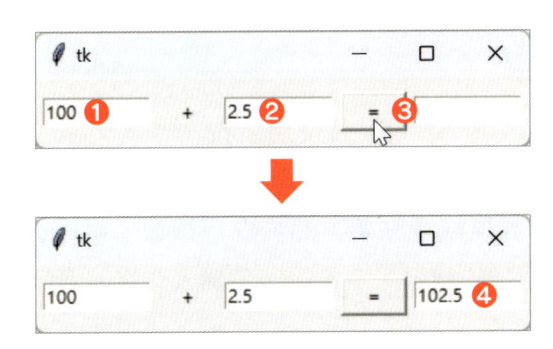

❶ 輸入第一個數字
❷ 輸入第二個數字
❸ 按一下此鈕
❹ 顯示相加的結果

⭐ \Ch12\entry.py

```
01  import tkinter as tk
02
03  # 定義事件處理程式
04  def add():
05      result.set(float(num1.get()) + float(num2.get()))
06
07
08  window = tk.Tk()
09
10  # 定義變數
11  num1 = tk.StringVar()
12  num2 = tk.StringVar()
13  result = tk.StringVar()
14
15  # 建立輸入方塊、標籤和按鈕
16  tk.Entry(window, width=10, textvariable=num1).pack(side=tk.LEFT, pady=10, padx=5)
17  tk.Label(window, width=5, text='+').pack(side=tk.LEFT, pady=10)
18  tk.Entry(window, width=10, textvariable=num2).pack(side=tk.LEFT, pady=10, padx=5)
19  tk.Button(window, width=5, text='=', command=add).pack(side=tk.LEFT, pady=10)
20  tk.Entry(window, width=10, textvariable=result).pack(side=tk.LEFT, pady=10, padx=5)
21
22  window.mainloop()
```

- 04 ~ 05：定義 add() 函式，當使用者按一下「=」按鈕時，會呼叫此函式，透過變數 num1 與變數 num2 的 **get()** 方法取得前兩個輸入方塊的資料，接著轉換成浮點數，然後進行相加，再透過變數 result 的 **set()** 方法，將相加的結果設定為第三個輸入方塊的資料。

- 11：建立一個隸屬於 StringVar 類別的物件並指派給變數 num1，用來儲存第一個輸入方塊的資料。

- 12：建立一個隸屬於 StringVar 類別的物件並指派給變數 num2，用來儲存第二個輸入方塊的資料。

- 13：建立一個隸屬於 StringVar 類別的物件並指派給變數 result，用來儲存第三個輸入方塊的資料。

- 16：建立第一個輸入方塊，然後呼叫 pack() 方法將輸入方塊由左到右排列。為了取得或設定輸入方塊的資料，必須透過 textvariable=num1 參數將資料設定為變數 num1 所參照的 StringVar 物件，之後就可以使用該物件的 get() 或 set() 方法取得或設定資料。

  這行敘述就相當於如下：

  ```
  entry1 = tk.Entry(window, width=10, textvariable=num1)
  entry1.pack(side=tk.LEFT, pady=10, padx=5)
  ```

- 17：建立一個標籤，上面的文字為「+」，然後呼叫 pack() 方法將標籤由左到右排列。

- 18：建立第二個輸入方塊，然後呼叫 pack() 方法將輸入方塊由左到右排列。

- 19：建立一個按鈕，上面的文字為「=」，並透過 command 參數設定事件處理程式為 add() 函式，然後呼叫 pack() 方法將按鈕由左到右排列。

- 20：建立第三個輸入方塊，然後呼叫 pack() 方法將輸入方塊由左到右排列。

12-2-4 messagebox (對話方塊)

tkinter 套件的 **messagebox** 模組提供了數個方法可以用來顯示對話方塊，例如：

- **askokcancel**(*title*, *message*, *options*)
- **askquestion**(*title*, *message*, *options*)
- **askretrycancel**(*title*, *message*, *options*)
- **askyesno**(*title*, *message*, *options*)
- **showerror**(*title*, *message*, *options*)
- **showinfo**(*title*, *message*, *options*)
- **showwarning**(*title*, *message*, *options*)

參數 *title* 為對話方塊的標題列文字，參數 *message* 為對話方塊內的文字，參數 *options* 為對話方塊的選擇性參數，例如：

- **default**：預設的按鈕，通常是第一個按鈕 ([確定]、[是] 或 [重試])，亦可設定為 CANCEL、IGNORE、OK、NO、RETRY、YES，表示 [取消]、[忽略]、[確定]、[否]、[重試]、[是] 等按鈕。

- **icon**：對話方塊內的圖示，有 ERROR、INFO、QUESTION、WARNING 等設定值。

- **parent**：對話方塊的父物件。

askokcancel()、askretrycancel() 和 askyesno() 等方法會傳回布林值，True 表示使用者點取 [確定] 或 [是] 按鈕，False 表示使用者點取 [取消] 或 [否] 按鈕，而 askquestion() 方法會傳回 'yes' 或 'no'，分別表示使用者點取 [是] 或 [否] 按鈕。

下面的敘述會顯示如下的對話方塊,要求點取 [確定] 或 [取消] 按鈕:

```
messagebox.askokcancel(' 我的對話方塊 ', 'Hello, world!')
```

下面的敘述會顯示如下的對話方塊,要求點取 [重試] 或 [取消] 按鈕:

```
messagebox.askretrycancel(' 我的對話方塊 ', 'Hello, world!')
```

下面的兩個敘述會顯示如下的對話方塊,要求點取 [是] 或 [否] 按鈕:

```
messagebox.askquestion(' 我的對話方塊 ', 'Hello, world!')
messagebox.askyesno(' 我的對話方塊 ', 'Hello, world!')
```

下面的敘述會顯示如下的錯誤對話方塊：

```
messagebox.showerror(' 我的對話方塊 ', 'Hello, world!')
```

下面的敘述會顯示如下的訊息對話方塊：

```
messagebox.showinfo(' 我的對話方塊 ', 'Hello, world!')
```

下面的敘述會顯示如下的警告對話方塊：

```
messagebox.showwarning(' 我的對話方塊 ', 'Hello, world!')
```

馬上練習

撰寫一個 Python 程式，令其執行結果如下，當使用者按一下 [顯示訊息] 按鈕時，會顯示訊息對話方塊。

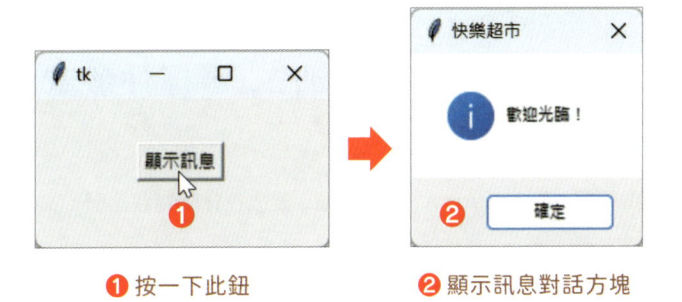

❶ 按一下此鈕　　❷ 顯示訊息對話方塊

【解答】

⭐ \Ch12\msgbox.py

```python
import tkinter as tk
from tkinter import messagebox

# 定義事件處理程式
def show_msg():
    messagebox.showinfo('快樂超市', '歡迎光臨！')

# 建立視窗並設定大小與位置
window = tk.Tk()
window.geometry('200x100+200+100')
# 建立按鈕並設定文字與事件處理程式
btn = tk.Button(window, text='顯示訊息', command=show_msg)
# 設定按鈕的布局方式
btn.pack(pady=30)

window.mainloop()
```

12-2-5 Checkbutton（核取按鈕）

Checkbutton（核取按鈕）就像能夠複選的選擇題，經常應用在允許使用者核取多個選項的場景，例如意見調查、偏好設定、選擇多重條件或過濾條件等。我們可以透過 Checkbutton 類別建立核取按鈕，其語法如下：

> Checkbutton(父物件 , 選擇性參數)
> ❶   ❷
>
> ❶ 父物件：這指的是 Checkbutton (核取按鈕) 要放在什麼物件上面。
>
> ❷ 常見的選擇性參數如下：
>
> - text：核取按鈕的文字。
> - width：核取按鈕的寬度。
> - height：核取按鈕的高度。
> - textvariable：文字變數，用來取得或設定核取按鈕的文字。
> - variable：變數，用來取得或設定核取按鈕的狀態。
> - command：當核取按鈕的狀態改變時，會呼叫此參數所指定的函式。

下面是一個例子，當使用者核取喜歡的甜點並按一下「確定」按鈕時，會以對話方塊顯示所核取的甜點。

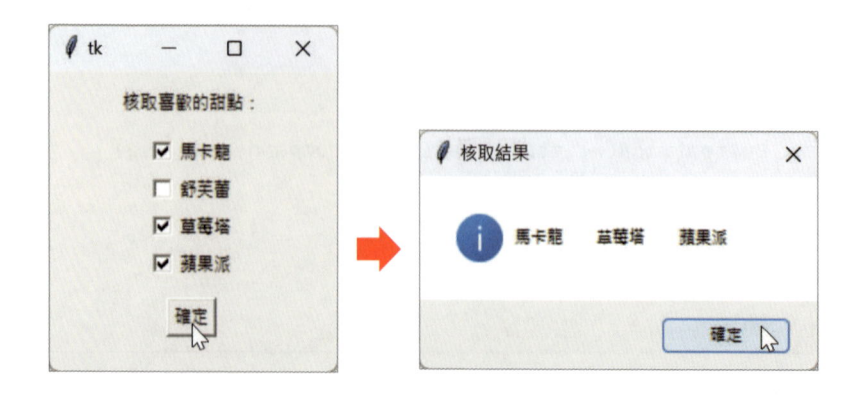

⭐ \Ch12\check.py

```
01  import tkinter as tk
02  from tkinter import messagebox
03
04  def show_msg():
05      result = ''
06      for i in checkvalue:
07          if checkvalue[i].get() == True:
08              result = result + dessert[i] + '\t'
09      messagebox.showinfo('核取結果', result)
10
11  window = tk.Tk()
12  window.geometry('200x200+200+100')
13  label = tk.Label(window, text='核取喜歡的甜點：').pack(pady=10)
14  dessert = {0: '馬卡龍', 1: '舒芙蕾', 2: '草莓塔', 3: '蘋果派'}
15  checkvalue = {}
16  for i in range(len(dessert)):
17      checkvalue[i] = tk.BooleanVar()
18      tk.Checkbutton(window, text=dessert[i],
                       variable=checkvalue[i]).pack()
19  tk.Button(window, text='確定', command=show_msg).pack(pady=10)
20  window.mainloop()
```

❶ 事件處理程式，用來顯示被核取的甜點

❷ 儲存核取按鈕的文字

❸ 儲存核取按鈕的狀態

❹ 建立核取按鈕，包括文字與狀態

- 04 ~ 09：定義 show_msg() 函式，當使用者按一下「確定」按鈕時，會呼叫此函式，透過 for 迴圈檢查每個核取按鈕，將被核取的甜點顯示在對話方塊。

- 14：建立一個字典，用來儲存核取按鈕的文字，即甜點的名稱。

- 15：建立一個字典，用來儲存核取按鈕的狀態，即被核取與否。

- 16 ~ 18：透過 for 迴圈建立四個核取按鈕，其文字是儲存在 dessert 字典，而其狀態是儲存在 checkvalue 字典。由於第 17 行將核取狀態設定為 BooleanVar 物件，因此，第 07 行可以呼叫 get() 方法取得其值。

12-2-6 Radiobutton (選項按鈕)

Radiobutton (選項按鈕) 就像只能單選的選擇題，經常應用在允許使用者選取單一選項的場景，例如詢問最高學歷、單身 / 已婚、民調等。我們可以透過 Radiobutton 類別建立選項按鈕，其語法如下：

Radiobutton(父物件 , 選擇性參數)
❶　　　　❷

❶ **父物件**：這指的是 Radiobutton (選項按鈕) 要放在什麼物件上面。

❷ 常見的選擇性參數如下：

- **text**：選項按鈕的文字。
- **width**：選項按鈕的寬度。
- **height**：選項按鈕的高度。
- **value**：選項按鈕的值，用來區分不同的選項按鈕。
- **textvariable**：文字變數，用來取得或設定選項按鈕的文字。
- **variable**：變數，用來取得或設定目前選取的選項按鈕。
- **command**：當選項按鈕的狀態改變時，會呼叫此參數所指定的函式。

下面是一個例子，當使用者選取最喜歡的甜點並按一下「確定」按鈕時，會以對話方塊顯示所選取的甜點。

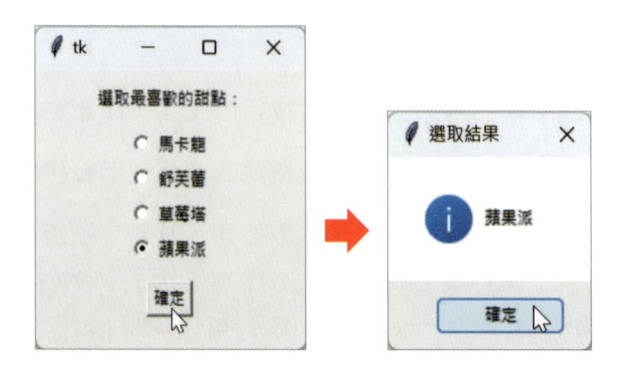

\Ch12\radio.py

```python
01  import tkinter as tk
02  from tkinter import messagebox
03
04  def show_msg():
05      i = radiovalue.get()
06      messagebox.showinfo('選取結果', dessert[i])
07
08  window = tk.Tk()
09  window.geometry('200x200+200+100')
10  label = tk.Label(window, text='選取最喜歡的甜點：').pack(pady=10)
11  dessert = {0: '馬卡龍', 1: '舒芙蕾', 2: '草莓塔', 3: '蘋果派'}
12  radiovalue = tk.IntVar()
13  radiovalue.set(0)
14  for i in range(len(dessert)):
15      tk.Radiobutton(window, text=dessert[i], value=i,
                       variable=radiovalue).pack()
16  tk.Button(window, text='確定', command=show_msg).pack(pady=10)
17  window.mainloop()
```

❶ 事件處理程式，用來顯示被選取的甜點
❷ 儲存選項按鈕的文字
❸ 儲存目前選取的選項按鈕
❹ 將目前選取的選項按鈕設定為 0
❺ 建立選項按鈕

- 04 ~ 06：定義 show_msg() 函式，當使用者按一下「確定」按鈕時，會呼叫此函式，透過 radiovalue 變數所參照之 IntVar 物件的 get() 方法取得目前選取的選項按鈕，然後將此值所對映的甜點顯示在對話方塊。

- 11：建立一個字典，用來儲存選項按鈕的文字，即甜點的名稱。

- 12：建立一個 IntVar 物件，用來儲存目前選取的選項按鈕。

- 13：透過 radiovalue 變數所參照之 IntVar 物件的 set() 方法將目前選取的選項按鈕設定為 0，而此值所對映的甜點為 '馬卡龍'。

- 14 ~ 15：透過 for 迴圈建立四個選項按鈕，其文字是儲存在 dessert 字典，其值是依序為 0、1、2、3，而目前選取的選項按鈕是儲存在 radiovalue 變數。

12-2-7 Menu (功能表)

Menu(功能表)可以用來製作下拉式選單,經常出現在應用程式的主選單或右鍵功能表。我們可以透過 Menu 類別建立功能表,其語法如下:

> **Menu(父物件 , 選擇性參數)**
> ❶　　　　　❷
>
> ❶ **父物件**:這指的是 Menu (功能表) 要放在什麼物件上面。
>
> ❷ 常見的選擇性參數如下:
> - **bg** 或 **background**:功能表的背景色彩。
> - **fg** 或 **foreground**:功能表的前景色彩。
> - **activebackground**:當指標移到項目上面時的反白色彩。
> - **tearoff**:第一個項目上面的分隔線,若不要顯示該分隔線,可以加上 tearoff=0。

此外,我們還會用到下列幾個方法:

- ✅ **add_cascade(*options*)**:加入子功能表,*options* 為選擇性參數,例如 **label** 用來設定子功能表的標籤,**memu** 用來設定子功能表與哪個 Menu 元件產生關聯。

- ✅ **add_command(*options*)**:加入項目,*options* 為選擇性參數,例如 **label** 用來設定項目的標籤,**command** 用來設定當按一下項目時所要呼叫的函式。

- ✅ **add_separator()**:加入分隔線。

下面是一個例子,功能表有兩個子功能表,其中「檔案」子功能表有三個項目,而且「開啟舊檔...」後面有一個分隔線,若按一下「結束程式」,就會結束應用程式,至於「說明」子功能表則有「關於我們...」一個項目。

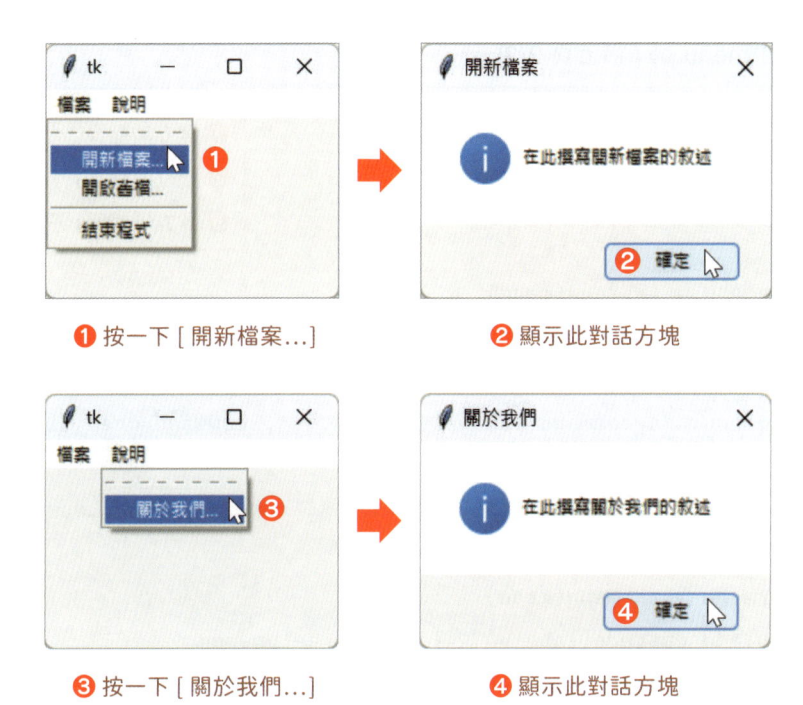

❶ 按一下 [開新檔案...]　　　　　　　❷ 顯示此對話方塊

❸ 按一下 [關於我們...]　　　　　　　❹ 顯示此對話方塊

✪ \Ch12\menu.py (下頁續 1/2)

```python
01  import tkinter as tk
02  from tkinter import messagebox
03
04  def new_file():
05      messagebox.showinfo('開新檔案', '在此撰寫開新檔案的敍述')
06
07  def open_file():
08      messagebox.showinfo('開啓舊檔', '在此撰寫開啓舊檔的敍述')
09
10  def about():
11      messagebox.showinfo('關於我們', '在此撰寫關於我們的敍述')
12
```

\Ch12\menu.py (接上頁 2/2)

```python
13  window = tk.Tk()
14  menu = tk.Menu(window)
15  window['menu'] = menu                              ❶
16
17  filemenu = tk.Menu(menu)
18  menu.add_cascade(label=' 檔案 ', menu=filemenu)
19  filemenu.add_command(label=' 開新檔案...', command=new_file)
20  filemenu.add_command(label=' 開啟舊檔...', command=open_file)  ❷
21  filemenu.add_separator()
22  filemenu.add_command(label=' 結束程式 ', command=window.destroy)
23
24  helpmenu = tk.Menu(menu)
25  menu.add_cascade(label=' 說明 ', menu=helpmenu)              ❸
26  helpmenu.add_command(label=' 關於我們...', command=about)
27
28  window.mainloop()
```

❶ 建立功能表
❷ 建立「檔案」子功能表
❸ 建立「說明」子功能表

- ✓ 04 ~ 05：定義 new_file() 函式，當使用者按一下「開新檔案…」時，會呼叫此函式顯示對話方塊，你可以視實際需要撰寫其它敘述。

- ✓ 07 ~ 08：定義 open_file() 函式，當使用者按一下「開啟舊檔…」時，會呼叫此函式顯示對話方塊，你可以視實際需要撰寫其它敘述。

- ✓ 10 ~ 11：定義 about() 函式，當使用者按一下「關於我們…」時，會呼叫此函式顯示對話方塊，你可以視實際需要撰寫其它敘述。

- ✓ 14 ~ 15：建立功能表，然後透過視窗物件的 **menu** 參數設定功能表。

- ✓ 17 ~ 22：建立「檔案」子功能表，裡面有「開新檔案…」、「開啟舊檔…」、「結束程式」三個項目和一個分隔線，若按一下「結束程式」，就會呼叫視窗物件的 **destroy()** 方法結束應用程式。

- ✓ 24 ~ 26：建立「說明」子功能表，裡面有「關於我們…」一個項目。

12-2-8 PhotoImage (圖形)

我們可以透過 **PhotoImage** 類別在視窗中加入圖形，其語法如下：

> **PhotoImage(file= 圖檔路徑與檔名)**

下面是一個例子，當使用者選取一個吉祥物並按一下「確定」時，會以對話方塊顯示「黃金鼠」或「北極熊」。

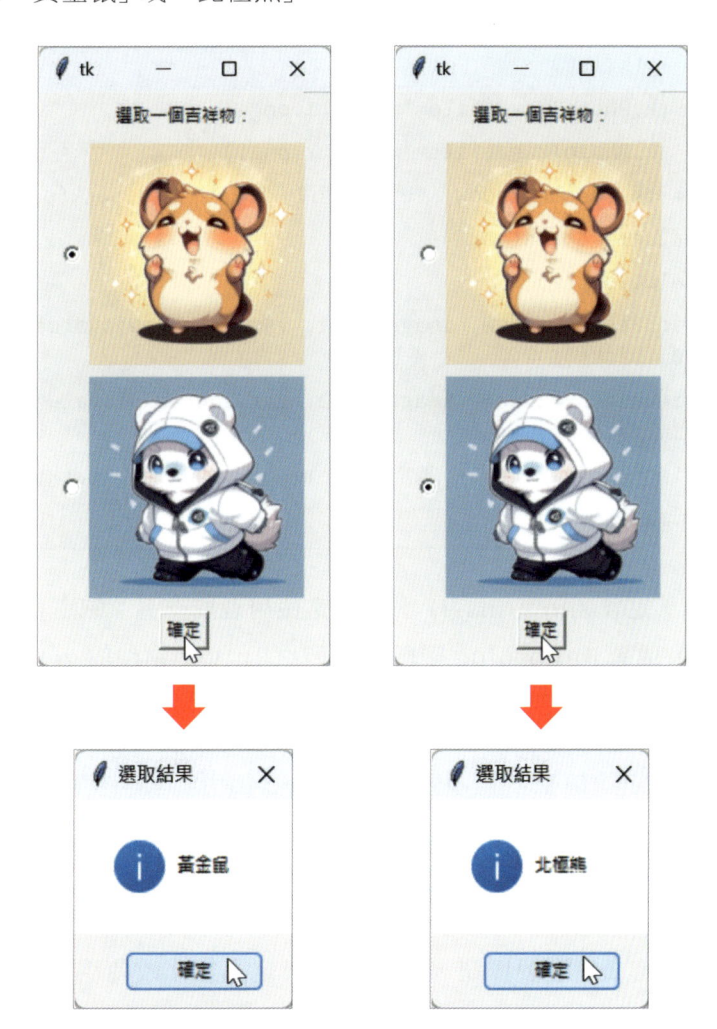

⭐ \Ch12\image.py

```
01  import tkinter as tk
02  from tkinter import messagebox
03
04  def show_msg():
05      if radiovalue.get() == 0:
06          messagebox.showinfo('選取結果', '黃金鼠')
07      else:
08          messagebox.showinfo('選取結果', '北極熊')
09
10  window = tk.Tk()
11  img1 = tk.PhotoImage(file='mascot1.png')
12  img2 = tk.PhotoImage(file='mascot2.png')
13  label = tk.Label(window, text='選取一個吉祥物：').pack(pady=5)
14  radiovalue = tk.IntVar()
15  radiovalue.set(0)
16  tk.Radiobutton(window, image=img1, variable=radiovalue, value=0).pack()
17  tk.Radiobutton(window, image=img2, variable=radiovalue, value=1).pack()
18  tk.Button(window, text=' 確定 ', command=show_msg).pack(pady=5)
19  window.mainloop()
```

❶ 事件處理程式，用來顯示被選取的吉祥物名稱

❷ 建立兩個圖形物件

- ✅ 04 ~ 08：定義 show_msg() 函式，當使用者按一下「確定」時，會呼叫此函式，透過 radiovalue 變數所參照之 IntVar 物件的 get() 方法取得目前選取的選項按鈕，再將此值所對映的吉祥物名稱顯示在對話方塊。

- ✅ 11 ~ 12：針對 mascot1.png 和 mascot2.png 建立兩個圖形物件。

- ✅ 16：建立第一個選項按鈕，但這次不設定文字，改使用 image 參數設定圖形，並使用 value 參數將選項按鈕的值設定為 0。

- ✅ 17：建立第二個選項按鈕，但這次不設定文字，改使用 image 參數設定圖形，並使用 value 參數將選項按鈕的值設定為 1。

ChatGPT 程式助理

根據附圖與文字敘述撰寫 GUI 程式

tkinter 套件提供了許多元件，而且這些元件有各自的選擇性參數，對於本書沒有介紹的元件或參數，你可以查看說明文件 (https://docs.python.org/3.14/library/tk.html)，若覺得內容太多，想要快速了解，也可以問 ChatGPT，要注意它生成的內容可能不完全正確或不太齊全。

我們已經示範過多次如何查看語法，這次換來示範另一個小技巧，先簡單描繪一個想要的 GUI 介面，然後上傳給 ChatGPT，要求它撰寫對應的 GUI 程式來計算 BMI，操作步驟如下：

1. **上傳附圖與輸入提示詞**：首先，點取 ChatGPT 對話框左側的 🔗 圖示上傳附圖 BMI.png，然後輸入「**撰寫一個 Python 程式，令它設計一個如附圖所示的圖形介面，讓使用者輸入身高與體重，然後按一下 [計算 BMI] 按鈕，就會顯示 BMI (到小數點後面一位)。**」，得到如下回答。

12-27

ChatGPT 程式助理

2 修改與測試程式：將程式複製到 Spyder 做測試，稍作編輯並存檔為 \Ch12\BMI.py 供你參考 (BMI ＝體重 (公斤) / 身高 ^{2}(公尺 ^{2}))。

✪ **\Ch12\BMI.py**

```python
import tkinter as tk
from tkinter import messagebox

def calculate_BMI():
    try:
        height = float(entry_height.get()) / 100
        weight = float(entry_weight.get())
        bmi = weight / (height ** 2)
        result_var.set(f'BMI: {bmi:.1f}')
    except ValueError:
        messagebox.showerror(' 輸入錯誤 ', ' 請輸入有效數值 ')

# 建立視窗
window = tk.Tk()
# 輸入身高
tk.Label(window, text=' 輸入身高 ( 公分 ) ').pack(pady=10)
entry_height = tk.Entry(window)
entry_height.pack(padx=10)
# 輸入體重
tk.Label(window, text=' 輸入體重 ( 公斤 ) ').pack(pady=10)
entry_weight = tk.Entry(window)
entry_weight.pack(padx=10)
# 計算 BMI 按鈕
btn = tk.Button(window, text=' 計算 BMI', command=calculate_BMI)
btn.pack(pady=10)
# 顯示結果的 Label
result_var = tk.StringVar()
result_label = tk.Label(window, textvariable=result_var)
result_label.pack(pady=10)
window.mainloop()
```

❶ 輸入身高
❷ 輸入體重
❸ 點取此鈕
❹ 顯示 BMI

CHAPTER 13

網路爬蟲—
Requests、
Beautiful Soup

13-1 認識網路爬蟲

13-2 使用 Requests 抓取網頁資料

13-3 使用 Beautiful Soup 解析網頁資料

　　　撰寫網路爬蟲程式失敗,怎麼辦?

13-1 認識網路爬蟲

網路爬蟲 (web crawler) 指的是一種自動化的程式，用來瀏覽、擷取和蒐集網頁資訊，又稱為**網路蜘蛛** (web spider)，它會自動依照設定的規則進入網頁，模擬人類瀏覽網頁的行為，擷取並儲存網頁內容（例如文字、圖片、超連結等），以便後續進行分析、資料挖掘或建立資料庫。

網路爬蟲可以取代手工蒐集資料的過程，省時省力，常見的用途如下：

- **搜尋引擎**：諸如 Google、Bing 等搜尋引擎會利用網路爬蟲擷取網頁內容，建立索引資料庫，方便使用者查詢並獲得相關資訊。

- **數據蒐集與分析**：網路爬蟲可以蒐集特定資訊，進行市場調查或學術研究，例如取得天氣預報資料、取得股票交易行情、監測空氣品質、分析商品價格變化、社群媒體趨勢等。

- **內容聚合**：一些新聞網站或資訊聚合平台會利用網路爬蟲抓取多個網站的內容，以匯集不同來源的資訊，例如比較各航空公司網站，找出最優惠的航班票價。

Expedia 利用網路爬蟲蒐集航空公司和旅遊平台的機票及酒店資訊，提供推薦與預訂服務。

在本章中，我們將使用下面兩個套件來實作網路爬蟲：

- **Requests**：簡單易用的 HTTP Request 套件，可以用來抓取網頁資料。
- **Beautiful Soup**：用來解析 HTML/XML 文件，幫助開發者從網頁資料中擷取需要的部分，經常與 Requests 套件搭配使用。

> **NOTE**
>
> **全球資訊網** (Web) 採取如下的**主從式架構** (client-server model)，**Web 用戶端** (client) 只要安裝瀏覽器軟體（例如 Chrome、Edge、Safari、Firefox…），就能透過網路連上全球各地的 **Web 伺服器** (server)，進而瀏覽 Web 伺服器所提供的網頁。
>
> ❶ 向伺服器請求瀏覽網頁
> 發送請求 (Request)
>
> 送出回應 (Response)
> ❷ 將網頁傳送給瀏覽器
>
> Web 用戶端　　　　　　　　Web 伺服器
>
> 當瀏覽器向 Web 伺服器發送 **Request**（請求）時，它並不只是將欲瀏覽之網頁的網址傳送給 Web 伺服器，還會連同自己的瀏覽器類型、版本等資訊一併傳送過去，這些資訊稱為 **Request Header**（請求標頭）。
>
> 相反的，當 Web 伺服器針對瀏覽器的 Request 送出 **Response**（回應）時，它並不只是將欲瀏覽之網頁傳送給瀏覽器，還會連同該網頁的檔案大小、日期等資訊一併傳送過去，這些資訊稱為 **Response Header**（回應標頭），而 Request Header 和 Response Header 則統稱為 **HTTP Header** (HTTP 標頭)。

13-2 使用 Requests 抓取網頁資料

Requests 是一個簡單易用的 HTTP Request 套件，可以用來快速發送 HTTP Request，進而取得 Web 伺服器所送出的 Response，抓取網頁資料。

在 Requests 套件中，**get()** 是用來發送 HTTP GET Request 的主要方法，可以從指定的 URL 網址獲取資源，例如取得網頁的 HTML 文件、取得網站提供的 JSON 格式資料、向 Web API 發送 Request 以取得資料、從網站下載圖片、影片或 PDF 文件等，其語法如下：

---

get(URL 網址 , 選擇性參數)
❶　　　　　　❷

❶ **URL 網址**：這指的是欲獲取資源的網址。

❷ 常見的選擇性參數如下：

- **params**：附加在網址後面的查詢字串，預設值為 None (無)。
- **headers**：自訂 HTTP Header。
- **timeout**：等待回應的時間上限 (以秒數為單位)。

---

get() 方法的傳回值是一個 **Response** 物件，常見的屬性如下。

屬性	說明
url	回應的 URL 網址。
headers	回應的標頭。
text	回應的內容。
encoding	text 屬性的編碼方式。
status_code	HTTP 狀態碼，例如 200 表示成功。

13-2-1 【實例操作】發送 GET Request 抓取網頁資料

我們直接來看個例子，它會發送 GET Request 抓取 Bing 網站的資料，由於資料很長，故只印出前 500 個字元供你參考。

★ \Ch13\request.py

```python
01  # 匯入套件
02  import requests
03
04  # 設定要取得資料的網址，此例為 Bing 網站
05  url = 'https://www.bing.com/'
06
07  # 發送 GET Request
08  r = requests.get(url)
09
10  # 檢查回應的狀態碼是否等於 200，是就顯示回應的內容，否則顯示狀態碼
11  if r.status_code == 200:
12      r.encoding = 'utf-8'
13      print(f'回應內容：{r.text[:500]}')
14  else:
15      print(f'抓取網頁資料失敗！狀態碼：{r.status_code}')
```

```
In [1]: runfile('C:/Users/Jean/Documents/Samples/Ch13/
request.py', wdir='C:/Users/Jean/Documents/Samples/Ch13')
回應內容：<!doctype html><html lang="zh"
dir="ltr"><head><meta name="theme-color"
content="#4F4F4F" /><meta name="description"
content="Bing 可協助您將資訊轉化為行動，從開始搜尋到採取行動
更快、更輕鬆。" /><meta http-equiv="X-UA-Compatible"
content="IE=edge" /><meta name="viewport"
content="width=device-width, initial-scale=1.0" /><meta
property="fb:app_id" content="37326059360979161" /><meta
property="og:type" content="website" /><meta
property="og:title" content="Info" /><meta
property="og:image" content="https://www.bing.com/th?
id=OH
```

13-5

- 08：呼叫 **get()** 方法發送 GET Request 抓取 Bing 網站的資料，並將傳回值指派給變數 r，這是一個 **Response** 物件。

- 11 ~ 15：檢查 Response 物件的 **status_code** 屬性是否等於 200，是的話，表示成功，就顯示回應的內容；否的話，表示失敗，就顯示狀態碼。**requests.codes** 物件針對 HTTP 狀態碼定義了數個數字與名稱，常見的如下，其中 codes.ok、codes.okay、codes.all_ok 都是對應到數字 200，表示成功。

數字	名稱	數字	名稱
100	continue	202	accepted
102	processing	204	no_content
122	uri_too_long, request_uri_too_long	400	bad_request, bad
		401	unauthorized
200	ok, okay, all_ok, all_okay, all_good, \o/, ✓	403	forbidden
		404	not_found, -o-

- 12：透過 Response 物件的 **encoding** 屬性，將編碼方式設定為 UTF-8，以正確解析回應的內容，避免產生亂碼。

- 13：透過 Response 物件的 **text** 屬性取得網頁資料，此例加上索引範圍 **[:500]**，表示前 500 個字元。

我們可以試著把第 05 行改成錯誤的網址，例如 https://www.bing.com/xx，就會得到如下的失敗訊息與狀態碼 404，表示找不到。

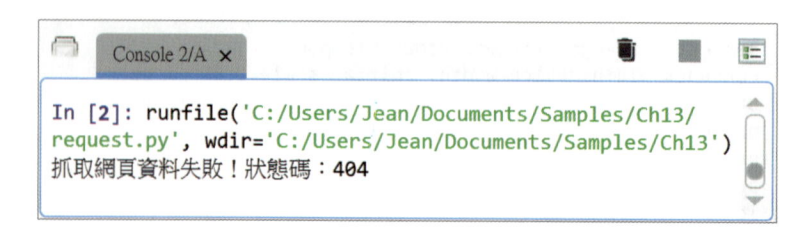

```
In [2]: runfile('C:/Users/Jean/Documents/Samples/Ch13/request.py', wdir='C:/Users/Jean/Documents/Samples/Ch13')
抓取網頁資料失敗！狀態碼：404
```

13-2-2 【實例操作】抓取臺灣銀行牌告匯率資料

我們換來示範如何抓取其它格式的資料，操作步驟如下：

1 取得資料網址：在抓取資料之前，我們要先知道網址，例如臺灣銀行牌告匯率資料的網址為 https://rate.bot.com.tw/xrt/flcsv/0/day，這是一個 CSV 格式的檔案，類似如下內容，一行代表一種幣別，欄位之間以逗號分隔，其中第 1 欄為幣別，第 13 欄為賣出匯率。牌告匯率會持續更新，此資料日期為 2024/11/13。

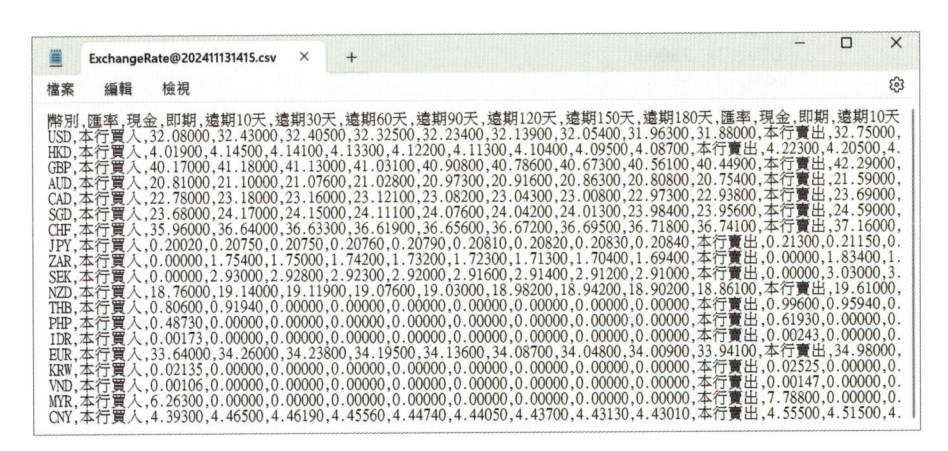

2 撰寫程式：在了解資料的欄位後，我們可以撰寫如下程式來取得幣別與匯率。

⭐ \Ch13\rate.py (下頁續 1/2)

```
import requests

# 設定要取得資料的網址，此例為牌告匯率 CSV 網址
url = 'https://rate.bot.com.tw/xrt/flcsv/0/day'

r = requests.get(url)               # 發送 GET Request 抓取資料
r.encoding = 'utf-8'                # 將回應內容的編碼方式設定為 UTF-8
rate = r.text                       # 取得牌告匯率資料
rate_list = rate.split('\n')        # 根據換行將資料拆分成串列
```

★ \Ch13\rate.py (接上頁 2/2)

```python
for i in rate_list:                    # 逐一讀取串列的元素
    if i.strip():                      # 檢查不是空白行 (排除空白行)
        L = i.split(',')               # 根據逗號將元素拆分成子串列
        print(L[0] + ': ' + L[12])     # 印出第 1 個和第 13 個元素
```

```
In [8]: runfile('C:/Users/Jean/Documents/Samples/Ch13/
rate.py', wdir='C:/Users/Jean/Documents/Samples/Ch13')
幣別： 現金
USD: 32.75000
HKD: 4.22300
GBP: 42.31000
AUD: 21.59000
CAD: 23.69000
SGD: 24.59000
CHF: 37.16000
```

split() 方法

此例使用了 str 物件的 **split(*separator*)** 方法，將字串根據 *separator* 指定的分隔字串進行分割，再把結果儲存在串列中，若沒有 *separator*，則會將連續的空白視為單一的分隔字串。下面是一些例子，由此可見，split() 方法在解析字串、處理 CSV 資料時是很實用的。

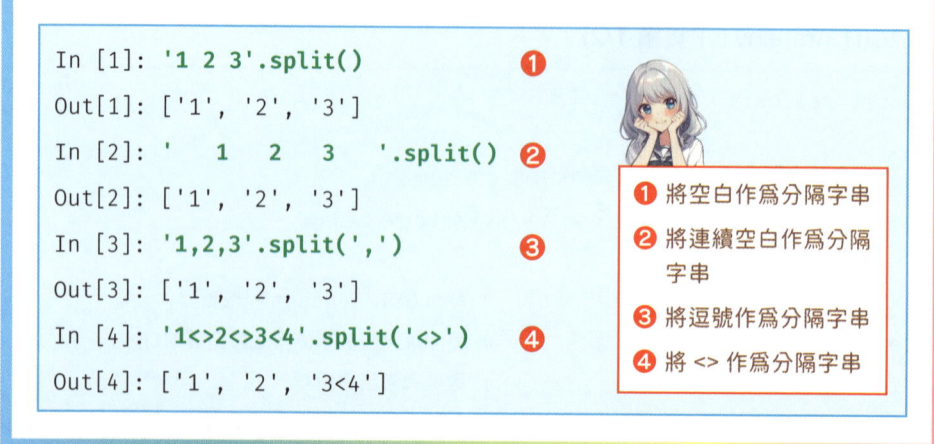

```
In [1]: '1 2 3'.split()                    ❶
Out[1]: ['1', '2', '3']
In [2]: '   1   2   3   '.split()          ❷
Out[2]: ['1', '2', '3']
In [3]: '1,2,3'.split(',')                 ❸
Out[3]: ['1', '2', '3']
In [4]: '1<>2<>3<4'.split('<>')            ❹
Out[4]: ['1', '2', '3<4']
```

❶ 將空白作為分隔字串
❷ 將連續空白作為分隔字串
❸ 將逗號作為分隔字串
❹ 將 <> 作為分隔字串

13-3 使用 Beautiful Soup 解析網頁資料

Beautiful Soup 是一個用來解析 HTML/XML 文件的套件，在進行網路爬蟲時，我們通常會先利用 Requests 套件抓取網頁資料，然後利用 Beautiful Soup 套件分析其結構並擷取需要的資料，例如股價、大樂透開獎號碼等。

13-3-1 認識網頁結構

在說明如何使用 Beautiful Soup 套件之前，我們先簡單介紹網頁結構，請在瀏覽器中開啟網頁，例如 Bing 網站 (https://www.bing.com/)，然後在網頁空白處按一下滑鼠右鍵，選取 **[檢視網頁原始碼]**，就會出現如下的原始碼，而這也是我們呼叫 requests.get() 方法所抓取的網頁資料。

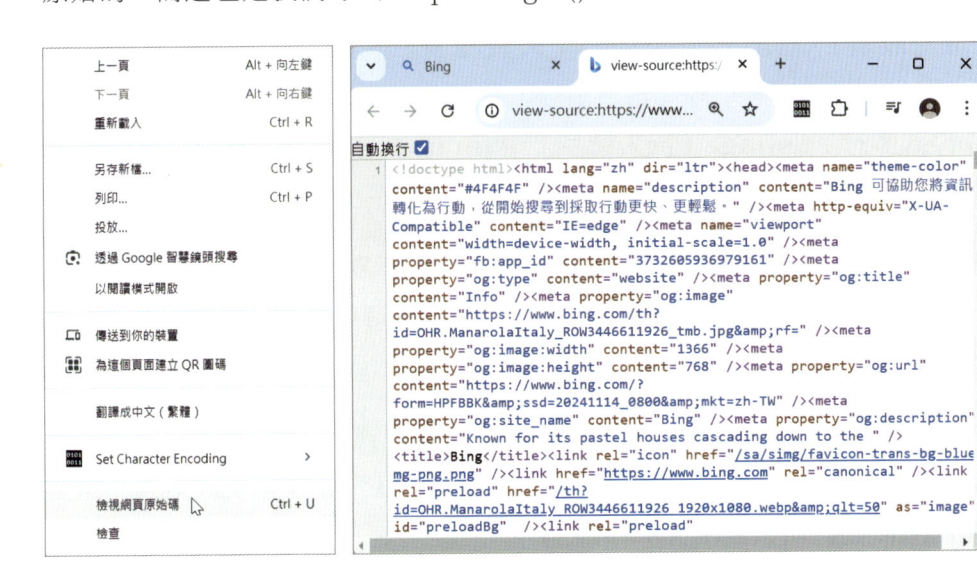

網頁相關的程式語言很多，例如 HTML、CSS、JavaScript 等，其中 **HTML** (HyperText Markup Language，超文字標記語言) 的用途是定義網頁的內容，讓瀏覽器知道哪裡有圖片或影片、哪些文字是標題、段落、超連結、表格或表單等。HTML 文件是由**標籤** (tag) 與**屬性** (attribute) 所組成，統稱為**元素** (element)，瀏覽器只要看到 HTML 原始碼，就能解譯成網頁。

「元素」和「標籤」兩個名詞經常被混用，但嚴格來說，兩者的意義並不完全相同，「元素」一詞包含「開始標籤」、「結束標籤」和這兩者之間的內容，例如下面的敘述是將「聖誕快樂」標示為段落，其中 <p> 是開始標籤，而 </p> 是結束標籤。

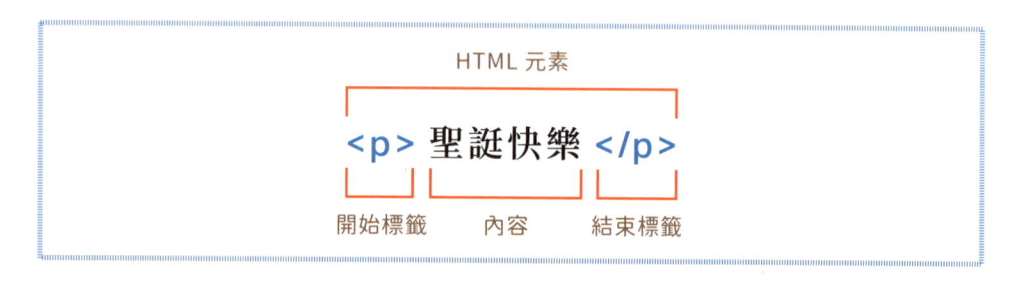

```
              HTML 元素
      <p> 聖誕快樂 </p>
     開始標籤    內容    結束標籤
```

開始標籤的前後是以 **<**、**>** 兩個符號括起來，而**結束標籤**又比開始標籤多了一個 **/**（斜線），例如 <body>...</body>（網頁主體）、<head>...</head>（網頁標頭）、<title>...</title>（網頁標題）、<h1>...</h1>（標題 1）、<a>...</a>（超連結）等元素。不過，並不是每個元素都有結束標籤，例如
（換行）、<img>（嵌入圖片）、<input>（表單輸入欄位）等元素就沒有結束標籤。

除了 HTML 元素本身所能描述的特性之外，大部分元素還會包含「屬性」，以提供更多資訊，而且一個元素裡面可以加上數個屬性，只要注意標籤與屬性及屬性與屬性之間以空白字元隔開即可。

舉例來說，假設要將「ABC」幾個字標示為連結到 ABC 網站的超連結，那麼除了要在這幾個字的前後分別加上開始標籤 <a> 和結束標籤 </a>，還要加上 href 屬性用來設定 ABC 的網址。

```
                    屬性
     <a href=" https://www.abc.com/">ABC</a>
       屬性名稱        屬性值
          等號
```

當瀏覽器載入 HTML 文件時，它會建立該網頁的文件模型，稱為 **DOM 樹** (DOM tree)。以下面的 HTML 文件為例，瀏覽器會建立如下的 DOM 樹，文件中的每個元素、屬性和內容都有對應的 **DOM 節點** (DOM node)。**DOM** (Document Object Model，文件物件模型) 是 W3C 制定的應用程式介面，用來存取以 HTML、XML 等標記語言所撰寫的文件，而 DOM 樹是由多個物件所構成的集合，每個物件代表 HTML 文件中的一個元素。

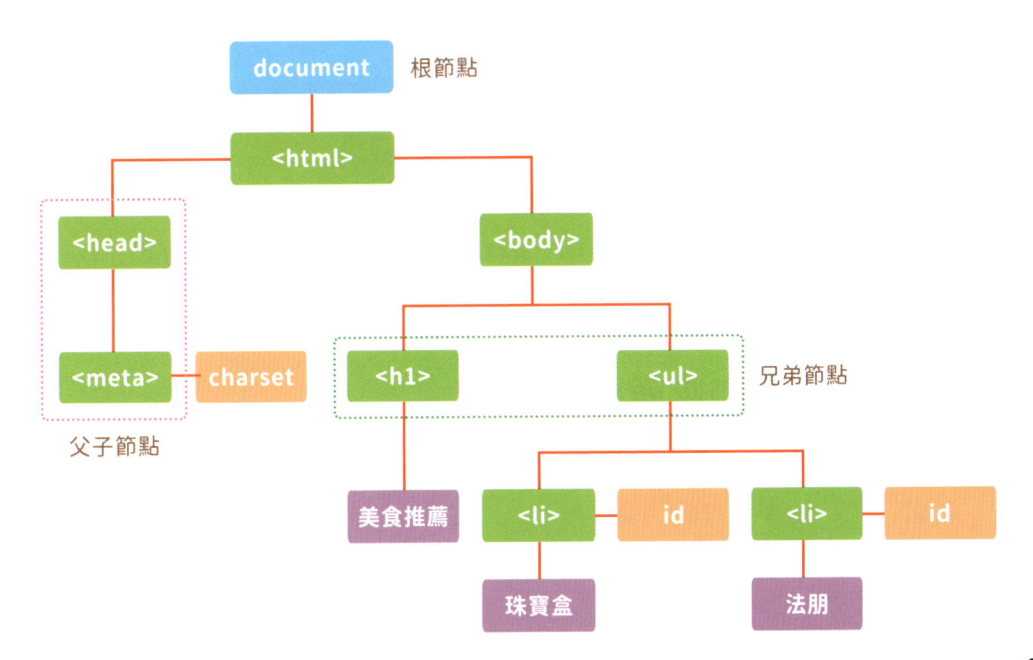

```
<html>
  <head>
    <meta charset="utf-8">
  </head>
  <body>
    <h1> 美食推薦 </h1>
    <ul>
      <li id="one"> 珠寶盒 </li>
      <li id="two"> 法朋 </li>
    </ul>
  </body>
</html>
```

13-3-2 透過標籤名稱取得 HTML 元素

當我們要使用 Beautiful Soup 套件從網頁資料中取得 HTML 元素時，可以歸納成下列幾個步驟：

1 抓取網頁資料
使用 Requests 套件或其它方式取得網頁的 HTML 原始碼。

2 解析網頁資料
將取得的 HTML 原始碼轉換成 Beautiful Soup 物件。

3 取得目標元素
透過標籤名稱或 find()、find_all()、select() 等方法，取得指定的 HTML 元素。

4 取得目標元素的內容或屬性值
透過 get_text() 方法或 text、string 等屬性取得目標元素的內容，或者，透過屬性名稱取得目標元素的屬性值。

下面是一個例子，為了方便解說，我們設計了一個網頁 (\Ch13\shop.html)，其瀏覽結果如下。

堤香咖啡館菜單
- 咖啡拿鐵
- 抹茶牛奶
- 草莓冰沙
- 戚風蛋糕
- 香蕉聖代

⭐ \Ch13\shop.py

```
01  source = """
02  <html>
03    <head>
04      <meta charset="utf-8">
05      <title> 堤香咖啡館 </title>
06    </head>
07    <body>
08      <h1 class="menu nav"> 堤香咖啡館菜單 </h1>
09      <ul>
10        <li class="drink" id="drk1"> 咖啡拿鐵 </li>
11        <li class="drink" id="drk2"> 抹茶牛奶 </li>
12        <li class="drink" id="drk3"> 草莓冰沙 </li>
13        <li class="sweet" id="swt1"> 戚風蛋糕 </li>
14        <li class="sweet" id="swt2"> 香蕉聖代 </li>
15      </ul>
16    </body>
17  </html>
18  """
19
20  from bs4 import BeautifulSoup   ❷
21
22  soup = BeautifulSoup(source, 'html.parser')   ❸
23  print(soup.title)
24  print(soup.h1)         ❹
25  print(soup.li)
```

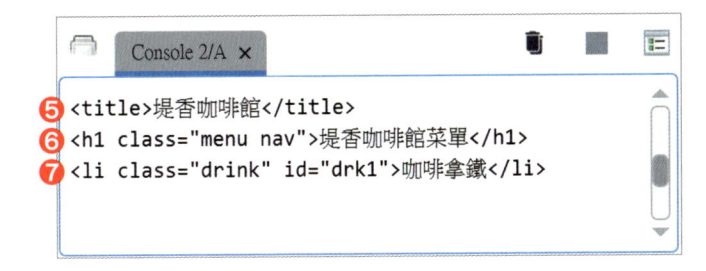

❶ 將網頁的原始碼指派給變數

❷ 匯入 Beautiful Soup

❸ 建立 Beautiful Soup 物件

❹ 取得 HTML 元素

❺ 第一個 <title> 元素

❻ 第一個 <h1> 元素

❼ 第一個 <li> 元素

Console 2/A

❺ `<title>堤香咖啡館</title>`
❻ `<h1 class="menu nav">堤香咖啡館菜單</h1>`
❼ `<li class="drink" id="drk1">咖啡拿鐵</li>`

13-13

- ✅ 01 ~ 18：在 Python 程式中利用多行字串的方式，將 HTML 原始碼指派給變數 source。若是抓取其它網站的資料，會比較不方便做解說，因為網站的資料經常變動，在你閱讀本書的當下，可能資料又不一樣了。

- ✅ 20：Anaconda 內建 Beautiful Soup 套件，使用 import 指令進行匯入即可。

- ✅ 22：建立 BeautifulSoup 物件，並將物件指派給變數 soup，第一個參數是要進行解析的網頁資料，此例為變數 source 所儲存的 HTML 原始碼，而第二個參數是解析器，Beautiful Soup 支援多種解析器，例如：
    - **lxml**：用於解析大型或複雜的 HTML 文件，速度快、效率高。
    - **html5lib**：用於需要 HTML5 相容性的情況，速度慢、較寬鬆。
    - **html.parser**：用於解析簡單的 HTML 文件，速度介於前兩者之間。

- ✅ 23 ~ 25：透過「**BeautifulSoup 物件.HTML 標籤名稱**」的形式取得網頁資料中的 HTML 元素，例如 **soup.title**、**soup.h1**、**soup.li** 分別可以取得第一個 <title> 元素、<h1> 元素和 <li> 元素。

Tag 物件

使用 Beautiful Soup 套件所取得的 HTML 元素都是 **Tag 物件**，我們可以透過 Tag 物件的屬性與方法，進一步取得 HTML 元素的標籤名稱、文字內容、屬性等資訊，例如：

屬性 / 方法	說明
name	HTML 元素的標籤名稱。
string	HTML 元素的文字內容。
text	HTML 元素的文字內容。
attrs	HTML 元素的所有屬性。
get_text()	取得 HTML 元素的文字內容。

我們接續前面的例子,在 \Ch13\shop.py 中加入下面的敘述:

```
01  print(f'第一個<li>元素的標籤名稱:{soup.li.name}')
02  print(f'第一個<li>元素的文字內容:{soup.li.string}')
03  print(f'第一個<li>元素的文字內容:{soup.li.text}')
04  print(f'第一個<li>元素的文字內容:{soup.li.get_text()}')
05  print(f'第一個<li>元素的所有屬性:{soup.li.attrs}')
06  print(f'第一個<li>元素的class屬性值:{soup.li['class']}')
```

執行結果如下:

```
01  第一個<li>元素的標籤名稱:li
02  第一個<li>元素的文字內容:咖啡拿鐵
03  第一個<li>元素的文字內容:咖啡拿鐵
04  第一個<li>元素的文字內容:咖啡拿鐵
05  第一個<li>元素的所有屬性:{'class': ['drink'], 'id': 'drk1'}
06  第一個<li>元素的class屬性值:['drink']
```

講解如下:

- 01:透過 **name** 屬性取得元素的標籤名稱,即「li」。

- 02:透過 **string** 屬性取得元素的文字內容,即「咖啡拿鐵」。

- 03:透過 **text** 屬性取得元素的文字內容,即「咖啡拿鐵」。

- 04:透過 **get_text()** 方法取得元素的文字內容,即「咖啡拿鐵」。

- 05:透過 **attrs** 屬性取得元素的所有屬性,即 {'class': ['drink'], 'id': 'drk1'},傳回值是一個字典。

- 06:透過**屬性名稱**取得元素的屬性值,此例的 soup.li['class'] 會取得第一個 <li> 元素的 class 屬性值,即 ['drink'],傳回值是一個串列,有些元素的屬性值可能會不只一個。

13-3-3 尋找符合條件的 HTML 元素

我們可以使用 Beautiful Soup 套件所提供的 **find()** 方法，根據參數所指定的標籤名稱或屬性值，尋找第一個符合條件的 HTML 元素，若要尋找所有符合條件的 HTML 元素，可以使用 **find_all()** 方法，兩者的語法如下：

> find(標籤名稱)
>
> find(標籤名稱，屬性名稱 = 屬性值)
>
> find_all(標籤名稱)
>
> find_all(標籤名稱，屬性名稱 = 屬性值)

我們接續前面的例子，在 \Ch13\shop.py 中加入下面的敘述：

```
01  print(soup.find('li'))
02  print(soup.find('li', string='草莓冰沙'))
03  print(soup.find_all('li', class_='sweet'))
04  print(soup.find_all('li')[1].string)
```

執行結果如下：

```
01  <li class="drink" id="drk1">咖啡拿鐵</li>
02  <li class="drink" id="drk3">草莓冰沙</li>
03  [<li class="sweet" id="swt1">戚風蛋糕</li>, <li class="sweet" id="swt2">香蕉聖代</li>]
04  抹茶牛奶
```

- 01：印出第一個 <li> 元素。

- 02：印出第一個文字內容為「草莓冰沙」的 <li> 元素。

- 03：印出所有 class 屬性值為「sweet」的 <li> 元素，總共有兩個。由於 class 為 Python 關鍵字，故此處必須以 **class_** 來表示 class 屬性。

- 04：印出第二個 <li> 元素的文字內容。

13-3-4 根據 CSS 選擇器取得 HTML 元素

我們可以使用 Beautiful Soup 套件所提供的 **select()** 方法，根據參數指定的 CSS 選擇器，取得所有符合的 HTML 元素，其語法如下：

> select(選擇器)

我們接續前面的例子，在 \Ch13\shop.py 中加入下面的敘述：

```
01  print(soup.select('h1'))          ← 類型選擇器直接寫出標籤名稱
02  print(soup.select('#drk3'))       ← id 選擇器的前面加上井號
03  print(soup.select('.sweet'))      ← class 選擇器的前面加上小數點
```

執行結果如下：

```
01  [<h1 class="menu nav">堤香咖啡館菜單 </h1>]
02  [<li class="drink" id="drk3">草莓冰沙 </li>]
03  [<li class="sweet" id="swt1">戚風蛋糕 </li>, <li class="sweet"
    id="swt2">香蕉聖代 </li>]
```

- 01：印出 <h1> 元素。

- 02：印出 id 屬性值為「drk3」的元素。

- 03：印出 class 屬性值為「sweet」的元素，總共有兩個。

請注意，CSS 選擇器有多種表示方式，我們只是簡單示範了幾種，有興趣進一步學習的讀者可以參考《網頁設計完全攻略》一書 (碁峰資訊出版)。

13-3-5 【實例操作】抓取即時股價

我們來示範如何從「yahoo!股市」抓取即時股價，操作步驟如下：

❶ 首先要找出股價的位置，請在瀏覽器中開啟元大高股息 (0056) 的股價網址 (https://tw.stock.yahoo.com/quote/0056)，然後在「元大高股息」按一下滑鼠右鍵，選取 **[檢查]**，就會出現如下的原始碼。

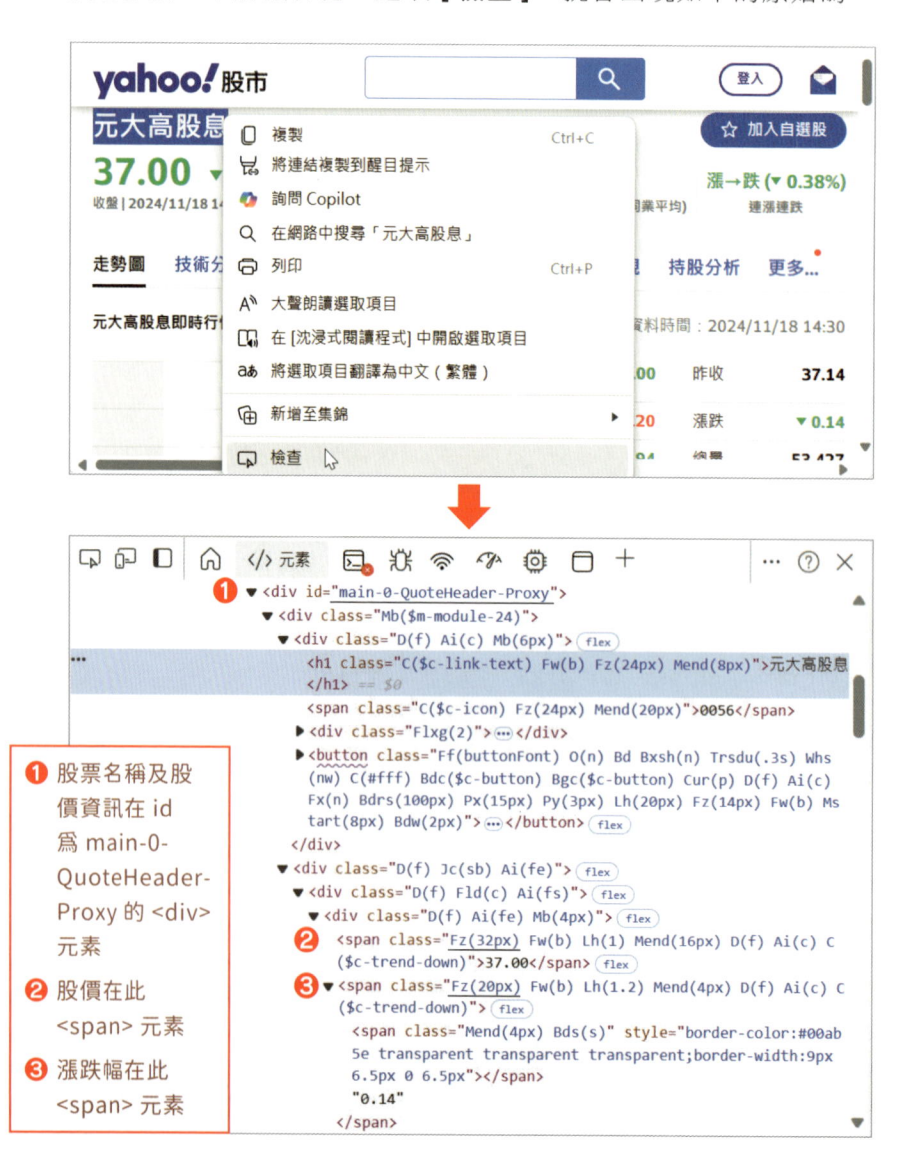

❶ 股票名稱及股價資訊在 id 為 main-0-QuoteHeader-Proxy 的 <div> 元素

❷ 股價在此 <span> 元素

❸ 漲跌幅在此 <span> 元素

13-18

❷ 撰寫程式抓取股票名稱、股價與漲跌幅,執行結果如下,這是 2024 年 11 月 18 日的收盤價。

```
In [1]: runfile('C:/Users/Jean/Documents/Samples/
Ch13/stock.py', wdir='C:/Users/Jean/Documents/
Samples/Ch13')
元大高股息:37.00 (-0.14)
```

★ \Ch13\stock.py (下頁續 1/2)

```
01  # 匯入套件
02  import requests
03  from bs4 import BeautifulSoup
04
05  # 設定要取得資料的網址 ( 例如 0056 ETF yahoo! 股市網址 )
06  url = 'https://tw.stock.yahoo.com/quote/0056'
07
08  # 發送 GET Request 抓取資料
09  r = requests.get(url)
10
11  # 建立 BeautifulSoup 物件
12  soup = BeautifulSoup(r.text, 'lxml')
13
14  # 取得第二個 <h1> 元素 ( 即股票名稱 )
15  name = soup.find_all('h1')[1]
16
17  # 取得第一個 class 屬性值為 Fz(32px) 的元素 ( 即股價 )
18  price = soup.select('.Fz\\(32px\\)')[0]
19
20  # 取得第一個 class 屬性值為 Fz(20px) 的元素 ( 即漲跌幅 )
21  range = soup.select('.Fz\\(20px\\)')[0]
22
```

⭐ \Ch13\stock.py (接上頁 2/2)

```python
23  # sign 表示漲或跌（'+' 為漲、'-' 為跌、'' 為平盤）
24  sign = ''
25
26  # 檢查 id 屬性值為 main-0-QuoteHeader-Proxy 的元素是否包含 C($c-trend-
    down) 或 C($c-trend-up)
27  if soup.select('#main-0-QuoteHeader-Proxy .C\\(\\$c-trend-down\\)'):
28      sign = '-'
29  elif soup.select('#main-0-QuoteHeader-Proxy .C\\(\\$c-trend-up\\)'):
30      sign = '+'
31
32  # 印出股票名稱、股價與漲跌幅
33  print(f'{name.text}：{price.text} ({sign}{range.text})')
```

- ✅ 15：呼叫 find_all() 方法尋找所有 <h1> 元素，然後透過索引 [1] 取得第二個，即股票名稱，此例為「元大高股息」。

- ✅ 18：呼叫 select() 方法取得所有 class 屬性值為 Fz(32px) 的元素，然後透過索引 [0] 取得第一個，即股價，此例為 2024 年 11 月 18 日的收盤價「37.00」。

  請注意，由於 Python 的選擇器語法並不接受括號作為合法字元，因此，我們透過反斜線來轉譯括號，將 Fz(32px) 寫成 Fz\\(32px\\) 即可。

- ✅ 21：取得第一個 class 屬性值為 Fz(20px) 的元素，即漲跌幅，此例為 2024 年 11 月 18 日的漲跌幅「0.14」。

- ✅ 24：變數 sign 用來表示股價漲或跌，'+' 為漲、'-' 為跌、'' 為平盤。

- ✅ 27 ~ 30：檢查 id 屬性值為 main-0-QuoteHeader-Proxy 的元素是否包含 C($c-trend-down) 或 C($c-trend-up)，若包含 C($c-trend-down)，表示跌，就將變數 sign 設定為 '-'；相反的，若包含 C($c-trend-up)，表示漲，就將變數 sign 設定為 '+'。

ChatGPT 程式助理

撰寫網路爬蟲程式失敗，怎麼辦？

我們在前幾章中已經見識過 ChatGPT 強大的程式撰寫能力，很直覺地會想使用 ChatGPT 來撰寫網路爬蟲程式，但經過多次試驗，無論是抓取即時天氣預報資料、大樂透開獎號碼、股票的成交價等，ChatGPT 所撰寫的程式通常無法順利抓取想要的資料，可能的原因如下：

- **選擇器錯誤**：爬蟲程式中的 CSS 選擇器錯誤，無法精準定位目標資料，此時，可以使用瀏覽器的開發者工具檢查 CSS 選擇器是否正確。

- **網頁結構改變**：諸如「yahoo! 股市」這類提供即時資料的網站，其結構經常會改變，一旦改變，爬蟲程式中的 CSS 選擇器就會失效，此時，可以使用瀏覽器的開發者工具檢查最新的網頁結構並更新程式碼。

- **動態內容生成**：許多現代網站的內容是由 JavaScript 動態生成，例如股價，而 Beautiful Soup 這種靜態的爬蟲套件無法直接抓取動態生成的內容，此時，可以使用 Selenium、Playwright 等套件模擬使用者在瀏覽器的操作行為，抓取動態生成的內容。限於篇幅，我們並沒有介紹 Selenium、Playwright 等套件，有興趣的讀者可以問 ChatGPT。

- **反爬蟲技術**：有些網站為了保護資料的版權、防止資料被濫用或節省伺服器資源，可能會採取反爬蟲技術，例如檢查 User-Agent，過濾非瀏覽器請求；限制請求頻率，阻止短時間內大量的請求；加密資料，將內容轉換成難以解析的格式等，此時，可以試著查看網站是否有提供 API，直接使用 API 來取得資料更好。

這麼說來，ChatGPT 對於撰寫爬蟲程式不就毫無幫助？也不全然如此，比方說，我們在撰寫爬蟲程式的過程中，可能會對一些語法或 CSS 選擇器有疑問，可以請 ChatGPT 做講解與示範；或者，可以請 ChatGPT 針對爬蟲程式提供一些解決問題的步驟，例如「我想要撰寫爬蟲程式抓取即時天氣預報資料，請建議步驟」；又或者，當爬蟲程式出現錯誤時，可以請 ChatGPT 幫忙除錯，一些語法或邏輯錯誤，ChatGPT 都可以輕鬆找到。

AI 時代的 Python 高效學習書－
ChatGPT 程式助理新思維

作　　　者：陳惠貞
企劃編輯：江佳慧
文字編輯：王雅雯
設計裝幀：張寶莉
發　行　人：廖文良

發　行　所：碁峰資訊股份有限公司
地　　　址：台北市南港區三重路 66 號 7 樓之 6
電　　　話：(02)2788-2408
傳　　　真：(02)8192-4433
網　　　站：www.gotop.com.tw
書　　　號：ACL072100
版　　　次：2025 年 02 月初版
建議售價：NT$550

國家圖書館出版品預行編目資料

AI 時代的 Python 高效學習書：ChatGPT 程式助理新思維 / 陳惠貞著. -- 初版. -- 臺北市：碁峰資訊, 2025.02
　　面；　公分
　　ISBN 978-626-425-005-4(平裝)

1.CST：Python(電腦程式語言)　2.CST：人工智慧
312.32P97　　　　　　　　　　　　　114000650

商標聲明：本書所引用之國內外公司各商標、商品名稱、網站畫面，其權利分屬合法註冊公司所有，絕無侵權之意，特此聲明。

版權聲明：本著作物內容僅授權合法持有本書之讀者學習所用，非經本書作者或碁峰資訊股份有限公司正式授權，不得以任何形式複製、抄襲、轉載或透過網路散佈其內容。
版權所有．翻印必究

本書是根據寫作當時的資料撰寫而成，日後若因資料更新導致與書籍內容有所差異，敬請見諒。若是軟、硬體問題，請您直接與軟、硬體廠商聯絡。